动物卫生检验技术

◎杜　敏　主编

中国农业科学技术出版社

图书在版编目（CIP）数据

动物卫生检验技术 / 杜敏主编 . -- 北京 : 中国农业科学技术出版社 , 2024. 10. -- ISBN 978-7-5116-7134-9

Ⅰ. S851.3

中国国家版本馆 CIP 数据核字第 2024DM7046 号

责任编辑 任玉晶 刁 毓
责任校对 马广洋
责任印制 姜义伟 王思文

出 版 者 中国农业科学技术出版社
北京市中关村南大街 12 号 邮编：100081
电 话 （010）82106641（编辑室） （010）82106624（发行部）
（010）82109709（读者服务部）
网 址 https://castp.caas.cn
经 销 者 各地新华书店
印 刷 者 中煤（北京）印务有限公司
开 本 185 mm × 260 mm 1/16
印 张 17
字 数 367 千字
版 次 2024 年 10 月第 1 版 2024 年 10 月第 1 次印刷
定 价 42.00 元

编委会

主　编

杜　敏

副主编

吴祥财　王选慧　翟卫红

编写人员

杜　敏（青海农牧科技职业学院）
吴祥财（青海农牧科技职业学院）
王选慧（甘肃畜牧工程职业技术学院）
张　亮（甘肃畜牧工程职业技术学院）
王兴超（甘肃畜牧工程职业技术学院）
解秀梅（青海农牧科技职业学院）
李国才（湟源县申中乡畜牧兽医站）
魏　斌（湟源县寺寨乡畜牧兽医站）
康延珍（门源县仙米乡畜牧兽医站）
鲁晓艳（门源县青石嘴镇大滩畜牧兽医站）
刘双双（湟源县城关镇畜牧兽医站）
冯登莲（湟源县畜牧兽医站）
马文玲（湟源县大华镇畜牧兽医站）
李发生（互助县畜牧兽医站）

审　稿

包温奎（青海省农产品检测中心　兽医师）

前言

本书是根据高职高专人才培养目标和国家高等职业教育教材编写指导思想及就业岗位知识技能的需要，组织具有多年动物产品安全检验技术教学经验的教师及行业领域从事动物产品安全检验等工作的专家共同编写而成。本教材注重理论与实践一体化，具有技术性、实践性、实用性、针对性等特点，为知识技术的应用及学生可持续发展奠定基础。

《动物卫生检验技术》是动物防疫与检验专业的核心技能课程，主要针对动物检疫检验、畜产品检验等工作技能和素质要求开设，课程介绍了动物产品生产、加工、储存、运输及销售中的卫生监督与检验技术。通过对动物产品不同检验岗位技能的学习，引导学生掌握动物产品的市场监督与检验、动物产品常规实验室检验工作程序与技术。本门课程以实践教学为主，辅以开放式理论教学，主要任务是帮助学生能够按照动物及动物产品检验相关国家标准和操作规范的要求，对动物及动物产品实施感官检验、理化指标检验和微生物指标检验、药物残留指标检验。

本教材在设计方面按项目、任务进行分类排序，并与职业岗位能力密切结合，强化技能操作训练，知识与技能一体化，使学生从如何完成每一项检验任务的角度来学习本课程。本课程内容实践性较强，可采用实际操作、录像教学、多媒体课件、企业参观调研、企业实训、开放式理论学习等多种方式进行教学。

本书适合用于高职高专院校动物防疫与检疫专业必修课程教学，也可用于动物检疫检验员、畜产品检验员职业技术培训。我们诚恳地希望使用本书的广大师生及专业技术人员提出宝贵意见。

编者

2024 年 6 月

目 录

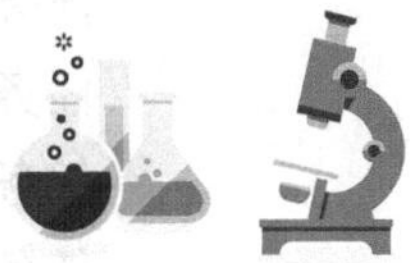

项目一　动物性食品污染与控制

知识目标

（1）掌握如何控制动物性食品的污染。

（2）熟悉动物性食品污染的基础知识，包括动物性食品污染的概念、来源和分类。

（3）了解动物性食品污染的危害以及动物性食品安全评价标准。

技能目标

能通过调查等方法，掌握造成动物性食品污染的来源与途径。

素质目标

培养严谨的检验人员职业态度。

思政目标

通过学习，掌握局部与整体的关系，正确处理实际生活中局部与整体的关系，同时树立正确的世界观、人生观、价值观。

任务一　动物性食品污染的特点、来源、途径

任务导入

提前查阅兽医流行病学知识，讨论如何制订调查食品污染的来源、途径方案。

任务准备

◎ 知识准备

动物性食品污染，是指肉、乳、鱼、蛋及其制品受到有害物质的污染，致使食品卫生质量下降或对人体健康造成不同程度的危害。造成动物性食品污染的原因是多方面的，除了过去所熟悉的微生物和寄生虫的污染外，各种药物、农药、重金属、激素、添加剂、放射性物质等污染日益突出，不仅危害食用者本身的健康，而且影响到子孙后代。

一、动物性食品污染具有的特点

污染源除了直接污染食品原料和制品外，多半是通过食物链逐级富集的；造成的危害，除了引起急性病患外，更可以蓄积或残留在体内，造成慢性损害和潜在性的威胁；污染的食品，除少数表现出感官变化外（如细菌污染），多数不能被感官所识别；常规的冷、热处理不能达到绝对无害，尤其是有毒化学物质的污染。

二、动物性食品污染的来源

动物性食品污染，按其来源可分为生物性污染、化学性污染及放射性污染三大类。

（一）生物性污染

生物性污染是指微生物、寄生虫、有毒生物组织和昆虫对动物性食品的污染。

（1）微生物污染。细菌与细菌毒素、霉菌与霉菌毒素和病毒等是造成动物性食品污染的重要因素。动物性食品在生产、加工、运输、贮藏、销售及食用过程中，都有可能被各种微生物所污染。动物性食品中污染的微生物，包括人畜共患传染病的病原体，以食品为传染媒介的致病菌及病毒，以及引起人类食物中毒的细菌、真菌及其毒素。细菌如炭疽杆菌、结核分枝杆菌、痢疾杆菌、沙门氏菌、葡萄球菌及其肠毒素、副溶血弧菌、肉毒梭菌及其肉毒毒素，真菌（如黄曲霉菌及其黄曲霉毒素等）；病毒主要有口蹄疫病毒、禽流感病毒、传染性水疱病病毒等。此外，还包括大量引起食品腐败变质的非致病性微生物。

（2）寄生虫污染。主要是指能引起人畜共患寄生虫病病原体，通过动物性食品使人发生感染。常见的有旋毛虫、囊尾蚴、棘球蚴、姜片吸虫等。这些人兽共患病的病原体，一直都是动物性食品卫生检验的对象。食物被寄生虫及其虫卵污染是很难被观察到的，有些甚至难以确定对身体有害的感染剂量。在许多地区发生的人体被寄生虫感染多是由于食用生的或烹煮时间不够的鱼、虾、贝壳或肉类，饮用未经处理的生水，或在食品制作中使用不干净的水也可引起寄生虫感染。

（3）有毒生物组织污染。主要指本身含有毒素的生物组织，如甲状腺、肾上腺以及有毒鱼、贝类混入动物性食品，误食后引起不良影响。

（4）昆虫污染。主要指动物性食品受苍蝇、蝇蛆、甲虫、螨虫等媒介昆虫污染。食品被污染后，感官性状不良，营养价值降低，甚至丧失食用价值。

（二）化学性污染

化学性污染指各种有害的金属、非金属、有机物、无机物等对动物性食品造成的污染。进入动物饲料和人类食品中的化学污染物，除少数因浓度或数量过大引起急性中毒外，绝大部分以食品残毒（通过各种途径进入并残留于食物中的有毒物质）的形式构成潜在的危害。从污染来源可分为以下几类。

（1）环境污染。随着工业生产的发展，“工业三废”（废气、废水、废渣）不合理排放，是引起大气、水体、土壤及动植物污染的主要原因。这些环境污染物可以通过呼吸、饮水直接进入人体，也可沿食物链间接进入人体。尤其需要注意的是，污染物沿食物链逐级生物富集，可以使本来浓度很低的污染物富集到危险的高浓度水平。例如，多氯联苯是几乎不溶于水的物质，它在河水和海水中的浓度只有 0.000 01~0.001 00 mg/L，乍看起来，这样微乎其微的物质是不可能造成什么危害的，但经过食物链富集后，其浓度可以成千上万倍地增加，在鱼体内可富集到 0.01~10 mg/kg，在食鱼鸟体内可进一步富集到 1~100 mg/kg，而且食物链越长，富集的程度越高，危害也就越明显。人食用上述鱼类，脂肪中富集的多氯联苯可达 0.1~10.0 mg/kg。

污染环境的化学物质种类繁多，如镉、铅、汞、砷、多氯联苯、苯并芘等。

（2）农药污染。农药是指用于预防、消灭、驱除各种有害昆虫、啮齿动物、杂草和其他有害动植物的物质，以及用于植物的生长调节剂、落叶剂、贮藏剂等。农药的广泛使用，常造成动物性食品的农药残留（是指农药的原形及其代谢物蓄积或贮存于动物的细胞、组织或器官内）。其可以由于对动物体和厩舍使用农药或在运输中受到农药的污染而发生，但主要是通过食物链而来。引起食品污染的，主要是有机磷、有机氯以及聚酯类等农药。

（3）药物污染。用于动物生产的药物，如抗生素、磺胺制剂、生长促进剂和各种激素制品等，可以在动物体内反应并形成残留。人类食用有药物残留的食品，将对人体健康造成影响，主要表现为变态反应与过敏反应，细菌耐药性，致癌、致畸、致突变和激素样作用。为了防止食品中药物残留对人体的危害，使用过药物的动物要经过休药期后方可屠宰或允许其产品上市。

（4）食品添加剂污染。食品添加剂是指为改善食品的品质，增加其色、香、味，以及为防腐和加工工艺的需要而加入食品中的化学合成的或天然的物质。食品添加剂在一定范围内使用一定量对人体无害，但若滥用则会造成食品的污染，对食用者的健康造成危害。所以，各国都制定了食品添加剂的卫生标准，规定了允许使用的添加剂名称、使用范围和最大使用量。

（三）放射性污染

食品吸附或者吸收外来的放射性核素，使其放射性高于天然放射性本底时，称为食品的放射性污染。近几十年来，原子能的利用在逐年增加，使用放射性物质的生活活动，如医疗、科学实验的放射性废物排放，以及意外事故中放射性核素的渗漏，使放射性物质均可通过食物链等各环节而污染食物。特别是鱼类等水产品对某些放射性核素有很强的富集作用，以致超过安全限量造成对人体健康的危害。

三、动物性食品污染的途径

动物性食品主要来自畜禽和水生动物，受各种污染的机会很多，其污染的途径也是多方面的。总的来说可以分为两个方面，即内源性污染和外源性污染。

（一）内源性污染

内源性污染是指食用动物在生前受到的污染，又称第一次污染。根据污染物来源不同，内源性污染主要有如下几种。

1. 内源性生物性污染

凡动物在生活过程中，由本身带污染的微生物或寄生虫造成其食品的污染称为内源性生物污染。引起原因有以下几个方面。

（1）非致病性和条件致病性微生物。这类微生物常以一定的类群和数量存在健康动物体内，如在正常的消化道、呼吸道中即存在有微生物。当机体受到不良因素影响时，动物机体抵抗力下降，这些微生物繁殖增多，并可侵入组织内部，造成肉品污染，成为肉品腐败和食物中毒的重要原因。

（2）致病性微生物。动物被致病性微生物，如炭疽芽孢杆菌、结核分枝杆菌、口蹄疫病毒等感染后，自身携带有致病菌，而造成食品内源性污染。这些受到病原微生物污染的食品，往往能引发人类的食源性污染。

（3）寄生虫。食用动物在生活过程中，会通过各种途径感染寄生虫。人畜共患寄生虫病，如囊尾蚴、旋毛虫等污染的食品，人类可通过食入这种被污染的食品而造成感染。

2. 内源性化学性污染

由于化学工业的发展，大量的化学物质在工业、农业、医疗卫生以及日常生活等各方面广泛应用，一些有毒的化学物质，以多种形式存在于环境中，再通过食物链最终进入人体。由于食物链中每一环节的生物，都有蓄积和浓缩环境化学毒物作用，所以这些通过富集而使其残留量超过最高限量的食品被人摄入后，即会产生毒性作用（图 1-1-1）。

有毒物质 ⟶ 水，土壤，空气 ⟶ 浮游生物 / 植物 ⟶ 鱼类 / 畜禽 ⟶ 人类

图 1-1-1 食物链污染示意图

3. 内源性放射性污染

环境中的放射性物质通过多种途径进入水生动物和畜禽体内，使动物性食品受到放射性污染。水生动物对放射性物质具有很强的富集作用。环境中的放射性核素通过牧草、饲料和饮水等途径进入动物体内，并蓄积在组织器官中。当人摄入受到过放射性物质污染的食品后，身体健康就会受到很大危害。

（二）外源性污染

外源性污染，又称为食品加工流通过程中的污染或第二次污染，即食品在生产、加工、运输、贮藏、销售等过程中受到的污染。常见以下几种。

（1）通过水的污染。动物性食品生产加工的许多环节都离不开水，如果使用被生物

性、化学性或放射性物质污染的水源，则会直接造成食品的污染。因此，在生产加工过程中用水的卫生质量与食品卫生质量有着密切关系。

（2）通过空气的污染。空气中含有大量的微生物，还可能含有工业废气等有害物质。空气中的污染物可以自然沉降或随雨滴降落在食品上，造成直接污染，也可以污染水源、土壤，造成间接污染。此外，带有微生物的痰沫、鼻涕与唾液的飞沫、空气中的尘埃等也可对食物造成污染。

（3）通过土壤的污染。土壤中可能存在各种致病性微生物和各种有害的化学物质。自然界中，1 g 表层泥土可含有微生物 1×10^7~1×10^8 个，土壤常为动物性食品污染的主要来源。动物性食品在生产、加工、贮藏、运输等过程中，接触被污染的土壤或尘土沉降于食品表面，造成食物的直接污染，或者成为水及空气的污染源而间接污染食品。

土壤、空气、水的污染是相互联系、相互影响的，污染物在三者之间相互转化，往往会形成环境污染的恶性循环，从而会使污染物对食物造成更严重的污染。

（4）生产加工过程和流通环节的污染。动物性食品在生产加工过程中的污染也同样常见，如食品加工器具、设备等不清洁，可以造成食品的污染；又如挤奶过程中挤乳工人的手、挤乳用具等未经严格消毒，都有可能污染乳汁。从食品生产到消费者进食，其间要经过运输、贮藏、销售、烹调等环节，任何一个环节稍不注意，就会不可避免地造成污染。此外，食品添加剂的不合理使用也会造成食品污染。

（5）从业人员带菌污染。从业人员的健康状态和卫生习惯对食品卫生也至关重要。正常人的体表、呼吸道、消化道、泌尿生殖道均带有一定类群和数量的微生物，尤其是当从业人员患有传染性肝炎、开放性肺结核、肠道传染病、化脓性皮炎等疾病时，可向体外不断排菌，可以通过加工、运输、贮藏、销售、烹调等环节将病原微生物带入食品，进而危害消费者的健康。因此，食品加工及经营环节的从业人员要定期进行健康检查，并搞好个人卫生。

（6）有害生物的污染。苍蝇、老鼠、蟑螂可携带有大量微生物。动物性食品如果受到这类生物的咬噬或接触，就会造成食品的污染。

◎ 工具准备

采样勺、采样刀剪、采样袋。

◎ 材料准备

调查表、记录笔、口罩、手套、消毒液、污染的食品（有霉斑的鸡蛋、变质的奶粉、绦虫污染的猪肉）等。

◎ 人员准备

根据人员分组，每组有协调、采样调查、记录等人员，明确职责分工。

任务角色	任务内容
组长：	统筹协调、分析调查污染来源
组员 1：	采样被污染的食品，分析调查污染来源
组员 2：	采样记录、分析调查污染来源

任务筹划

（一）内容筹划

采样被污染食品，分析污染来源。

（二）方法筹划

采用询问调查、感官检查被污染的食品、做好相应记录。

（三）流程筹划

准备→感官检查→采样→调查分析污染来源途径→报告分享。

任务实施

步骤一：准备

每组在组长的带领下，戴口罩、手套等，做好防护。

步骤二：感官检查

进行感官检查，确定食品可能被污染和被污染的部位。

步骤三：采样

对污染的食品或是污染的部位进行检查、采样，做好记录。

步骤四：调查分析来源

调查分析被污染食品的污染来源和途径，得出结论。做好消毒，防止污染的食品污染周围环境，做好自身消毒防护。

步骤五：报告分享

报告分享每组采样的污染食品的污染情况和被污染的途径及来源。污染的食品在教师带领下统一无害化处理。

任务检测

扫描二维码答题。

项目一任务一任务检测

任务评价

工作任务完成过程评价

班级：____________ 组别：____________ 姓名：____________

项目	评分标准	分数	自我评价	小组评价	教师评价
训练态度	服从安排，积极主动，认真负责	20分			
准备、生物安全意识	方法正确，内容明确	20分			
感官检查	方法正确，内容明确	15分			
采样	方法正确，内容明确	15分			
调查分析来源	方法正确，内容明确	15分			
报告分析	表述清晰，内容明确	15分			
合计		100分			

任务二 动物性食品污染的危害

任务导入

以动物源性食品安全事件为例，引入动物性食品污染的危害。

任务准备

◎ 知识准备

动物性食品在生产、加工、运输、贮藏、销售、烹调等环节，都有可能受到内源性和外源性因素的污染，危害人类的健康。

根据食品中致病因素及引发疾病的性质和特征不同，动物性食品污染的危害主要表现为以下几个方面：食物传染（即食肉传染）、食物中毒（化学性食物中毒和生物毒素性食物中毒）、“三致”（致癌、致突变、致畸形）作用和兽药残留的危害等。

一、食肉传染

食肉传染是指人类食用患病动物的产品及其制品而引发的某种传染性和寄生虫性疾病。带染有人兽共患病病原体的动物性食品，可经食肉传染给人，导致人兽共患病的传播和流行。

人兽共患病的危害因国家和地区不同而各异。在我国，据不完全统计，人兽共患病有200种之多，其中比较重要的有炭疽、鼻疽、布鲁氏菌病、结核病、沙门氏菌病、猪丹毒、破伤风、土拉杆菌病、李氏杆菌病、弯曲杆菌病、钩端螺旋体病、口蹄疫、甲型肝炎、乙型肝炎、狂犬病、Q热、日本乙型脑炎、轮状病毒病、囊尾蚴病、棘球蚴病、旋毛虫病、弓形虫病、血吸虫病、华支睾吸虫病、片形吸虫病等。

牛海绵状脑病（疯牛病）不仅给英国造成巨大损失，而且引起全世界的恐慌。近年来，禽流感在国内外相继暴发，不仅使大批禽类发病死亡，而且造成人类感染H5N1型流感病毒并发症，甚至造成死亡。2003年我国暴发的严重急性呼吸综合征（曾称传染性非典型肺炎，简称SASR）疫情，影响重大，调查人员在野生动物果子狸体内分离出SASR冠状病毒。

人兽共患病不仅可以通过食物传染给人，危害人体健康，同时，亦会因为畜产品及废弃物处理不当，造成动物疫病流行，影响畜牧业的发展。因此，为了保障人类健康，促进畜牧业的发展，必须加强对动物性食品的卫生监督与检验，以防止食肉传染的发生。

二、化学性食物中毒

化学性食物中毒，主要指一些有毒的金属、非金属及其化合物、农药及其他化学物质污染食物而引起的食物中毒。

化学性食物中毒的特征主要有：一是发病快，潜伏期较短，发病多在数分钟至数小时，少数也有超过一天的；二是中毒程度严重，病程比细菌性毒素中毒长，发病率和死亡率较高；三是季节性和地区性均不明显，中毒食品无特异性，多为误食或食入被化学物质污染的食品而引起，其偶然性较大。

（一）有害元素等化学物质食物中毒

（1）镉引起的食物中毒。镉在工业上应用十分广泛，采矿、冶炼、合金制造、电镀、印刷、油漆、颜料、电池、陶瓷、汽车运输等工业生产排放的含镉“三废”，以及含镉的农药化肥是造成镉污染的重要因素。镉的生物半衰期为40年，含镉工业废水排入水体，可使鱼、贝等水生生物受到污染，人摄入后主要在肾脏蓄积中，其次在肝脏中。镉中毒主要表现为肾脏严重受损，发生肾炎和肾功能不全，出现蛋白尿、糖尿及氨基酸尿，骨质软化、疏松或变形，全身刺痛，易发生骨折。1946年3月至1968年5月，日本富山县神通川流域由于镉的污染而发生“骨痛病”，发病258例，死亡128例。患者患病后会导致关节和骨疼痛，有的牙齿上出现黄色镉环，有的由于长期卧床而发生废用性萎缩，常因并发症而死亡。镉还会引起高血压、动脉粥样硬化、贫血及睾丸损伤等。

（2）汞引起的食物中毒。汞及其化合物都是有毒物质，有机汞的毒性比无机汞大得多，汞的污染主要是由于汞矿及其他矿产的开采、冶炼以及汞在工农业生产上广泛应用。进入人体的汞，主要来自被污染的鱼、贝类，日本鹿儿岛水俣镇1953年发生的所谓“水俣病”，就是一起汞中毒事件。当时该地区鱼体内汞含量高达20~24 mg/kg，致使一些微生物，特别是污泥中的微生物将无机汞转化为有机汞。甲基汞进入人体后不易降解，排泄很慢，在人体中的生物半衰期为70 d，主要蓄积于肝和肾中，并通过血脑屏障进入脑组织，主要损害神经系统，急性中毒时可使人迅速昏迷，抽搐，死亡；慢性中毒可使四肢麻木，步态不稳，语言不清，进而发展为瘫痪麻痹，耳聋眼瞎，智力丧失，精神失常。此外，甲基汞还可通过胎盘进入胎儿体内，导致畸胎率明显增高。因此，汞污染已被列为世界八大公害之一。

（3）铅引起的食物中毒。铅在采矿、冶炼、蓄电池、汽油、印刷涂料、焊接、陶瓷、塑料、橡胶和农药工业中广泛使用，可通过工业“三废”污染环境。铅及其化合物对人体都有一定的毒性，有机铅比无机铅毒性更大，尤其作为汽油防爆剂的四乙基铅及其同系物毒性更大。铅在机体内的生物半衰期为 1 460 d，主要对神经系统、造血系统和消化系统有毒性作用。中毒性脑病是铅中毒的重要病症，表现为增生性脑膜炎或局部脑损伤。成年人血铅含量超过 0.8 μg/mL 时，则会出现明显的临床症状，表现为食欲不振、胃肠炎、口腔金属味、失眠、头晕、头痛、关节肌肉酸痛、腰痛、便秘、腹泻和贫血等。中毒者面容出现“铅容”，牙齿出现“铅缘”。此外，铅中毒还可导致肝硬化、动脉硬化，对心、肺、肾、生殖系统及内分泌系统均有损伤作用。

（4）砷引起的食物中毒。砷及其化合物在有色玻璃、合金、制革、染料、医药等行业广泛使用。砷的急性中毒多因误食引起，通过食物长期少量摄入砷，主要会引起慢性中毒，表现为感觉异常、进行性虚弱、眩晕、气短、心悸、食欲不振、呕吐、皮肤黏膜病变和多发性神经炎，颜面、四肢色素异常，称为黑皮症和白斑，心、肝、脾、肾等实质脏器发生退行性病变，以及并发性溶血性贫血、黄疸等，严重时可导致中毒性肝炎、心肌麻痹而死亡。砷还可通过胎盘引起胎儿中毒。我国台湾西南沿海地区曾发生的“黑足病”，就是长期饮用高砷水引起慢性中毒的结果，其实质是一种干性坏疽。

（5）多氯联苯引起的食物中毒。多氯联苯用途广泛，化学性质极其稳定，广泛存在于自然界。长期接触多氯联苯，除引起再生障碍性贫血和致癌外，还可使基因受到损害，出现畸形胎儿。它还能影响大脑功能，使记忆力减退甚至丧失。1968 年日本福冈县发生的“米糠油中毒事件”就是污染多氯联苯所致，患者出现皮肤酒刺样疮疤，并有手足麻木等症状。

（二）农药食物中毒

（1）有机磷农药中毒。有机磷农药广泛应用于谷类、蔬菜、果树等作物的生产中。有机磷农药在土壤中的残留时间一般为数天，个别的可长达数月。有机磷农药毒性作用主要是抑制胆碱酯酶活性。急性中毒时，表现为血液中胆碱酯酶活性下降，引起胆碱功能与神经功能紊乱，例如出汗、肌肉震颤，严重时会导致中枢神经功能障碍，出现共济失调、震颤、神经错乱、语言失常等一系列神经中毒的表现。长期接触有机磷农药会引起神经功能的损害。有机磷农药慢性中毒会出现进行性眼外肌麻痹，眼的屈光度降低。有些有机磷农药如敌百虫、乐果等有迟发神经毒性，即在急性中毒过程结束后第二周病人发生神经症状，主要是下肢软弱无力和运动失调，进一步发展为神经麻痹。

（2）氨基甲酸酯类农药中毒。氨基甲酸酯类多为杀虫剂，近年来应用日益广泛。常用的品种有西维因、速灭威、呋喃丹等，这些农药易分解，在体内不蓄积，其中毒机理与有机磷农药相似，但易恢复，因此症状消失较快。

（三）食品添加剂食物中毒

（1）发色剂。常用的发色剂有硝酸盐和亚硝酸盐。发色剂加入肉品中可使肉色鲜红，香肠、火腿肠、肉类罐头等食品中经常使用。当亚硝酸盐大量进入血液时，可使血红蛋白变为高铁血红蛋白，失去输氧功能，表现为皮肤黏膜青紫、呼吸困难、循环衰竭以及中枢神经系统的损害。此外，亚硝酸盐还能引起血管扩张、血压下降。亚硝基和胺类在食品中结合会形成具有强烈致癌性的亚硝胺类物质。因此食品工业中应严格限量使用。

（2）油脂抗氧化剂。我国规定使用和制定国家标准的油脂抗氧化剂，有丁基羟基茴香醚（Butylated Hydroxyanisole, BHA）、二丁基羟基甲苯（Dibutyl Hydroxy Toluene, BHT）和没食子酸丙酯（Propyl Gallate, PG）。这三种油脂抗氧化剂毒性很小，较为安全。但近年来对油脂抗氧化剂的安全性提出了新的疑义，近年来有报告称 BHA 和 BHT 有致癌作用，联合国粮食及农业组织（Food and Agriculture Organization of the United Nations, FAO）和世界卫生组织（World Health Organization, WHO）的食品添加剂联合专家委员会 1983 年第 27 次会议决定，对 BHA 仍需进一步实验，每日允许摄入量（Acceptable Daily Intake, ADI）暂定为 0.5 mg/kg 体重；会议同时肯定 BHT 没有致癌性，ADI 正式定为 0.3 mg/kg 体重。

（3）防腐剂。我国允许使用并制定有国家标准的防腐剂有苯甲酸及其钠盐、山梨酸及其钾盐、亚硝酸钠和亚硝酸钾、脱氢乙酸及其钠盐、纳他霉素、丙酸及其钠盐和钙盐、双乙酸钠、对羟基苯甲酸酯类及其钠盐等。

三、生物毒素性食物中毒

1. 河鲀（俗称河豚鱼）中毒

引起中毒的是河鲀毒素，毒素量因部位不同而有差异，河鲀的卵巢、血液和肝脏毒性最强。河鲀毒素中毒的特点为发病急速而剧烈，潜伏期 10 min 至 3 h，首先感觉手指、唇和舌刺痛，然后出现恶心、呕吐、腹泻等胃肠炎症状，并有四肢无力、发冷、口唇、指尖和肢端麻痹、眩晕，重者瞳孔及角膜反射消失，四肢肌肉麻痹，以致身体摇摆、共济失调，甚至全身麻痹、瘫痪，严重时语言不清、发绀、血压和体温下降，呼吸先迟缓浅表，后渐困难，以致呼吸麻痹，最后死于呼吸衰竭。

2. 鱼类组胺中毒

组胺中毒是一种过敏性食物中毒。不新鲜的鱼含一定量的组胺，容易形成组胺的鱼类有青花鱼、金枪鱼、沙丁鱼等青皮红肉的鱼。组胺中毒主要是组胺使毛细血管扩张和支气管收缩，临床特点为发病快、症状轻、恢复快，潜伏期为数分钟至数小时，主要表现为颜面部、胸部以及全身皮肤潮红和眼结膜充血等，同时还伴有头痛、头晕、心悸、胸闷、呼吸频率和血压下降等症状。体温一般不升高，多在 12 d 内恢复。

3. 贝类中毒

贝类引起食物中毒的毒素为石房蛤毒素，属神经毒素，其毒性很强，可阻断神经和骨骼肌细胞间神经冲动的传导。中毒潜伏期为数分钟至数小时，初期唇、舌、指尖麻木，继而腿、臂、颈部麻木，然后运动失调，伴有头痛、头晕、恶心和呕吐。随病程发展，呼吸更加困难，严重者在 2~24 h 内因呼吸麻痹而死亡。

4. 甲状腺中毒

食用未摘除甲状腺的肉或误食甲状腺，可引起中毒。中毒潜伏期为 12~24 h，表现为头晕、头痛、心悸、烦躁、抽搐、恶心、呕吐、多汗，有的还见腹泻和皮肤出血。病程为 2~3 d，发病率为 70%~90%，死亡率低。

5. 肾上腺中毒

误食肾上腺中毒的潜伏期为 15~30 min，表现为头晕、恶心、呕吐、腹痛、腹泻，严重者瞳孔散大，颜面苍白。

6. 肝脏和胆中毒

某些动物的肝脏和胆也可引起食物中毒，肝中毒主要是某些动物肝脏中所含的大量维生素 A 引起的，表现为头痛、皮肤潮红、恶心、呕吐、腹部不适、食欲不振等症状，之后有脱皮现象，一般可自愈。胆中毒是由于胆汁毒素引起的，潜伏期为 5~12 h，最短为 0.5 h，初期表现为恶心、呕吐、腹痛、腹泻等，之后出现黄疸、少尿、蛋白尿等肝肾损害症状，中毒者出现循环系统和神经系统症状，可因中毒休克和昏迷而死亡。

四、致癌、致畸、致突变作用

食品中的一些污染物质除引起食物中毒外，还具有致癌、致畸、致突变作用，即“三致”作用，如苯并芘、多氯联苯、亚硝酸盐、黄曲霉毒素等。人长期食用含有致癌物质的食品后，就可能诱发肝癌、胃癌、肠癌及某些遗传性疾病的发生，如苯并芘是目前已知的强烈致突变和致癌物质之一。匈牙利西部地区、拉脱维亚沿海地区胃癌明显高发，调查认为与居民经常食用高苯并芘的自制熏肉、熏鱼有关。冰岛是胃癌高发国家，也是与食用熏制食品有关。

五、兽药残留的危害

兽药残留是“兽药在动物性食品中残留”的简称，是指动物产品的任何食用部分所含兽药的母体倾倒物或其代谢物，以及与兽药有关的杂质的残留。所以，兽药残留既包括原药，也包括药物在动物体内的代谢产物和兽药生产中所伴生的杂质。其对人体健康的危害甚为严重且深远。

兽药残留的危害主要有 3 点：一是毒性反应，长期食用兽药残留超标的食品后，当人体内蓄积的药物浓度达到一定量时会对人体产生多种急慢性的危害，国内外已有多起有关人食用盐酸克伦特罗（瘦肉精）超标的猪肺脏而发生急性中毒事件的报道；二是耐药菌株的产生，动物机体长期反复接触某种抗菌药物后，其体内敏感菌株受到选择性的抑制，从而使耐药菌株大量繁殖，耐药性细菌的产生使得一些常用药物的疗效下降甚至失去疗效，如青霉素、庆大霉素、磺胺类等药物在畜禽中已大量产生抗药性，临床效果越来越差；三是过敏反应，许多抗菌药物如青霉素、磺胺类等能使部分人群发生过敏反应甚至休克，并在短时间内出现血压下降、皮疹、喉头水肿、呼吸困难等严重症状。

六、放射性污染的危害

放射性污染物主要来源于大气中核爆炸的沉降物以及意外事故造成的核物质泄漏引起的环境污染。通过食物链蓄积在人体内的放射性核素所产生的潜在危害，主要是小剂量的内照射。通过饮食摄入小剂量放射性核素引起的放射病，潜伏期长，多以癌肿形式出现。此外，放射性核素还可引起动物多种基因突变及染色体畸变，对动物的遗传过程造成影响。

◎ 材料准备

调查表、记录笔等。

◎ 人员准备

根据人数进行分组，每组有组长、采访调查、记录人员 3 人。明确职责分工。

任务角色	任务内容
组长：	统筹协调、汇总
组员 1：	采访调查
组员 2：	记录

任务筹划

（一）内容筹划

对身边家人、同学、老师进行采访，调查动物性食品污染对其造成过的危害。

（二）方法筹划

分组采访、调查、汇总讨论分析，动物性食品污染的危害。

（三）流程筹划

分组，每组 3 人，2 天时间内完成。第 1 天负责采访调查记录，第 2 天讨论分析，整理动物性食品污染的危害。

任务实施

步骤一：分组

根据人数进行分组，每组有组长、采访调查、记录人员总计 3 人。

步骤二：调查采访

利用 1 天时间完成对身边家人、同学、老师的采访调查并记录。

步骤三：讨论分析、整理结果

每组各自讨论分析，整理动物性食品污染的危害。

步骤四：结果报告分享

每组进行动物性食品污染的危害采访调查结果的报告分享。

步骤五：结果总结

形成整理总结，归纳动物性食品危害的来源和表现。

任务检测

扫描二维码答题。

项目二任务二任务检测

任务评价

工作任务完成过程评价

班级：＿＿＿＿＿＿＿＿　组别：＿＿＿＿＿＿＿＿　姓名：＿＿＿＿＿＿＿＿

项目	评分标准	自我评价	小组评价	教师评价
调查采访的积极性	服从安排，积极主动，认真负责（30 分）			
调查采访的过程	礼貌用语，逻辑清楚（30 分）			
调查采访报告分享	内容丰富，科学严谨（40 分）			
合计				

任务三　动物性食品污染的预防与控制

任务导入

提前查阅危害分析和关键控制点（Hazard Analysis and Critical Control Point, HACCP）食品质量管理体系，讨论分析屠宰场生产的肉产品可能存在食品安全风险的关键控制点。

任务准备

◎ 知识准备

一、动物性食品安全性评价

（一）动物性食品安全性评价的含义

动物性食品安全性评价是对食品中任何组分可能引起的危害进行科学测试，得出结论，以确定该组分究竟能否为人们接受，据此制定出相应的标准。这些组分包括：正常的食品成分、添加剂、环境污染物、农药、转移到食品中的包装材料成分、天然毒素、霉菌毒素以及其他任何可能在食品中发现的可疑物质。

（二）动物性食品安全性评价的程序

动物性食品安全性评估的程序一般为初步工作→急性毒性试验→遗传毒性学研究与代谢研究→亚慢性毒性试验与繁殖试验→慢性毒性试验（致癌）。

（三）动物性食品安全性评价的适用范围

（1）用于动物性食品生产、加工和保护的化学和生物物质，如食品添加剂、食品加工用微生物等。

（2）用于动物性食品生产、加工、运输、销售和保藏等过程中产生和污染的有害物质和污染物，如农药残留、重金属和生物毒素等以及包装材料的溶出物、放射性物质和洗涤消毒剂等。

（3）新动物性食物资源及其成分。

（4）动物性食品中其他有害物质。

二、动物性食品污染的控制

（一）防止原料的污染

动物性食品来源于各种家畜、家禽和水生动物，其健康和洁净状态直接影响动物性食品的卫生质量与安全性，因此食用动物的卫生管理至关重要。

（1）建立良好的动物生活环境。从科学饲养的角度出发，对环境卫生、场圈卫生、畜舍卫生、畜体卫生，以及饮水和饲料卫生等都要给予足够重视。应固定畜禽饲养基地和饲料基地，尽可能自繁自养，建立无病畜禽群体。建立卫生管理机构，健全各项卫生管理制度。

（2）消灭畜禽疫病、切断传染途径。开展防疫、检疫、驱虫、灭病活动，适时进行预防注射，创建无疫区。

（二）防止加工和流通过程中的污染

外源性污染是食品污染的重要来源，要保证食品的卫生质量，必须控制外源性污染。

（1）食用动物的屠宰加工应严格遵照卫生要求操作，并依据规程进行动物性食品卫生检验。

（2）乳品生产应着重抓好畜舍卫生、乳畜卫生和鲜乳初步加工卫生三大环节。

（3）禽蛋和水产品的卫生管理从收集、捕捞到运输、贮存、销售，应重点抓好包装物卫生、运输卫生及冷藏卫生三大环节。

（4）食品的加工贮藏须符合卫生要求。

（5）建立健全市场卫生监督检验机构，大力宣传《中华人民共和国食品卫生法》及其他有关条例、规定和办法。

（三）积极治理“三废”，加强农药和兽药的使用管理

（1）做好工业“三废”的综合治理，禁止随意排放，防止对环境的污染。同时，要积极开展环境分析和食品卫生监测工作，及时采取防止食品污染的有效措施。

（2）加强对农药生产和使用的管理，严格规定食品中农药的最高残留限量，禁止和限制使用高残留、剧毒农药，开展食品中农药残留的检测工作，禁止使用农药残留量超标的任何原料生产食品。

（3）加强对兽药的生产和使用的管理，严格规定药物的休药期和最高残留限量。对兽药的生产和使用进行严格管理，对动物性食品中的药物残留进行全面检测，凡超过最高残留限量的食品不允许在市场上出售和食用。

（四）加强对放射性污染的控制

（1）加强对污染源的经常性卫生监督。使用放射性物质时，应严格遵守技术操作规程，定期检查装置的安全性。对食品进行辐照保鲜时，应严格遵守照射源和照射剂量的规定，禁止任何能够引起食品和包装物产生放射性的照射。绝对禁止把放射性核素作为食品保藏剂。

（2）适时或定期地进行食品卫生监督。对应用于工农业、医学和科学实验目的的核装置及同位素装置附近地区的食品，要定期进行卫生监督。对于辐照处理的食品也应如此，严格控制食品的吸收剂量，卫生监督部门随时查验，未经审查批准的辐照食品，一律不得上市。

（3）严格执行卫生标准。1958 年国际辐射防护委员会（International Commission on Radiological Protection, ICRP）推荐“人体最大允许量”，一些国家根据这一建议制定了空气、水和食品的放射性核素最大允许浓度或最大允许摄入量。

◎ 工具准备

检验刀、钩、电子天平等（屠宰场准备）。

◎ 材料准备

调查表、记录笔、防护服、口罩、帽子、手套等。

◎ 人员准备

根据人数进行人员分组，每组有协调咨询、查验、记录等人员，明确职责分工。

任务角色	任务内容
组长：	统筹协调、咨询岗位检验人员可能造成肉产品污染的因素和采取的保证质量安全措施，和组员沟通注意事项
组员 1：	协助组长进行人员协调、记录，协助组长进行相关任务材料的发放，协助组长进行检验刀、钩等器具准备，咨询、查验的结果汇总、分析
组员 2：	查验 1
组员 3：	记录 1
组员 4：	查验 2
组员 5：	记录 2

任务筹划

（一）内容筹划

教师联系实习动物屠宰场，学生通过调查询问总结屠宰场为控制肉产品质量合格而采取的措施。

（二）方法筹划

常采用调查询问、感官查验动物产品、实验室检查等方法。

（三）流程筹划

根据生猪屠宰过程中岗位分配要求，分组咨询、查验分析动物屠宰场中动物屠宰前、屠宰后影响肉产品质量的因素或是可能被污染的来源，总结分别对应的控制措施。

任务实施

步骤一：分组准备

根据生猪屠宰过程中岗位分配要求，分别设置宰前检验调查组、屠宰后头蹄检验调查组、屠宰后内脏检验调查组、屠宰后胴体检验调查组、复验调查组，实验室调查组共计 6 个小组，每组设置组长。

步骤二：进场查验准备

进场前，教师强调安全注意事项。每组组长强调屠宰场防疫要求和检查组员防护服、口罩、帽子、鞋套等穿戴情况，做好生物安全防护，教师带领每组成员进场消毒后，分别到相应岗位。

步骤三：查验记录

组长向岗位质量检验人员咨询需要注意事项和可能存在产品质量的不合格的因素或部

位，以及检验操作方法和要领。小组内沟通协调后，进行查验和记录。查验样品和工具按屠宰场要求处理。

步骤四：消毒出场

清点人数，消毒出场，组长负责防护服、口罩、帽子、鞋套等按屠宰场要求处理。

步骤五：结果汇总分析

进行结果汇总，分析可能影响或存在的肉产品质量安全风险因素和来源，总结分别对应的控制措施和检验要领。

任务检测

扫描二维码答题。

项目一任务三任务检测

任务评价

工作任务完成过程评价

班级:______________　组别:______________　姓名:______________

项目	评分标准	分数	自我评价	小组评价	教师评价
训练态度	服从安排，积极主动，认真负责	10 分			
进场准备	方法正确，内容明确	15 分			
调查记录	方法正确，内容明确	15 分			
消毒出场	方法正确，内容明确	15 分			
结果汇总	方法正确，内容明确	15 分			
结果分析	方法正确，内容明确	15 分			
生物安全意识	操作方法正确	15 分			
合计		100 分			

项目二 市场监督与检验与理化指标检验岗前知识培训

知识目标

（1）能说出食品市场准入制度包括的内容。
（2）了解食品标准的含义、作用、性质和分类。
（3）能说出动物性食品相关标准的名称。
（4）能说出绿色食品、有机食品、地理标志农产品的概念。
（5）熟悉动物性食品市场监督与检验的具体程序。

技能目标

熟知动物性食品市场监督与检验的程序。

素质目标

能够独立完成动物性食品市场监督与检验。

思政目标

在进行市场监督与检验时，能透过现象看到本质，不被事物的表面现象所迷惑。

任务一　市场监督与检验岗前知识培训

任务导入

提前查阅《中华人民共和国食品安全法》，了解我国对食品安全监督的管理体制。

任务准备

◎ 知识准备

一、食品市场准入制度

1. 食品市场准入制度的概念

食品市场准入制度也称食品质量安全市场准入制度，是指为保证食品的质量安全，具备规定条件的生产者才允许进行生产经营活动，具备规定条件的食品才允许生产销售的监管制度。

2. 食品市场准入制度的内容

食品市场准入制度包括 3 个方面的内容。

（1）食品生产许可证制度。即企业必须获得国家颁发的食品生产许可证方可生产食品，否则不得生产。

（2）强制检验制度。即企业必须对其生产的食品进行自检，检验合格方可出厂。对于不具备自检条件的生产企业，强令实行委托检验。质量监督部门对获证企业实行定期监督检验，对检验不合格的产品实行加严检验。

（3）SC 标志制度。即获得食品生产许可证的企业，对检验合格的食品在食品包装或者标签上标注食品生产证许可编号。没有编号的食品不准进入市场销售。

食品生产许可证编号由英文大写 SC 与 14 位阿拉伯数字组成。《食品生产许可管理法》规定 2018 年 10 月 1 日后生产的食品，一律不得继续使用“QS”标志，如图 2-1-1 所示。

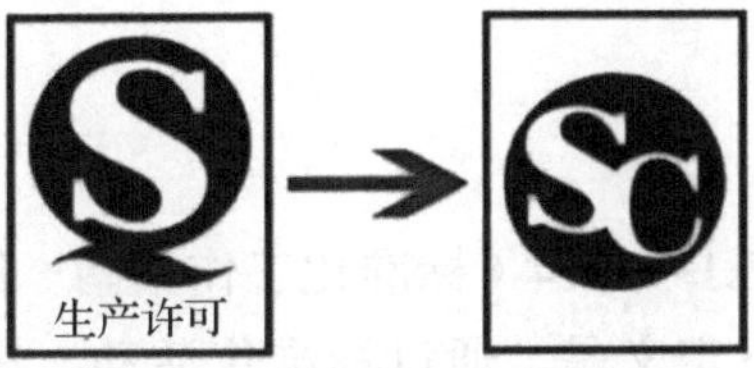

图 2-1-1　食品生产许可标识

3. 动物性食品质量安全市场准入条件

（1）环境条件要求。动物性食品生产加工企业必须有保证产品质量的环境条件，主要包括生产车间、库房等各项设施，应根据相应的要求设置防鼠、防蚊蝇、防昆虫侵入等有效措施；不得有昆虫大量滋生的潜在场所；周围不得有有害气体、放射性物质和扩散性污染源。

（2）生产设备条件要求。生产设备、工艺装备和相关辅助设备以及原材料处理、加工、储存等厂房和场所的设置，必须符合保证产品质量的要求。

（3）原材料要求。原材料、添加剂等均应无毒、无害，符合相应国家标准、行业标准及有关规定，必须保证产品的质量。

（4）加工工艺及过程要求。生产加工过程应严格、规范，加工工艺流程设置应科学、合理，要采取必要的措施防止生食品与熟食品、原料与半成品和成品的交叉污染。

（5）产品标准要求。按照合法有效的产品标准组织生产。食品质量必须符合相应的强制性标准以及企业明示采用的标准和各项质量要求。企业必须执行国家强制性标准，企业标准不允许低于国家强制性标准的要求。

（6）人员要求。企业法定代表人和主要管理人员必须了解与食品质量安全相关的法律知识，明确应负责任和义务；生产操作人员必须身体健康，无传染性疾病，保持良好的个人卫生，上岗前须经过技术培训，并持证上岗；企业的生产技术人员必须具有与食品生产相适应的专业技术知识；质量检验人员应参加培训，经考核合格并取得规定的资格。

（7）产品储运要求。企业应采取必要措施以保证产品在储存、运输过程中质量不发生劣变。

（8）检验能力要求。动物性食品生产加工企业应具有与所生产产品相适应的质量检验和计量检测手段，且必须经法定计量检定技术机构鉴定合格后在有效期内使用。对不具备检验能力的企业，必须委托符合法定资格的检验机构进行产品出厂检验。

（9）质量管理要求。食品生产加工企业应建立健全产品质量管理制度，明确规定各部门、人员的质量职责、权限和职权。应实施从原材料进货验收到产品出厂检验的全过程质量管理，应制定相应的考核办法，并严格实施。

（10）产品包装标识要求。一是不同包装的产品都必须清洁、无毒、无害，符合国家法律法规的规定及相应的强制性标准要求；二是标签内容必须真实地标明产品名称、厂名、厂址、配料表、净含量、生产日期或保质期、产品标准代号和顺序号等，要符合国家法律法规的规定和相应产品标准的要求；三是在最小销售单元的食品包装上要标注食品生产许可证编号。

二、食品标准

1. 标准的定义

我国国家标准 GB/T 20000.1—2014《标准化工作指南　第 1 部分：标准化和相关活动的通用术语》中，对标准所下定义是“通过标准化活动，按照规定的程序经协商一致规定，为各种活动或其结果提供规则、指南或特性，供共同使用和重复使用的文件”。

2. 标准的作用

就生产而言，产品要按照一定的标准进行生产，技术要依据一定的标准操作。离开了标准，就失去了衡量质量的尺度。因此，通过标准对重复性事物做出统一规定，借以规范人们的工作、生活、生产行为。

3. 标准的性质

依据《中华人民共和国标准化法》的规定，国家标准可分为强制性标准和推荐性标准。强制性标准必须执行。

强制性国家标准的代号为“GB”，推荐性国家标准的代号为“GB/T”。

4. 标准的分类

根据标准的基本定义分为以下几种。

（1）国际标准：由国际标准化组织或国际标准组织通过并公开发布的标准。

（2）区域标准：由区域标准化组织或区域标准组织通过并公开发布的标准。

（3）国家标准：由国家标准机构通过并公开发布的标准。

（4）行业标准：由行业机构通过并公开发布的标准。

（5）地方标准：在国家的某个地区通过并公开发布的标准。

（6）企业标准：由企业通过，供该企业使用的标准。

（7）试行标准：标准化机构通过并公开发布的暂行文件，目的是从它的应用中取得必要的经验，再据以建立正式的标准。

5. 动物性食品相关标准

（1）食品卫生标准。它主要有食品中毒诊断标准、食品限量卫生标准、食品产品卫生标准、食品包装卫生标准。

（2）食品认证标准。它主要有药品 GMP 认证及标准，ISO 9000 质量标准体系、ISO 22000 食品安全管理体系认证及标准，有机食品认证及标准，SC 认证及标准，绿色食品认证及标准、HACCP 认证及标准。

（3）食品检验方法标准。它主要有食品理化检验方法标准、食品微生物检验方法标准。

（4）食品添加剂标准。它主要有 GB 2760—2024《食品安全国家标准　食品添加剂使用标准》。

（5）食品标签标准。它主要有 GB 7718—2011《食品安全国家标准　预包装食品标签通则》。

（6）食品包装材料及容器标准。它主要有 GB 9685—2016《食品安全国家标准　食品接触材料及制品用添加剂使用标准》，GB 31604.31—2016《食品安全国家标准　食品接触材料及制品　氯乙烯的测定和迁移量的测定》等。

（7）食品卫生管理标准。它主要有 GB 12314—1990《感官分析方法　不能直接感官分析的样品制备准则》，GB/T 22274.1—2008《良好实验室规范监督部门指南　第 1 部分：良好实验室规范符合性监督程序指南》，GB 14881—2013《食品安全国家标准　食品生产通用卫生规范》等。

三、食品认证与标识

1. 绿色食品认证与标识

绿色食品是指遵循可持续发展原则，按照特定生产方式生产，经专门机构认定，许可使用绿色食品标志，无污染的安全、优质、营养类食品。绿色食品标识图形由上方的太阳、下方的叶片和蓓蕾三部分构成，如图 2–1–2（A）所示。

（A）绿色食品标识　（B）有机食品标识　（C）农产品地理标志标识

图 2–1–2　食品认证标识

2. 有机产品（食品）认证与标识

有机产品是指来自有机农业生产体系，根据有机农业生产要求和相应标准生产加工，并通过合法的、独立的有机食品认证机构认证的农副产品及其加工品。有机食品标识图由人手和叶片组成，如图 2–1–2（B）所示。

3. 农产品地理标志认证与标识

地理标志农产品是指农产品来源于特定地域，产品品质和相关特征主要取决于自然生态环境和历史人文因素，经专门机构认定，许可使用以地域名称冠名的特有农产品。此处所称的农产品是指源于农业的初级产品，即在农业活动中获得的植物、动物、微生物及其产品。农产品地理标识基本图案由中华人民共和国农业农村部中英文字样、农产品地理标识中英文字样和麦穗、地球、日月图案等元素构成，如图 2–1–2（C）所示。

四、动物性食品市场监督与检验的程序

1. 查证

为了健全和完善实施准入管理的各项制度，要求市场开办者在食品进入前索取供货商的营业执照、生产许可证、质量合格证、检验检疫证等相关证件和证明，索取销售发票等有关票证，建立重要食品进、销货台账，把好市场准入关，确保动物性食品安全。

2. 监管

将涉及消费者人身健康、生命财产安全的动物性食品列入重点巡查监管内容，同时加强对自产自销产品的管理，对有条件的市场开办者要求设置检验检测室和仪器，对食品随时进行检验。要求市场开办者对不合格的动物性食品通过下架或停止销售等方式处理，如经营者没能力处理要移交给工商部门。

3. 商品质量信息公示

市场开办者可以与相关检测机构建立协作关系，定期抽样送检，并将检验结果通过设

立的商品质量信息公示栏公示给消费者。

◎ 材料准备

记录纸、记录笔、口罩、手套。

◎ 人员准备

根据食品安全监督管理员分组，记录食品安全监督管理员对食品生产厂的现场监督管理实施过程。

任务角色	任务内容
组长：	任务：
组员 1：	任务：
组员 2：	任务：
组员 3：	任务：
组员 4：	任务：

任务筹划

（一）内容筹划

教师提前联系当地食品安全监管部门，学生分组采访食品安全监督管理员，记录学习食品安全监督管理员对食品生产厂的现场监督管理实施过程。

（二）方法筹划

采访、做好记录。

（三）流程筹划

采访，跟随食品安全监督管理员全过程记录。

任务实施

步骤一：安全监督管理员的采访

采访食品安全监督管理员并记录。

步骤二：安全监督管理过程记录

在食品安全监督管理员带领下，对食品生产厂现场安全监督管理过程记录，参考以下流程。

进厂消毒→表明身份和来意→实地检查食品生产（检查原料库、生产配料间、关键工艺车间、出厂检验室等）→随机访问生产人员→查阅资料（生产、管理记录等）→过程判断→抽样检验→结果处理→归档备查。

任务检测

扫描二维码答题。

项目二任务一任务检测

任务评价

工作任务完成过程评价

班级:____________ 组别:____________ 姓名:____________

项目	评分标准	分数	自我评价	小组评价	教师评价
训练态度	服从安排，积极主动，认真负责	20 分			
准备、生物安全意识	方法正确，内容明确	30 分			
记录	准确，全面	50 分			
合计		100 分			

任务二　动物性食品理化检验分析方法

任务导入

查阅 2020 年版《中华人民共和国药典》中高效液相色谱法检验操作规程，讨论其适用范围。

任务准备

◎ 知识准备

在食品卫生检验中，由于测定目的与被检物质的性质差异，所用的方法也不同，最常用的方法有感官检查法、物理检验法、化学分析法。

一、感官检查法

感官检查法主要依靠人的感觉器官，即视觉、嗅觉、味觉、触觉来鉴定被检物质的外观、颜色、气味和滋味等。

二、物理检验法

物理检验法用于测定某些被检物质的物理性质，如温度、密度、折光率、旋光等。通过物理性质的检验可判定物质的纯度和浓度。

三、化学分析法

化学分析法是动物性食品卫生检验工作中应用最广泛的方法。

（一）根据检查目的和被检物质的特性，可进行定性和定量分析

1. 定性分析

定性分析的目的在于检查某一物质是否存在。根据被检物质的化学性质，经适当分离后，与一定的试剂产生化学反应，根据反应所呈现的特殊颜色或特定性状的沉淀来判定被检物质存在与否。

2. 定量分析

定量分析的目的在于检查某一物质的含量。可供定量分析的方法很多，除利用重量和容量分析外，定量分析的方法正向着快速、准确、微量的仪器分析方向发展，如层析分析等。

3. 重量分析

重量分析是将被测成分与样品中的其他成分分离，然后称量该成分的重量，计算出被测物质的含量。重量分析法是化学分析中最基本、最直接的定量方法。尽管操作麻烦、费时，但准确度较高，常作为检验的基础方法。

4. 容量分析

容量分析是将已知浓度的标准溶液，由滴定管加到被检溶液中，直到所用试剂与被测物质的量相等时为止。借助指示剂的变色反应来观察反应的终点，根据标准溶液的浓度和消耗标准溶液的体积，计算出被测物质的含量。

（二）在动物性食品理化指标检验中常用的检验方法

1. 分光光度法

一束单色光射入有色溶液，再从有色溶液中透过来的光，比原先射入时的光强度减弱，说明有色溶液能吸收一部分光能。而当溶液的厚度不变时，溶液的浓度越大，光线强度的降低就越显著。

单色光经过有色溶液时，透过溶液的光强度不仅与溶液的浓度有关，还与溶液的厚度以及溶液本身对光的吸收性能有关，即各种颜色的溶液对某种单色光的吸收率有其特定的数值。

2. 原子吸收分光光度计法

原子吸收分光光度计法又称原子吸收光谱分析，是用来分析微量元素的仪器分析技术，进行这种分析的仪器叫原子吸收分光光度计，在食品分析中常用来进行铜、铅、镉等微量元素的测定。

3. 荧光分析法

以测定荧光强度来确定物质含量的方法，叫荧光分析法。所使用的仪器叫荧光计。基本原理是某些物质经过紫外线照射后，能立即放出光波较长能量较低的光。当照射停止，如物质能在 1×10^{-9} s 内停止发射的低能光，则叫作荧光；当光源发出的紫外线强度一定，

溶液厚度一定，溶液在低浓度条件下，对于同一物质来说，溶液浓度与该溶液中的物质所发出的荧光强度成正比关系，即可求出待测溶液的浓度。

荧光分析法的灵敏度高，但由于干扰物质太多，处理时会带来很多麻烦，故在使用时受到很大限制。

原子荧光光谱法是介于原子发射和原子吸收之间的光谱分析技术。基本原理是基态原子吸收合适的特定频率的辐射而被激发至高能态，激发态原子在被激发过程中以光辐射的形式发射出特征波长的荧光。各种元素都有特定的原子荧光光谱，根据原子荧光强度的高低可测得试样中待测元素的含量。

4. 电位分析法

利用测定电池电动势以求物质含量的分析方法，称为电位分析法或电位法。通常是将待测溶液与指示电极、参比电极组成电池，由于电池电动势与浓度之间存在一定关系，因此，测出电池的电动势，即可求出待测溶液的浓度。

5. 层析法

层析法又称色谱法，是一种广泛应用的物理化学分离分析方法。开始由分离植物色素而得名，后来不仅用于分离有色物质，而且用于分离无色物质，色谱法名称虽沿用，但已失去原来的含义。

层析法的分离原理是利用混合物中各组分在不同的两相溶液中，吸附和亲和作用的差异，使混合物的各组分达到分离。

（三）气相色谱法

气相色谱法是一种以固体或液体作为固定相，以惰性气体（如氖、氩等）作为流动相的柱层析。基本原理是用载气（流动相）将气态的待测物质以一定的流速通过装于柱中的固定相，由于待测物质各组分在两相间的吸附能力或分配系数不同，经过多次反复分配，逐渐使各组分得到分离。分配系数小的组分最先流出柱外，分配系数大的组分最后流出柱外。组分流出柱外的信号由监测器以电压或电流变化的形式传送给记录系统，并把它记录下来。记录纸上的一个曲线峰即表示一个单一组分。出峰的时间是定性的基础，峰面积或峰高是定量的基础。

在食品卫生检验中，常用气相色谱法测定食品中农药残留量、溶剂残留量以及食品中添加剂的含量。气相色谱法的不足之处：一是气相色谱法不能直接给出定性结果，它不能用来直接分析未知物，如果没有已知纯物质的色谱图与它对照，就无法判定某一色谱峰代表何物质；二是分析高含量样品时，气相色谱法的准确度不高；三是分析无机物和高沸点有机物时还是比较困难的。

（四）高效液相色谱法

高效液相色谱法的基本原理与气相色谱法一样，高效液相色谱的分离系统也由固定相和流动相组成。高效液相色谱的固定相可以是吸附剂、化学键合固定相、离子交换树脂或多孔性凝胶，流动相是各种溶剂。高效液相色谱法的分离原理是利用样品中各组分在两相间有不同的分配系数，当流动相对固定相做相对运动时，组分在两相间进行反复多次的分配，使混合物达到分离。

◎ 工具准备

高效液相色谱仪、微量转液器。

◎ 试剂准备

分析纯、蒸馏水等。

◎ 人员准备

根据人员分组，每组有协调、采样调查、记录等人员，明确职责分工。

任务角色	任务内容
组长：	统筹协调、分析调查污染来源
组员 1：	采样被污染的食品，分析调查污染来源
组员 2：	采样记录、分析调查污染来源

任务筹划

（一）内容筹划

高效液相色谱仪的规范操作。

（二）方法筹划

按 2020 年版《中华人民共和国药典》中高效液相色谱法检验操作规程进行规范操作。

（三）流程筹划

认识高效液相色谱仪的组成和部件→系统适用性试验→测定法→形成多维液相色谱。

任务实施

步骤一：认识高效液相色谱仪的组成和部件

高效液相色谱仪由高压输液泵、进样器、色谱柱、检测器、积分仪或数据处理系统组成。

步骤二：系统适用性试验

色谱系统的适用性试验通常包括理论板数、分离度、灵敏度、拖尾因子和重复性五个参数。

步骤三：测定法

常用的定性方法有利用保留时间定性、利用光谱相似度定性、利用质谱检测器提供的质谱信息定性，常用的定量分析方法有内标法、外标法、加校正因子的主成分自身对照法等。

步骤四：形成多维液相色谱

采用匹配的接口将不同分离性能或特色的色谱连接起来，第一级色谱中未分离开或需要分离富集的组分由接口转移到第二级色谱中，第二级色谱仍需进一步分离或分离富集的组分，也可以继续通过接口转移到第三级色谱中。

任务检测

扫描二维码答题。

项目二任务二任务检测

任务评价

工作任务完成过程评价

班级：________ 组别：________ 姓名：________

项目	评分标准	分数	自我评价	小组评价	教师评价
训练态度	服从安排，积极主动，认真负责	20 分			
准备、生物安全意识	方法正确，内容明确	30 分			
操作方法	操作方法正确、规范	50 分			
合计		100 分			

任务三　动物性食品分析质量的控制与检验结果的数据处理

任务导入

查阅 GB/T 5009.1—2003《食品卫生检验方法　理化部分　总则》，了解食品卫生检验过程中的规范，以备在后续操作中尽量排除可能干扰的因素。

任务准备

◎ 知识准备

在动物性食品卫生监测中，监测数据的微小差异，将影响对危害因素的正确估计，甚至会对食品的卫生学评价得出完全相反的结论。因此，在食品卫生监测中必须进行分析质量控制。为了获得准确、可靠的分析数据，检验人员必须了解产生误差的原因，并采取必要的措施来防止和发现差错，减少误差，把监测误差控制在允许限度内，这就是分析质量控制。

一、影响分析质量控制的五大因素

影响分析质量控制的五大因素是人、分析方法、仪器设备、原材料（包括水、试剂以及试样本身的均匀性与稳定性）和环境。因此，分析质量控制应贯穿从样品采集开始到出具检验报告为止的全过程。

二、分析质量控制四个方面的工作内容

一个分析结果对某个实验室来说可以认为是准确的，但准确性更完整的概念必须具有实验室之间的可比性。实验室间的误差校正，可以更好地发现和纠正存在于实验室内的系统误差。因此，分析质量控制应包括如下 4 个方面的工作内容。

（1）实验室工作条件的质量控制。

（2）实验室内质量控制。

（3）实验室间质量控制。

（4）计量认证。

分析质量控制是科学管理分析实验室的一种有效方法，用它来控制分析结果，是获得正确数据的重要手段。同时，通过分析质量控制也使分析工作者逐渐掌握分析工作标准化和规范化必须遵循的技术规范。因此，分析质量控制工作是动物性食品分析实验室中必须进行的技术工作。

三、标准操作程序

标准操作程序是具体、详细描述某一日常工作或测试方法的操作步骤或程序。它是结合本实验室的条件，为本实验室使用的某一常规工作或测试方法编写的详细步骤。一般采用标准方法或在此标准方法的基础上，编写适合本实验室条件的操作细则，作为本实验室的标准操作程序，用以指导操作人员进行具体的工作。

对于动物性食品理化检验实验室，应包括以下标准操作程序：制定、审查和分发；对检验样品的接收、登记、标签、送检、保管、处理（销毁）；各种测量仪器的使用、维护、清洁、校准、记录；检测方法及其试剂制备；标准溶液配制；记录保存、报告和储存；数据收集；质量保证规划的监督和审核；测试中质量控制；安全和应急。

四、分析方法的评价和选择

分析方法的评价和选择常使用分析方法质量评价参数。一种好的分析方法通常可用精密度、准确度和灵敏度等参数进行评价。

（1）精密度。精密度是指在一定条件下对同一被测物质多次测定的结果与平均值偏离

的程度。精密度反映了随机误差的大小，常用标准差（S）表示。

（2）准确度。准确度是用一个特定的分析程序所获得的分析结果（单次测定值或重复测定的均值）与假定的或公认的真值之间的符合程度的度量。准确度用绝对误差或相对误差表示。

（3）灵敏度。一种方法的灵敏度是指该方法对单位浓度或单位量的待测物质的变化所引起的响应量变化的程度。因此，它可以用仪器的响应量或其他指示量与对应的待测物质的浓度或量之比来描述。在实际工作中常以标准曲线的斜率度量灵敏度。

（4）检测限。检测限是指对某一特定的分析方法在给定的置信水平内可以从样品中检测待测物质的最小浓度或最小量。所谓“检测”是指定性检测，即断定样品中确实存在有浓度高于空白的待测物质，即分析方法所能识别的极限。

（5）最佳测定范围。最佳测定范围也称有效测定范围，是指在限定误差能满足预定要求的前提下，特定方法的测定下限至测定上限之间的浓度范围。在此范围内能够准确地定量测定待测物质的浓度或量。

五、分析质量的监控与评价

分析质量是从样品进入实验室后，样品制备和取样到分析的全过程，直到结果的计算，各个环节都有质量问题，总的来说属于分析质量方面的内容。人们在观察和研究物质量变现象时，常需借助物理、化学试验，经一系列的分析处理，才能取得各种所需数据，从而做出切合实际的评价。所以，各种理化检验结果准确与否，与食品质量分析与正确评价关系很大。然而，在一切试验中都有误差存在，并且误差存在于一切试验的全过程。误差可以被控制在越来越小的范围内，但绝不能将其消除为“零”。为此，每个分析工作者都必须了解误差可能产生的原因，对整个分析过程进行质量监控，才能使分析结果准确、可靠。

测定值与真值之间的差别称为误差。误差包括系统误差、随机误差和过失误差。

（1）系统误差。它又称为恒定误差或可测误差。在相同条件下，对已知量的待测物进行多次测定，测定值总是向着一个方向，也就是说测定值总是高于真实值或总是低于真实值。系统误差按其来源可分为方法误差、仪器误差、试剂误差和操作误差等。

（2）随机误差。它也叫偶然误差。在相同的条件下多次测定同一量的样品时，误差的绝对值和正负没有一定的方向，时大时小，时正时负，不可预定，是具有补偿性的误差。

（3）粗差。它又称过失误差。由于分析过程中犯了不应有的错误，从而明显地歪曲了测定结果。如测错、记错、读错、算错、试验状况未达到预定指标而匆忙进行试验，或配错试剂、搞错样本等，都会带来粗差。含有粗差的测定值称为异常值，计算时应将其舍弃。

（4）实验室质量控制。实验室质量控制包括实验室内质量控制和实验室间质量控制，是控制误差的两种手段，目的是把分析误差控制在容许限度内，保证分析结果有一定的精密度和准确度，使分析数据在给定的置信水平内，有把握达到所要求的质量。

（5）标准参考物质。标准参考物质是能以数学公式表达的、精密度和稳定性已加以论证的、进行了系统误差分析的、给出了准确度测量结果的绝对测量法，确定被测物质量值的、种类繁多且应用最广的实物，可供质量保证、监控和定量结果准确度评价用。

六、检验结果的表示方法

检验结果的表示方法与食品卫生标准的表示方法一致，一般有以下几种表示形式。

（1）毫克百分含量：每百克（或每百毫升）样品中所含被测物质的毫克数。

（2）百分含量（%）：每百克（或每百毫升）样品中所含被测物质的克数。

（3）千分含量（‰）：每千克（或每升）样品中所含被测物质的克数。

（4）mg/kg 或 μg/L：每千克（或每升）样品中所含被测物质的毫克数，或每克（或每毫升）样品中所含被测物质的微克数。

七、有效数字

1. 有效数字的概念

有效数字是实际能测得的数字。它不仅表示测得数值的大小，而且表示测量的准确度。在测定值中只保留 1 位可疑数字，其他各位数字都是确定的。如 14.33 mL，既表示用滴定管测量出的体积大小，又表示测得的体积准确到小数点后第 2 位；14.33 mL 是 4 位有效数字，最后一位数“3”是可疑数。又如 1.434 0 g，不但表示用天平称的质量的大小，而且表示称量准确到小数点后第 4 位，1.434 0 g 是 5 位有效数字，最后一位数“0”是可疑的，但这个“0”作为有效数字不能省去。“0”可以是有效数字，也可以不是有效数字。如果“0”在数字中起定位作用，就不是有效数字；如果起定值作用，则是有效数字。“0”在数字之首，只起定位作用，不是有效数字，例如 0.13 中的“0”就不是有效数字，有效数字是 2 位；“0”在数尾，并在小数点后，是有效数字，例如 0.130 中尾数“0”就是有效数字，这个数是 3 位有效数字；如果数字中没有小数点，尾数的“0”不能说明是否为有效数字，如 140，不能说是 3 位有效数字，因为后面的“0”是起定位作用还是起定值作用，含混不清，如果表示 3 位有效数字，只能写成 1.40×100；“0”在数字中间，要看具体情况而定，如 0.012 g，中间的“0”不是有效数字，而 0.102 g 中间的“0”是有效数字。

2. 运算规则

除有特殊规定外，一般可疑数表示末位有 1 个单位的误差。在确定了有效数字应保留的位数后，就要对不必要的位数进行修约。复杂运算时，中间过程多保留 1 位，最后结果须取应有的位数。加减法计算的结果，小数点后的保留位数，应与参与运算各数中小数点后位数最少的数字相同。乘除法计算的结果，有效数字保留的位数，应与参与运算的各数中有效数字位数最少者相同。

有效数字位数的确定方法测定中按仪器准确度确定了有效数字的位数后，先进行运算，运算后的数值再修约。

3. 数字修约规则

确定了有效数字的位数后，对不必要的位数进行修约时，应按国家标准 GB/T 8170—2008《数值修约规则与极限数值的表示和判定》进行，它规定数值修约适用“四舍六入五成双”法则。四舍六入五成双，即当尾数≤ 4 时舍去，尾数为 6 时进位。当尾数为 5 时，则应视末位数是奇数还是偶数，5 前为偶数应将 5 舍去，5 前为奇数应将 5 进位。在拟舍弃的数字中，若左边第 1 个数字小于 5（不包括 5）时，应舍弃，即拟保留的末位数不变。

◎ 仪器准备

（1）分光光度计。

（2）测砷装置。

① 100~150 mL 锥形瓶，19 号标准口。

②导气管。管口 19 号标准口或经碱处理后的橡皮塞与锥形瓶密合时不应漏气。管的另一端为管径 1 mm。

③吸收管。10 mL 刻度离心管作吸收管用。

◎ 试剂准备

A. 硝酸；B. 硫酸；C. 盐酸；D. 氧化镁；E. 无锌砷粒；F. 硝酸－高氯酸混合溶液（4 ∶ 1），量取 80 mL 硝酸，20 mL 高氯酸混匀；G. 硝酸镁溶液（150 g/L），称取 15 g 硝酸镁［$Mg(NO_3)_2 \cdot 6H_2O$］，溶于水中，并稀释至 100 mL；H. 碘化钾（150 g/L），贮藏于棕色瓶子中；I. 酸性氯化亚锡溶液，称取 40 g 氯化亚锡（$SnCl_2 \cdot 2H_2O$），加盐酸溶解并稀释至 100 mL，加入数颗金属锡粒；J. 盐酸（1 ∶ 1），取 50 mL 盐酸加水稀释至 100 mL；K. 醋酸铅溶液（100 g/L）；L. 醋酸铅棉花，用醋酸铅溶液（100 g/L）浸透脱脂棉后，压移多余溶液，并使疏松，在 100 ℃以下干燥后，贮存于玻璃瓶中；M. 氢氧化钠溶液（200 g/L）；N. 硫酸（6 ∶ 94），量取 6.0 mL 硫酸加于 80 mL 水中，冷后再加水至 100 mL；O. 二乙基二硫代氨基甲酸银－三乙醇胺－三氯甲烷溶液，称取 0.25 g 二乙基二硫代氨基甲酸银［$(C_2H_2)_2NCS_2Ag$］置于乳钵中，加少量三氯甲烷研磨，移入 100 mL 量筒中，加入 1.8 mL 三乙醇胺，再用三氯甲烷分次洗涤乳钵，洗液一并移入量筒中，再用三氯甲烷稀释至 100 mL，放置过夜，滤入棕色瓶中贮存；P. 砷标准储备液（含砷 0.1 mg/mL），准确称取在硫酸干燥器干燥过或在 100 ℃干燥 2 h 的三氧化二砷 0.132 0 g，加入 10 mL 氢氧化钠溶液（100 g/L）中，溶解后加 25 mL 硫酸（1 ∶ 9），移入 1 000 mL 容量瓶中，用水稀释至刻度，贮存在棕色瓶中；Q. 砷标准使用液，取 1.0 mL 砷标准储备液，置于 100 mL 容量瓶中，加 1 mL 硫酸（6 ∶ 94），加水稀释至刻度，此溶液每毫升含 1.0 μg 砷。

◎ 材料准备

砷超标的水产品。

◎ 人员准备

根据人员分组，每组有操作和协助人员，明确职责分工。

任务角色	任务内容
组长：	操作，结果计算
组员：	协助操作和记录

任务筹划

（一）内容筹划

食品中砷的测定。

（二）方法筹划

银盐法：试样经消化后，以碘化钾、氯化亚锡将高价砷还原为三价砷，然后与锌粒和酸产生的新生态氢生成砷化氢，经银盐溶液吸收后，形成红色胶态物，与标准系列比较定量。

（三）流程筹划

仪器、试剂的准备→试样处理（灰化法）→分析→结果计算。

任务实施

步骤一：准备

准备好所需仪器和试剂。

步骤二：试样处理（灰化法）

水产品取可食部分捣成匀浆，称取 5.00 g 试样于 50 mL 瓷埚中，加 1 g 氧化镁及 10 mL 硝酸镁溶液，混匀，浸泡 4 h，于低温或置于水浴锅上蒸干，用小火在可调式电热板上碳化至无烟，移入马弗炉中加热至 550 ℃，灼烧 3~4 h，冷却后取出。加 5 mL 水湿润后，用细玻璃棒搅拌，再用少量水洗下玻璃棒上附着的灰分至埚内，放水浴锅上蒸干后移入马弗炉 550 ℃碳化 2 h，冷却后取出。加 5 mL 水湿润灰分，再缓慢加入 10 mL 盐酸（1 ∶ 1），然后移入 50 mL 容量瓶中，坩埚用 10 mL 盐酸（1 ∶ 1）洗涤 3 次，再用水洗涤 3 次，每次 5 mL，洗液均并于容量瓶中，再加水至刻度，混匀。定容后的溶液每 10 mL 相当于 1 g 试样，其加入盐酸量不少于（中和需要量除外）1.5 mL。全量供银盐法测定时，不必再加盐酸。

按同一操作方法做试剂空白试验。

步骤三：分析

吸取一定量的消化后的定容溶液（相当于 5 g 试样）及同量的试剂空白液，分别置于 150 mL 锥形瓶中，补加硫酸至总量为 5 mL，加水至 50~55 mL。

（1）标准曲线绘制。吸取 0 mL、2.0 mL、4.0 mL、6.0 mL、8.0 mL、10.0 mL 砷标准使用液（相当于 0 μg、2.0 μg、4.0 μg、6.0 μg、8.0 μg、10.0 μg 砷），分别置于 150 mL 锥形瓶

中，加水至 40 mL，再加 10 mL 硫酸（1 ∶ 1）。

（2）用灰化法消化液。取灰化法消化液及试剂空白液分别置于 150 mL 锥形瓶中。吸取 0 mL、2.0 mL、4.0 mL、6.0 mL、8.0 mL、10.0 mL 砷标准使用液（相当于 0 μg、2.0 μg、4.0 μg、6.0 μg、8.0 μg、10.0 μg 砷），分别置于 150 mL 锥形瓶中，加水至 43.5 mL，再加 6.5 mL 盐酸。

于试样消化液及试剂空白液各加 3 mL 碘化钾溶液（150 g/L）、0.5 mL 酸性氯化亚锡溶液，混匀，静置 15 min。各加入 3 g 锌粒，立即分别塞上装有醋酸铅棉花的导气管，并使管尖端插入盛有 4 mL 银盐溶液的离心管中的液面下，在常温下反应 45 min 后，取下离心管，加三氯甲烷补足 4 mL。用 1 mL 比色杯，以零管调节零点，于波长 520 nm 处测吸光度，绘制标准曲线。

任务检测

扫描二维码答题。

项目二任务三任务检测

任务评价

工作任务完成过程评价

班级：＿＿＿＿＿＿＿＿　组别：＿＿＿＿＿＿＿＿　姓名：＿＿＿＿＿＿＿＿

项目	评分标准	分数	自我评价	小组评价	教师评价
训练态度	服从安排，积极主动，认真负责	20 分			
准备、生物安全意识	方法正确，内容明确	20 分			
采样	方法正确，内容明确	15 分			
实验操作	方法正确，内容明确	25 分			
数据结果	表述清晰，内容明确	20 分			
合计		100 分			

任务四　动物性食品卫生检验的质量控制

任务导入

查阅 GB 5009.5—2016《食品安全国家标准　食品中蛋白质的测定》，讨论食品中蛋白质如何测定及注意事项。

任务准备

◎ 知识准备

一、样品的采集、运送和保存

抽样方法正确，所抽样品能够代表总体；正确设立、采集阴性和阳性对照样品；所采样品的品种、部位、数量和方法等必须符合检验项目的要求；按国家标准或行业标准的规定要求，运送和保存所采集的样品。

二、样品的制备及预处理

对待测样品进行适当的制备，使制备的样品颗粒细小，十分均匀，以保证测定时采取任何部分都具有代表性，并能满足溶剂提取的要求；采取适当的方法，对待测样品进行有效的预处理，以消除干扰成分，分离、浓缩待测成分，尽可能避免和减少待测定成分的损失或增多。

三、检验方法的选择

同一检验项目中，如有两种或两种以上检验方法时，应首先选择国家食品卫生标准测定的第一种方法；受实验室条件限制需要采用别的测定方法时，首先应选择精密度高、重复性好、检验结果准确、可靠的测定方法，其次选择操作简便、省时、省力和试剂消耗量少的测定方法。

四、检测仪器的选择与校正

选择检测仪器时，必须按检测方法的要求选购所需的仪器；所购仪器应符合样品检验质量标准，要求灵敏度高，稳定性好；进行微量分析时，必须对天平、滴定管、移液管、刻度吸管及容量瓶等精密仪器和器皿进行校正。

五、器皿的清洁程度与水质要求

检验过程中所使用的器皿必须清洁，测定某种元素或物质时，还必须按特殊要求进行清洗和处理，以排除器皿上有待测定成分的干扰。

检验中使用的蒸馏水、去离子水等的水质必须符合食品卫生检验工作的要求，不允许含有杂质。在某些测定项目中，要求对水进行特殊处理，如重新煮沸，将 pH 值调至中性或接近中性、不含氨等。

六、试剂的级别、质量及处理

一般试剂应使用分析纯；标准溶液和标准品系列溶液所用的试剂应为基准级或优级

纯；如果纯度不能满足测定要求，应对试剂进行纯化处理；每批样品测定时，应一次配制足够的试剂，以免两次配制引起误差；配制试剂时，试剂要称量准确，特别是标准品一般要求称量至 0.1 mg，有时规定准确称量至 0.01 mg 或 0.001 mg。

七、试剂空白对照试验

在进行样品测定时，需同时采用操作完全相同的方法，唯独不加入被测定的物质，这种试验称试剂空白对照试验。试剂空白对照试验可将因试剂中的杂质干扰和溶液受器皿材料的影响等因素导致的系统误差，从测定结果中得到校正，从而提高检验结果的可靠性。

八、标准样品对照试验

在进行样品测定时，需按照与样品完全相同的操作步骤，测定一系列标准溶液配制的对照组，最后将检测结果进行比较。这种试验称为标准样品对照试验。标准样品对照试验可以抵消许多不明因素的影响。在一些稳定性不好的分析方法中，标准样品对照试验尤为必要。

九、确定和增加平行测定次数

平行测定次数越多，越可以抵消偶然误差，使平均值越接近于真值，测定结果也就越准确、可靠。因此，一般要求每个样品的测定不少于 3 次，有些测定项目要求的测定次数更多。

十、用回归方程法制作标准曲线

在用比色、荧光、色谱等分析方法时，需制备一套标准物质系列。该标准物质系列的吸光度、荧光强度、峰高等参数需分别测定，并依此绘制出与标准物质之间的关系曲线，即标准曲线。检验中测得的检测数据可与标准曲线进行比较，以确定被测物质的含量。在制作标准曲线时，应该用最小二乘法求出直线回归方程，就能合理地代表此标准曲线，然后从标准曲线上查找或直接用直线回归方程计算出样品中被测物质的含量。

十一、进行回收试验

被测样品中加入已知量的标准物质，测定其回收率，可检验测定方法的正确性和样品所引起的干扰误差，并可同时求出精确度。因此，回收率试验是动物性食品卫生理化检验中常用的质量控制方法。

十二、严格遵守操作规程

严格遵守测定方法所规定的操作规程，特别是国家或主管部门规定的标准测定方法，在未经有关部门同意前，不能随意变动。

为了确保动物性食品卫生检验的质量，需要定期对在职检验人员进行业务培训，提高业务水平，使其能胜任食品卫生检验工作，正确地执行国家食品卫生标准和食品卫生法规。

◎ 仪器和设备

天平：感量为 1 mg。

定氮蒸馏装置：如图 2-4-1 所示。

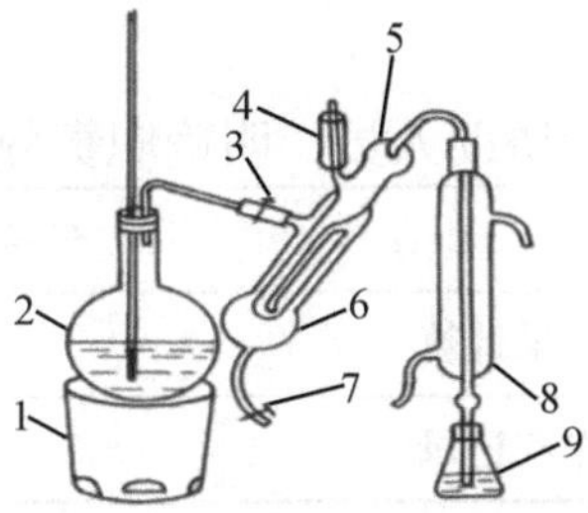

1—电炉；2—水蒸气发生器（2 L 烧瓶）；3—螺旋夹；4—小玻璃杯及棒状玻璃塞；5—反应室；6—反应室外层；7—橡皮管及螺旋夹；8—冷凝管；9—蒸馏液接收瓶。

图 2-4-1　定氮蒸馏装置

◎ 试剂和材料准备

（1）硫酸铜（$CuSO_4 \cdot 5H_2O$）。

（2）硫酸钾（K_2SO_4）。

（3）硫酸（H_2SO_4，密度为 1.84 g/L）。

（4）硼酸（H_3BO_3）。

（5）甲基红指示剂（$C_{15}H_{15}N_3O_2$）。

（6）溴甲酚绿指示剂（$C_{21}H_{14}Br_4O_5S$）。

（7）亚甲基蓝指示剂（$C_{16}H_{18}ClN_3S \cdot 3H_2O$）。

（8）氢氧化钠（NaOH）。

（9）95% 乙醇[①]（C_2H_5OH）。

（10）硼酸溶液（20 g/L）：称取 20 g 硼酸，加水溶解后并稀释至 1 000 mL。

（11）氢氧化钠溶液（400 g/L）：称取 40 g 氢氧化钠加水溶解后，放冷，并稀释至 100 mL。

（12）硫酸标准滴定溶液（0.050 0 mol/L）或盐酸标准滴定溶液（0.050 0 mol/L）。

（13）甲基红乙醇溶液（1 g/L）：称取 0.1 g 甲基红，溶于 95% 乙醇，用 95% 乙醇稀释至 100 mL。

（14）亚甲基蓝乙醇溶液（1 g/L）：称取 0.1 g 亚甲基蓝，溶于 95% 乙醇，用 95% 乙醇稀释至 100 mL。

（15）溴甲酚绿乙醇溶液（1 g/L）：称取 0.1 g 溴甲酚绿，溶于 95% 乙醇，用 95% 乙醇稀释至 100 mL。

① 乙醇俗称酒精，一种有机化合物。为在常温下易燃、易挥发的无色透明液体，呈低毒性，可用作燃料、溶剂、消毒剂。

（16）混合指示液：2 份甲基红乙醇溶液（13）与 1 份亚甲基蓝乙醇溶液（14）临用时混合，也可用 1 份甲基红乙醇溶液（13）与 5 份溴甲酚绿乙醇溶液（15）临用时混合。

（17）新鲜肉粒。

◎ 人员准备

根据人员分组，每组有操作和协助人员，明确职责分工。

任务角色	任务内容
组长：	操作，结果计算
组员：	协助操作和记录

任务筹划

（一）内容筹划

肉中蛋白质的测定。

（二）方法筹划

蛋白质的测定方法——凯氏定氮法。

（三）流程筹划

准备→试样处理→蒸馏与吸收→结果计算。

任务实施

步骤一：准备

准备好相应的仪器和试剂。采样时要选取具有代表性的不同部位混合采样。

步骤二：试样处理

称取充分混匀的固体试样 0.2~2.0 g、半固体试样 2~5 g 或液体试样 10~25 g（相当于 30~40 mg 氮），精确至 0.001 g，移入干燥的 100 mL、250 mL 或 500 mL 定氮瓶中，加入 0.2 g 硫酸铜、6 g 硫酸钾及 20 mL 硫酸，轻摇后于瓶口放一小漏斗，将瓶以 45° 角斜支于有小孔的石棉网上。小心加热，待内容物全部碳化，泡沫完全停止后，加强火力，并保持瓶内液体微沸，至液体呈蓝绿色并澄清透明后，再继续加热 0.5~1.0 h。取下放冷，小心加入 20 mL 水。放冷后，移入 100 mL 容量瓶中，并用少量水洗定氮瓶，洗液并入容量瓶中，再加水至刻度，混匀备用。

同时做试剂空白试验。

步骤三：蒸馏与吸收

按图 2-4-1 装好定氮蒸馏装置，向水蒸气发生器内装水至 2/3 处，加入数粒玻璃珠，加甲基红乙醇溶液数滴及数毫升硫酸，以保持水呈酸性，加热煮沸水蒸气发生器内的水并保持沸腾。

向接收瓶内加入 10.0 mL 硼酸溶液及 1~2 滴混合指示液，并使冷凝管的下端插入液面下，根据试样中氮含量，准确吸取 2.0~10.0 mL 试样处理液由小玻杯注入反应室，以 10 mL 水洗涤小玻杯并使之流入反应室内，随后塞紧棒状玻塞。

将 10.0 mL 氢氧化钠溶液倒入小玻杯，提起玻塞使其缓缓流入反应室，立即将玻塞盖紧，并加水于小玻杯以防漏气。夹紧螺旋夹，开始蒸馏。蒸馏 10 min 后移动蒸馏液接收瓶，液面离开冷凝管下端，再蒸馏 1 min。然后用少量水冲洗冷凝管下端外部，取下蒸馏液接收瓶。

以硫酸或盐酸标准滴定溶液滴定至终点，其中 2 份甲基红乙醇溶液与 1 份亚甲基蓝乙醇溶液指示剂，颜色由紫红色变成灰色，pH 值为 5.4；1 份甲基红乙醇溶液与 5 份溴甲酚绿乙醇溶液指示剂，颜色由酒红色变成绿色，pH 值为 5.1。同时做试剂空白试验。

步骤四：结果计算

$$X=\frac{(V_1-V_2)\times c\times 0.0140}{m\times V_3/100}\times F\times 100$$

式中：X——试样中蛋白质的含量，单位为克每百克（g/100 g）；

V_1——试液消耗硫酸或盐酸标准滴定液的体积，单位为毫升（mL）；

V_2——试剂空白消耗硫酸或盐酸标准滴定液的体积，单位为毫升（mL）；

V_3——吸取消化液的体积，单位为毫升（mL）；

c——硫酸或盐酸标准滴定溶液浓度，单位为摩尔每升（mol/L）；

0.014 0——1.0 mL 硫酸［$c(1/2H_2SO_4)=1.000$ mol/L］或盐酸［$c(HCl)=1.000$ mol/L］标准滴定溶液相当的氮的质量，单位为克（g）；

m——试样的质量，单位为克（g）；

F——氮换算为蛋白质的系数。一般食物为 6.25，纯乳与纯乳制品为 6.38，面粉为 5.70，玉米、高粱为 6.24，花生为 5.46，大米为 5.95，大豆及其粗加工制品为 5.71，大豆蛋白制品为 6.25，肉与肉制品为 6.25，大麦、小米、燕麦、裸麦为 5.83，芝麻、向日葵为 5.30，复合配方食品为 6.25。

以重复性条件下获得的两次独立测定结果的算术平均值表示，蛋白质含量≥ 1 g/100 g 时，结果保留三位有效数字；蛋白质含量＜ 1 g/100 g 时，结果保留两位有效数字。

任务检测

扫描二维码答题。

项目二任务四任务检测

任务评价

工作任务完成过程评价

班级：＿＿＿＿＿＿＿＿ 组别：＿＿＿＿＿＿＿＿ 姓名：＿＿＿＿＿＿＿＿

项目	评分标准	分数	自我评价	小组评价	教师评价
训练态度	服从安排，积极主动，认真负责	20分			
准备、生物安全意识	方法正确，内容明确	20分			
采样	方法正确，内容明确	15分			
实验操作	方法正确，内容明确	25分			
数据结果	表述清晰，内容明确	20分			
合计		100分			

任务五　兽药残留分析岗前知识培训

任务导入

查阅《兽药管理条例》《中华人民共和国兽药典》(2020年版)、GB 31650—2019《食品安全国家标准　食品中兽药最大残留限量》，讨论对食品中兽药残留限量是如何控制的，进行了哪些控制措施。

任务准备

◎知识准备

一、兽药残留的概念

兽药残留是指给动物使用药物后蓄积或储存在细胞、组织或器官内的药物原形、代谢产物和药物杂质。

二、兽药残留的种类

兽药残留主要有三大类，分别如下。

1. 抗微生物药物

抗微生物药物又称抗感染药物，即杀灭或者抑制微生物生长或繁殖的药物，包括抗菌药物、抗病毒药物、抗滴虫原虫药物、抗立克次体药物等。

2. 抗寄生虫药物和杀虫剂

抗寄生虫药物可分为抗蠕虫药、抗原虫药、体外杀虫药。

杀虫剂分无机杀虫剂和有机杀虫剂两类。无机杀虫剂主要含砷、氟、硫和磷等元素。有机杀虫剂分天然来源杀虫剂和人工合成杀虫剂两类。天然来源的分植物源杀虫剂和微生物源杀虫剂。人工合成的分有机氯类杀虫剂、有机磷类杀虫剂、氨基甲酸酯类杀虫剂、拟除虫菊酯类杀虫剂、昆虫生长调节剂等。

3. 促生长剂

促生长剂包括亚治疗量抗微生物药物和一些专用的促生长剂。专用促生长剂包括性激素和 β-兴奋剂。

三、兽药残留的危害

1. 毒性作用

一次摄入残留物的量过大，出现急性毒性反应。

2. 过敏反应和变态反应

一些抗菌药物（如青霉素类、磺胺类、四环素类及某些氨基糖苷类抗生素）的残留能使部分人群发生过敏反应。

3. “三致”作用

“三致”作用即致癌、致畸、致突变作用。药物及环境中的化学药品可引起基因突变或染色体畸变，从而对人类造成潜在的危害。

4. 对胃肠道菌群的影响

动物源食品中低剂量的抗菌药物长期与动物胃肠道接触，会抑制或杀灭敏感菌、耐药菌或条件性致病菌，使胃肠道的微生态平衡遭到破坏。

5. 细菌耐药性增加

使用亚治疗剂量抗微生物药物可使细菌耐药性增加。亚治疗剂量抗微生物药物的残留对人体健康的影响有两个方面：一是易于诱导耐药菌株；二是组织残留可干扰人肠道内的正常菌丛。

6. 污染环境

动物用药后，药物以原形或代谢物形式随粪、尿等排泄到环境中，对土壤微生物、水生生物及昆虫等造成影响，并在多种环境因子的作用下，产生转移、转化或在动植物中蓄积。

四、兽药残留控制的原理

兽药残留的控制包括药物及剂型研制、注册登记、使用、食品和环境监测等诸多环节。兽药残留控制的常用参数有最高残留限量、最大无作用剂量、安全系数、日许量、食物消费系数、休药期。

（一）最大残留限量（Maximum Residue Limit，MRL）

最大残留限量是指对食品动物用药后产生的允许存在于食物表面或内部的该兽药残留

的最高量（以鲜重计，单位为 μg/kg）。

为加强兽药残留监控，保证动物性食品食用安全，农业农村部与国家卫生健康委、国家市场监督管理总局于 2019 年联合发布 GB 31650—2019《食品安全国家标准　食品中兽药最大残留限量》，并于 2022 年联合发布了 GB 31650.1—2022《食品安全国家标准　食品中 41 种兽药最大残留限量》。食品中兽药最大残留限量标准规定了 308 种（类）兽药在畜禽产品、水产品、蜂产品中的 2313 项残留限量及使用要求，基本覆盖了我国常用兽药品种和主要食品动物及组织，该标准全面采用国际食品法典委员会（Codex Alimentarius Commission, CAC）和欧盟、美国等发达国家或地区的最严标准，对农业部公告第 235 号涉及的残留标志物、日允许摄入量、残留限量值、使用要求等重要技术参数进行了全面修订，设定的残留限量值与 CAC 兽药残留限量值一致率达 90% 以上；对氧氟沙星等 10 多种存在食品安全隐患的兽药品种予以淘汰或改变用途。

（二）最大无作用剂量

最大无作用剂量是指化学物质在一定时间内，按一定方式与机体接触，用现代的检测方法和最灵敏的观测指标不能发现任何损害作用的最高剂量。

（三）安全系数

同一种属的动物对外来物质的敏感性也存在一定的差异当使用试验动物试验结果推测人的日许量时需除以适当的数值，该数值称为安全系数。非致癌物安全系数的制定原则见表 2-5-1。

表2-5-1　非致癌物安全系数的制定原则

毒理学试验类型	安全系数
慢性试验	100
90 天亚慢性试验	1 000
繁育试验	100（仅出现母体毒性）
	1 000（出现其他毒性）
对于致癌物，要求出现危险的概率为“零”	

（四）日允许摄入量

日允许摄入量（Acceptable Daily Intake, ADI）简称为日许量，指人终生每日摄入某种药物或化学物质残留而不引起可觉察危害的最高量，单位是 mg/（kg · d），计算公式如下：

ADI= 最大无作用剂量（试验动物）/ 安全系数

制定 ADI 时还需要考虑到特殊人群，如婴幼儿、老年人等。他们的代谢和排泄机能与成人存在明显差异。

（五）食物消费系数与最大残留限量计算

食物消费系数指平均每人每日摄入的某种食物的量，单位为 kg/d。美国 FDA 在制定 MRL 时采用的食物消费系数（平均体重 60 kg）为肌肉 0.3，肝 0.1，肾 0.05，脂肪 1.05。

MRL 的计算公式如下：

MRL（mg/kg）=ADI［mg/（kg · d）］× 平均体重（kg）/ 食物消费系数（kg/d）

（六）休药期（Withdrawal Time，WDT）

休药期是指食品动物从停止给药到许可屠宰或它们的产品（包括可食组织、蛋、奶等）许可上市的间隔时间。

1. 规定休药期的目的

规定休药期的目的是让动物体内的或加工产品（乳、蛋）的药物含量，降低到符合人体安全的浓度以下。

2. 休药期的影响因素

休药期受动物种属、药物种类、制剂形式、用药剂量、给药途径及组织中的分布情况等因素的影响。经过休药期，暂时残留在动物体内的药物被分解至完全消失或对人体无害的浓度。

3. 不遵守休药期规定的危害

造成药物在动物体内大量蓄积，产品中的残留药物超标，或出现不应有的残留药物，会对人体造成潜在的危害。造成的危害表现在以下四个方面。

一是致畸、致突变和致癌作用。如丙咪唑类抗蠕虫药残留对人体最大的潜在危害是致畸作用和致突变作用。

二是激素（样）作用。兽用激素类药物的残留，会影响人体正常的激素水平，并有一定的致癌性，表现为儿童早熟、异性化倾向、肿瘤等。另外，可使人出现头痛、心动过速、狂躁不安、血压下降等症状。

三是过敏反应。常引起人过敏反应的药物有青霉素类、四环素类、磺胺类等药物。如牛奶中含有青霉素或磺胺类药物，可使人发生不同程度的过敏反应。

四是环境污染。兽药及其代谢产物通过粪便、尿等进入环境，被环境中的生物富集，然后进入食物链，同样危害人类健康。

由于休药期在保障食品安全中的重要作用，国家历来十分重视休药期的管理。2003年5月22日，农业部发布了《部分兽药品种的停药期规定》，制定了202种兽药停药期规定和92种（类）不需制定停药期的兽药品种。

五、残留分析方法

（一）残留分析基本原理

残留分析的目的是通过分离与检测，了解待测组分的种类和浓度。分离和检测是一个残留分析方法的两个基本组成部分。

1. 分离

分离是检测的必要条件。残留分析时，分离一般需消耗整个分析过程90%以上的时间和资源。残留分析复杂的根本原因是样品基质组成复杂，被测组分浓度低（低于百万分之一）。

分离方法的原则就是从A、B混合物中将待测组分A（待检药物），从基质或其他组分B（非待检成分）中分离出来，并保证待测组分A（待检药物）的回收率应尽可能高。

一般根据待测物和样品基质的性质差异，利用组合的分离步骤可以达到分离和分析目的要求。大多数的分析方法中至少采用 1 个提取步骤（将待测物从样品中释放进入溶液状态），3 个分离步骤，1~3 个净化步骤（除去部分干扰杂质），1 个分辨步骤。

2. 检测

检测主要是利用待测物分子的整体性质，如紫外 / 可见、红外、荧光、核磁共振、质谱等。波谱学性质，氧化 – 还原性、旋光性和官能团性质，直接对痕量残留物质进行定性或定量分析。常用的测定方法有酶免疫测定法、高效液相色谱法、气相色谱法、放射受体分析法、极谱法、荧光分光光度法、微生物测定法、紫外可见分光光度法、比色法、色质联用法等。

（二）检测方法分类

1. 按被测组分数量分类

单组分残留分析法是指对样品中单个残留组分进行分析的技术。国家标准中大部分残留分析方法是以单组分残留分析为基础建立的。

多组分残留分析法是指能同时对样品中多个残留组分进行分析的技术。多组分残留分析法在提高分析效率和未知样品分析中具有重要价值。

2. 按分析目的分类

（1）常规分析法。要求具有准确的定量分析能力，但不一定具有准确的定性分析能力。实验室中建立和使用的多数分析方法属于此类。常规分析法的阳性结果在理论上存在不确定性，对于可能引起严重后果的阳性样品必须用确证分析法进行确证。

（2）筛选分析法。筛选分析法只要求具有半定量和定性能力，但必须灵敏度高、过程简单、分析速度快。常用的筛选分析法有免疫测定法、微生物学测定法等。

（3）确证分析法。确证分析法要求具有准确的定性分析（给出被测组分的结构信息）和定量分析能力，并且要有高的灵敏度，残留组分的绝对量极小（小于 1 μg）。目前能够满足要求的分析方法只有色 – 质联用技术，如液相色谱 – 质谱联用、气相色谱 – 质谱联用。

为降低大批量样品分析的成本和提高分析效率，通常将筛选分析法和确证分析法联合使用，即先用筛选分析法对大量样品进行快速分析，疑似阳性样品再用确证分析法确证。

◎ 仪器和设备

高效液相色谱（High Performance Liquid Chromatography, HPLC）仪、紫外检测器。

色谱条件如下。

（1）柱：ODS–C18（5 μm）6.2 mm × 15 cm。

（2）检测波长：355 nm。

（3）灵敏度：0.002。

（4）柱温：室温。

（5）流速：1.0 mL/min。

（6）进样量 10 μL。

（7）流动相：乙腈与 0.01 mol/L 磷酸二氢钠溶液配制比例为 35 ∶ 65，其中磷酸二氢钠溶液用体积分数为 30% 的硝酸溶液调节 pH 值至 2.5。

◎ 试剂和材料准备

（1）乙腈（分析纯）。

（2）0.01 mol/L 磷酸二氢钠溶液。称取 1.56 g（±0.01 g）磷酸二氢钠（$NaH_2PH_4 \cdot 2H_2O$）溶于蒸馏水中，定容到 100 mL，经微孔滤膜（0.45 μm）过滤，备用。

（3）土霉素（Oxytetracycline, OTC）标准溶液。称取土霉素 0.010 0 g（±0.000 1 g），用 0.1 mol/L 盐酸溶液每毫升含土霉素 1 mg。

（4）四环素（Tetracycline, TC）标准溶液。称取四环素 0.010 0 g（±0.001 g），用 0.01 mol/L 盐酸溶液溶解并定容 10.00 mL，此溶液每毫升含四环素 1 mg。

（5）金霉素（Chlortetracycline, CTC）标准溶液。称取金霉素 0.010 0 g（±0.000 1 g），溶于蒸馏水并定容成 10.00 mL，此溶液每毫升含金霉素 1 mg。

以上标准品均按 1 000 单位 /mg 折算。土霉素、四环素、金霉素溶液应于 4 ℃以下保存，可使用 1 周。

（6）混合标准溶液。取土霉素、四环素标准溶液各 1.00 mL，取金霉素标准溶液 2.00 mL，置于 10 mL 容量瓶中，加蒸馏水至刻度。此溶液每毫升含土霉素、四环素各 0.1 mg，金霉素 0.2 mg，临时现配。

（7）5%高氯酸溶液。

◎ 人员准备

根据人员分组，每组有操作和协助人员，明确职责分工。

任务角色	任务内容
组长：	操作，结果计算
组员：	协助操作和记录

任务筹划

（一）内容筹划

畜禽肉中土霉素、四环素、金霉素残留量测定方法（高效液相色谱法）。

（二）方法筹划

样品经提取，微孔滤膜过滤后直接进样，用反相色谱分离，紫外检测器检测，与标准比较定量，出峰顺序为土霉素、四环素、金霉素，标准加入法定量。

（三）流程筹划

准备→样品测定→工作曲线→结果计算。

任务实施

步骤一：准备

准备好相应的仪器和试剂，采样时要选取具有代表性的不同部位混合采样。

步骤二：样品测定

称取 5.00 g（±0.01 g）切碎的肉样（< 5 mm），置于 50 mL 锥形烧瓶中，加入 5%高氯酸 25.0 mL，于振荡器上振荡提取 10 min，移入离心管中，以 2 000 r/min 离心 3 min，取上清液经 0.45 μm 滤膜过滤，取溶液 10 μL 进样，记录峰高，从工作曲线上查得含量。

步骤三：工作曲线

分别称取 7 份切碎的肉样，每份 5.00 g（±0.01 g），分别加入混合标准溶液 0 μL、25 μL、50 μL、100 μL、150 μL、200 μL、250 μL（含土霉素、四环素各为 0 μg、2.5 μg、5.0 μg、10.0 μg、15.0 μg、20.0 μg、25.0 μg，含金霉素 0 μg、5.0 μg、10.0 μg、20.0 μg、30.0 μg、40.0 μg、50.0 μg）。

步骤四：结果计算

$$X=\frac{A\times 1\,000}{m\times 1\,000}$$

式中：X——样品中抗生素含量（mg/kg）；

A——样品溶液测得抗生素质量（μg）；

m——样品质量（g）。

任务检测

扫描二维码答题。

项目二任务五任务检测

任务评价

工作任务完成过程评价

班级：＿＿＿＿＿＿＿＿ 组别：＿＿＿＿＿＿＿＿ 姓名：＿＿＿＿＿＿＿＿

项目	评分标准	分数	自我评价	小组评价	教师评价
训练态度	服从安排，积极主动，认真负责	20 分			
准备、生物安全意识	方法正确，内容明确	20 分			
采样	方法正确，内容明确	15 分			
实验操作	方法正确，内容明确	25 分			
数据结果	表述清晰，内容明确	20 分			
合计		100 分			

项目三 肉与肉制品的卫生检验

项目导读

肉品工业和商品学中，把除毛或皮、头、蹄、尾和内脏的动物胴体称为肉，包括肌肉、脂肪、骨、软骨、筋膜、神经、血管和淋巴结等多种成分。头、尾、蹄爪、内脏则统称为副产品或下水。

肉的营养价值很高，非常适合微生物生长繁殖，在加工、运输、贮藏、销售等过程中，都极易被污染。因此，为了确保肉品的质量，必须做好卫生检验工作。

知识目标

（1）掌握肉在贮藏过程中的变化特征及肉新鲜度的检验方法，常见肉制品的加工卫生要求及卫生检验方法。

（2）熟悉常见肉及制品的感官检验、冷冻肉常见的异常变化。

（3）了解肉的冷冻加工方法及冷库的卫生要求、肉的形态结构和化学组成、动物油脂的变质形式与危害、各种劣质肉的卫生处理原则、各种劣质肉的鉴定要点。

技能目标

掌握肉新鲜度和相关肉制品的卫生检验的具体方法。

素质目标

能完成肉新鲜度和肉制品的卫生检验，正确判断其品质。

思政目标

对动物生命的判断要科学严谨、格外谨慎，尊重生命、敬畏生命是我们应有的基本职业素质。

任务一　肉新鲜度的卫生检验

任务导入

同学们提前复习肌肉结构和肉在保存期间变化的相关内容，上课进行提问讨论。

任务准备

◎ 知识准备

肉新鲜度的检验，一般是从感官性状、腐败分解产物的特征和数量、细菌的污染程度等三方面来进行。肉的腐败变质是一个渐进性的过程，变化又非常复杂，同时还受多种因素的影响。采用单一的检验方法很难获得正确的结果，只有采用感官检验和实验室检查相结合的方法，才能比较客观地对肉的新鲜度作出正确的判断。

（一）感官检验

肉在腐败变质过程中，由于组织成分的分解，使肉的感官性状发生改变，如强烈的酸味、臭味、异常的色泽、黏液的形成、组织结构的崩解等，这些变化通过人的感觉器官进行鉴定。肉新鲜度的感官检验，主要借助人的嗅觉、视觉、触觉、味觉，通过检验肉的色泽、组织状态、黏度、气味、眼球（禽类）、煮沸后肉汤等来鉴定肉的卫生质量。

（1）色泽。将样品置于白色瓷盘中，在自然光线下观察肌肉的色泽、脂肪的色泽、肉表面的清洁度。

（2）组织状态。用手按压肉表面，观察指压凹陷的恢复速度和肌纤维的状态。

（3）黏度。观察肌肉表面有无干膜，有无发黏现象。

（4）气味。在常温下（20 ℃）检查肉的气味，首先嗅闻肉表面的气味，然后切开立即嗅闻肉的深层气味，特别注意检查关节周围组织的气味。

（5）煮沸后肉汤。称取 20 g 切碎的肉品，加入 100 mL 水，加盖，加热至 50~60 ℃，开盖检查气味。继续加热煮沸 20~30 min 后，迅速检查肉汤的气味、滋味、透明度及表面浮游脂肪的状态、多少、气味和滋味。

我国食品卫生标准中规定了各种畜禽肉的感官指标，如表 3-1-1 所示。

表3-1-1　鲜（冻）畜、禽产品感官要求

项目	要求	检验方法
色泽	具有产品应有的色泽	取适量试样置于洁净的白色盘（瓷盘或同类容器）中，在自然光下观察色泽和状态，闻其气味
气味	具有产品应有的气味，无异味	
状态	具有产品应有的状态，无正常视力可见外来异物	

注：本表引自 GB 2707—2016《食品安全国家标准 鲜（冻）畜、禽产品》。

（二）理化检验

肉新鲜度的感官检验虽然简便易行，也相当灵敏准确，但有一定的局限性。在许多情况下，尚需进行实验室检验，并且尽可能注意它们之间的相互联系和相互补充。

理化学检验是根据肉中蛋白质等物质的分解产物，用物理方法和化学方法对肉的新鲜程度进行检验。物理学检验是根据蛋白质分解，低分子物质增多，导电率、黏度、保水量的变化来衡量肉的品质；化学检验是用定性或定量方法测定分解产物，如氨、胺类、挥发性盐基氮、硫化氢等来评定肉的新鲜度。

（1）挥发性盐基氮的测定。挥发性盐基氮（Total Volatile Basic Nitrogen, TVB-N），是指肉品中蛋白质分解而产生的氨及胺类等碱性含氮物的总称，因其在碱性条件下具有挥发性，故称为挥发性盐基氮。其含量随腐败变质的进程而逐渐增加，与肉腐败程度成正比。其检测方法有半微量凯氏定氮法和微量扩散法。

（2）pH 的测定。畜禽生前肉的 pH 值为 7.0~7.2。屠宰后由于肉中肌糖原无氧酵解产生乳酸，腺苷三磷酸（Adenosine Triphosphate, AIP）分解产生磷酸，使肉的 pH 值下降。如屠宰后在 20 ℃放置 24 h，肉的 pH 值可降至 5.6~6.0，此 pH 值在肉品工业中叫作“排酸值”，它一直持续到肉发生腐败分解之前，所以新鲜肉浸出液的 pH 值通常为 5.8~6.2。肉腐败时，由于蛋白质被分解为氨和胺类等碱性物质，使肉的 pH 值上升，可达到 6.7 以上。

此外，由于动物宰前过度疲劳、患病等因素，肉中肌糖原含量少，分解生成的乳酸量少，这种情况下，即使肉是新鲜的，pH 值也较高。因此，在测定肉浸液 pH 值时，要考虑这方面的因素。测定肉 pH 值的方法，通常有比色法和酸度计法。

（3）氨的检验。肉类腐败变质时，蛋白质分解生成氨和胺类等物质，称为粗氨。粗氨含量随着腐败变质的严重程度而增多，因此，可用来鉴定肉的新鲜程度。由于动物机体在正常状态下含有少量氨，并以谷氨酰胺形式贮存于组织中，另外，过度疲劳的动物肌肉中氨的含量比平常时多 1 倍，其宰前疲劳程度也影响测定结果。所以，检测氨的阳性结果不能作为肉腐败变质的绝对指标。肉中粗氨的测定采用纳斯勒氏试剂法，根据溶液颜色的深浅和沉淀物的多少来反映肉中氨的含量。

（4）硫化氢检验。肉在腐败变质时，含硫氨基酸进一步分解，释放出硫化氢，其含量能反映出蛋白质的分解程度，因此，可用来鉴定肉的新鲜程度。肉中硫化氢检测采用醋酸铅试纸法。根据醋酸铅试纸颜色的变化进行判定。

（5）球蛋白沉淀试验。肌肉中的球蛋白在碱性环境中呈溶解状态，而在酸性条件下则

不溶解。新鲜肉呈酸性反应，蛋白质不溶解。肉在腐败过程中，由于肉的 pH 值升高，蛋白质呈溶解状态，可与重金属离子 Cu^{2+} 结合成沉淀。因此，根据肉浸液中有无沉淀及沉淀的多少来判断肉的新鲜程度。但是，宰前过度疲劳或患病的动物，宰后肉在新鲜状态下，亦呈碱性反应，可使球蛋白试验呈阳性结果。所以，检测的结果不能作为肉腐败变质的绝对指标。

（6）过氧化物酶反应。健康动物的新鲜肉中，含有过氧化物酶。不新鲜肉，严重病理状态的肉或过度疲劳的动物肉中，过氧化物酶显著减少，甚至完全缺乏。肉中的过氧化物酶能分解过氧化氢，释放出新生态氧，新生态氧使联苯胺指示剂氧化为二酰亚胺代对苯醌，与未氧化的联苯胺形成淡蓝色或青绿色化合物，经过一段时间后变为褐色，根据颜色的变化速度与深浅进行判定。

（三）微生物学检验

肉的腐败是由于细菌大量繁殖，导致蛋白质分解的结果，故检验肉的细菌污染情况，不仅是判断肉新鲜度的依据之一，也能反映肉在生产、运输、贮藏、销售过程中的卫生状况。常用的检验项目有细菌菌落总数测定、大肠菌群最近似数（Most Probable Number, MPN）测定、鲜肉压印片镜检及致病菌检验等。

1. 菌落总数测定、大肠菌群最近似数（MPN）测定

对畜禽肉产品，应检测菌落总数和大肠菌群最近似数（MPN），不同肉品的测定标准如表 3-1-2 所示。

表3-1-2　不同肉品菌落总数和大肠菌群MPN测定指标

项目	指标								
	鲜猪肉	冻猪肉	鲜羊肉	冻羊肉	鲜牛肉	冻牛肉	鲜禽肉	冻禽肉	禽副产品
菌落总数 /（CFU/g）	$\leqslant 1\times10^6$	$\leqslant 1\times10^5$	$\leqslant 1\times10^6$	$\leqslant 5\times10^5$	$\leqslant 1\times10^6$	$\leqslant 5\times10^5$	$\leqslant 5\times10^5$	$\leqslant 5\times10^5$	$\leqslant 5\times10^5$
大肠菌群 /（MPN/100 g）	$\leqslant 1\times10^4$	$\leqslant 1\times10^3$	$\leqslant 1\times10^4$	$\leqslant 1\times10^3$	$\leqslant 1\times10^4$	$\leqslant 1\times10^3$	$< 1\times10^4$	$< 1\times10^3$	$\leqslant 1\times10^3$

（1）一般检验法。

①检样的采取和送检。按规定，如是屠宰场屠宰后的畜肉，可于开膛后，用无菌刀采取两腿内侧肌肉 50 g（或劈半后采取背最长肌 50 g）；如是冷藏或售卖的生肉，可用无菌刀取腿肉或其他部位的肌肉 100 g。检样采取后，放入灭菌容器内，立即送检，最好不超过 3 h，送检时应注意冷藏，不得加入任何防腐剂。检样送往实验室后应立即检验或放置冰箱内暂存。

②检样的处理。先将样品放入沸水中烫 3~5 s（或烧灼消毒）进行表面灭菌，再用无菌剪刀取检样深层肌肉 25 g，放入灭菌乳钵内用灭菌剪刀剪碎后，加入灭菌海砂或玻璃砂少许研磨，磨碎后加入灭菌水 225 mL，混匀后为 1 ： 10 稀释液。

③检验方法。按 GB 4789.2—2022《食品安全国家标准　食品微生物学检验　菌落总数

测定》、GB 4789.3—2016《食品安全国家标准　食品微生物学检验　大肠菌群计数》进行菌落总数、大肠菌群的检验。

（2）表面检验法。

①检样的采取。检验畜禽肉及其制品受污染的程度，一般可用板孔 5 cm^2 的金属制规格板压在受检物上，将灭菌棉拭子稍沾湿，在板孔 5 cm^2 的范围内揩抹多次，然后将板孔规板移压另一点，用另一棉拭子揩抹，如此共移揩抹 10 次。总面积为 50 cm^2，共用 10 支棉拭子，每支棉拭子在揩抹后立即剪断或烧断，均投入盛有 50 mL 灭菌水的锥形瓶或大试管中，立即送检。检验致病菌时，不必用模板，可疑部位用棉拭子揩抹即可。

②检样的处理。检验时先充分振摇，吸取瓶（管）中的液体作为原液，再按要求做 10 倍递增稀释。

2. 鲜肉压印片镜检

（1）采样。如为半片或 1/4 胴体，可从胴体前后覆盖有筋膜的肌肉中割取不小于 8 cm× 6 cm×6 cm 的瘦肉；大块肉则从瘦肉深部采样 300 g。

（2）触片制备。从样品中切取 3 cm^3 左右的肉块，浸入乙醇中并立即取出点燃烧灼，如此处理 2~3 次，从表层下 0.1 cm 处及 3~4 cm 各剪取黄豆大小的肉样各一块。分别制得两个触片。

（3）染色镜检。将干燥的触片用火焰固定 1 min，进行革兰氏染色后用油镜观察至少 5 个视野，同时分别计出每个视野的球菌和杆菌数，然后求出一个视野中细菌的平均数。

（4）结果判定。新鲜肉触片着色不良，看不到细菌，或一个视野中只有几个细菌；次鲜肉触片印记着色良好，表层见到 20~30 个球菌和少数杆菌，深层可见 20 个左右的细菌；变质肉触片印记着色很浓，一个视野中的细菌数在 30 个以上，且以杆菌占多数。

3. 致病菌检验

主要检测肉品中有无沙门氏菌，必要时检测志贺氏菌、葡萄球菌等致病菌。要求各致病菌均不得检出。

◎ 工具准备

（一）总挥发性盐基氮的测定

1. 半微量凯氏定氮法

半微量凯氏定氮器、微量滴定管（最小分度 0.01 mL）、1% 氧化镁混悬液、2% 硼酸溶液吸收液、甲基红指示液（0.2% 甲基红乙醇溶液）、次甲基蓝指示液（0.1% 次甲基蓝乙醇溶液，临用时将甲基红乙醇溶液和次甲基蓝乙醇溶液等量混合，即为混合指示液）、0.01 mol/L 盐酸标准溶液、无氨蒸馏水。

2. 微量扩散法

扩散皿、微量滴定管（最小分度 0.01 mL）、水溶性胶（取 10 g 阿拉伯胶，加 10 mL 水、5 mL 甘油、5 g 无水碳酸钾或无水碳酸钠，摇匀）、饱和碳酸钾溶液（称取 50 g 碳酸钾，加 50 mL 无氨蒸馏水，微加热助溶，使用时取上清液）、吸收液、混合指示液、盐酸或硫酸标准滴定溶液、无氨蒸馏水同半微量定氮法。

（二）pH 的测定

精密 pH 试纸、pH 比色计、酸度计。

（三）粗氨测定（纳氏法）

纳氏试剂：称取碘化钾 10 g 溶于 10 mL 蒸馏水中，再加入热的升汞饱和溶液至出现红色沉淀。过滤，向溶液中加入碘溶液（30 g KOH 溶于 80 mL 水中），并加入 1.5 mL 上述升汞饱和溶液。待溶液冷却后，加蒸馏水至 20 mL，贮存于棕色玻璃瓶内，置暗处密闭保存。使用时取上清液。

（四）球蛋白沉淀试验

10%硫酸铜溶液。

（五）硫化氢试验

碱性醋酸铅溶液（于 10% 醋酸铅溶液加入 10% 氢氧化钠溶液至析出白色沉淀）、醋酸铅滤纸条（将滤纸条浸入碱性醋酸铅溶液中，数分钟后取出阴干，保存备用）。

（六）过氧化物酶反应

1%过氧化氢溶液（取 1 份 30% 过氧化氢与 2 份水混合即成，临用时配制）、0.2% 联苯胺乙醇溶液（称取 0.2 g 联苯胺溶于 95% 乙醇溶液 100 mL 中，置棕色瓶内保存，有效期不超过 1 个月）。

◎ 材料准备

实验服、口罩、帽子、手套、胶鞋等；肉类检样若干。

◎ 人员准备

人员分组，每组 5 人，明确职责分工。

任务角色	任务内容
组长：	任务：
组员 1：	任务：
组员 2：	任务：
组员 3：	任务：
组员 4：	任务：

任务筹划

（一）内容筹划

教师联系实验室和肉类销售点，学生进行肉类采样与新鲜度的检查。

（二）方法筹划

各种动物肉类检样新鲜度检查。

（三）流程筹划

同学在销售点采集动物肉类检样，在实验室进行肉新鲜度检查。

任务实施

步骤一：挥发性盐基氮（TVB-N）的测定

1. 半微量凯氏定氮法

（1）原理。蛋白质分解产生的氨、胺类等碱性含氮物质，在碱性环境中具有挥发性，故称为挥发性盐基氮或总挥发性盐基氮。本测定方法是利用氧化镁的弱酸性环境，使碱性含氮物质游离并被蒸馏出来，被含有指示剂的硼酸溶液吸收，用标准盐酸滴定，通过计算求得含量，以确定肉品的新鲜度。

（2）方法。测定方法如下。

①肉浸液制备。除去肉样中脂肪、筋腱、剪碎，称取 5~10 g，置 250 mL 锥形瓶中，加 10 倍的无氨蒸馏水，不时振摇，浸渍 30 min 后过滤，滤液备用。

②样品测定。半微量凯氏定氮装置在使用前，全部蒸馏装置必须用水蒸气发生器的蒸气通入反应室洗涤 5 min 左右，目的在于洗去仪器中可能残留的氨。最后用无氨水冲洗冷凝管外口，关闭电源，拧开螺旋夹准备样品测定。将盛有 2% 硼酸溶液 10 mL 并加甲基红 - 次甲基蓝混合指示剂 5~6 滴的锥形瓶置于冷凝管下端。精确称取上述样品滤液 5 mL，小心地从小玻杯加入蒸馏器反应室内，加 1% 氧化镁混悬液 5 mL，迅速盖塞，并加少量水于小玻杯中以防漏气。接通电源，加热水蒸气发生器，沸腾后关闭螺旋夹，通入蒸气，进行蒸馏，当冷凝管出现第一滴冷凝水时，迅速使冷凝管下端插入硼酸吸收液液面下，蒸馏 5 min。先移开接收瓶，用表面皿覆盖瓶口，然后关闭电源。吸收液用盐酸标准滴定溶液（0.01 mol/L）滴定，直至混合指示剂由绿色或草绿色变为蓝紫色为滴定终点。同时用无氨蒸馏水代替样品溶液做试剂空白对照试验。

（3）计算。将实验结果代入下列公式计算。

$$X=\frac{(V_1-V_2)\times M\times 14}{m\times 5/100}\times 100$$

式中：X——样品中挥发性盐基氨的含量（mg/100 g）；

V_1——测定用样液消耗盐酸标准溶液的体积（mL）；

V_2——试剂空白消耗盐酸标准溶液的体积（mL）；

M——盐酸标准溶液的实际浓度（mol/L）；

14——1.000 mol/L 盐酸标准 1.00 mL 相当氮的毫克数；

m——样品质量（g）。

2. 康维氏（Conway）微量扩散法

（1）原理。挥发性含氮物质可在碱性溶液中释放出来，利用饱和碳酸钾溶液（强碱），使样品中含氮物质在 37 ℃恒温条件下游离并扩散至康维皿密闭空间中，并被硼酸溶液吸收。硼酸酸度改变引起其中指示剂的颜色发生变化。然后用标准酸溶液滴定中和所吸收的含氮物质。根据滴定终点，计算求得含量。

（2）方法。测定方法如下。

①肉浸液制备。同半微量凯氏定氮法。

②样品测定。将水溶性胶涂于康维皿的边缘，在皿内室加入 2% 硼酸溶液 1 mL 及 1 滴甲基红－次甲基蓝混合指示液。在皿外室一侧加入 1.00 mL 样品液，另一侧加入 1 mL 饱和碳酸钾溶液（注意勿使两侧液体接触），立即加盖密封，将皿轻轻水平转动，使样品液与碳酸钾溶液混合，然后于 37 ℃温箱内放置 2 h，揭去盖，内室的吸收液用盐酸（0.010 0 mol/L）标准溶液滴定，滴定时，轻轻晃动内室的溶液，滴定至呈蓝紫色时为终点。同时做试剂空白对照试验。

（3）计算。将测定结果代入下列公式计算。

$$X = \frac{(V_1 - V_2) \times M \times 14}{m \times 1/100} \times 100$$

式中：X——样品中挥发性盐基氨的含量（mg/100 g）；

V_1——测定用样液消耗盐酸标准溶液的体积（mL）；

V_2——试剂空白消耗盐酸标准溶液的体积（mL）；

M——盐酸标准溶液的实际浓度（mol/L）；

14——1.000 mol/L 盐酸标准 1.00 mL 相当氮的毫克数；

m——样品质量（g）。

（4）判定标准。各类新鲜肉的挥发性盐基氮检测标准如表 3-1-3 所示。

表3-1-3　各类新鲜肉的挥发性盐基氮国家标准

项目	指标		
	猪肉	牛肉、羊肉、兔肉	禽肉
挥发性盐基氮 /（mg/100 g）	≤ 15	≤ 15	≤ 15

注：数据来源为 GB 2707—2016《食品安全国家标准　鲜（冻）畜、禽产品》。

步骤二：pH 值的测定

1. 原理

屠宰后的畜肉，由于肌糖原无氧酵解和 ATP 分解，乳酸和磷酸含量增加，使肉的 pH 值下降。肉腐败变质过程中，由于肉中蛋白质在细菌和酶的作用下被分解为氨和胺类化合物等碱性物质，使肉的 pH 值升高，因此肉中 pH 值的升降幅度，一定范围内可以反映肉的新鲜程度，但不能作为判定肉新鲜度的绝对指标和最终指标。因为宰后肉的 pH 值受许多因素影响，如宰前健康状况、疲劳、衰弱、饥饿等均能影响肉的 pH 变化。因此 pH 值可以作为肉质量鉴定的一项参考指标。但对鉴定苍白松软渗水肉（Palesoft Exudative Meat,

简称 PSE 肉）仍不失为一个重要指标。

2. 方法

（1）比色法。比色法是利用不同的酸碱指示剂来显示 pH 值。由于酸碱指示剂在溶液中随着溶液 pH 值呈的改变而显示不同的颜色，而且溶液 pH 值在一定范围内，某种指示剂的色度与 pH 值呈比例，因此，可以利用不同指示剂的混合物显示的各种颜色来指示溶液的 pH。根据这一原理，制成一种由浅至深的标准试纸或标准比色管，测定时以检样加指示剂后呈现的颜色与标准比较，即可得出被检样品的 pH 值。

① pH 试纸法。将选定的 pH 值精密试纸条的一端浸入被检溶液中，数秒钟后取出与标准色板比较，直接读取 pH 值的近似数值。本法简便，测定精确度在 pH 值 ±0.2（不能检测冻肉）。

②溶液比色法。首先从 pH 比色计中选定适当指示剂，一般选用甲基红（pH 值 4.6~6.0）或溴麝香草酚蓝（pH 值 6.0~7.6），必要时可选用酚红（pH 值 6.8~8.4）。然后取 5 mL 被检样液加入与标准管质量相同的小试管内，根据预测的 pH 范围，加入适当的指示剂 0.25 mL，与标准比色管对光观察比较，当样品管与标准管色度一致时，标准管的 pH 值即是样品的 pH 值。如色度介于两个比色管之间，则取其平均值。

（2）点位法。比色法只能测定粗略近似值，有一定局限性，而点位法对于有色、浑浊及胶状溶液的 pH 值都能测定，其准确度较比色法高，点位法使用的仪器为酸度计，是将一支能指示溶液 pH 值的玻璃电极作为指示电极，甘汞电极作为参比电极共同组成一个电池，浸入样品中产生的直流电动势，经放大器放大后，在点位差计上显示出相应读数或者直接转换为 pH 值读数。

3. 判定标准

①新鲜肉 pH 值为 5.8~6.2。

②次鲜肉 pH 值为 6.3~6.6。

③变质肉 pH 值为 6.7 以上。

步骤三：粗氨测定（纳氏试剂法）

1. 原理

肉腐败分解后产生的中氨及胺盐能与纳氏（Nessler）试剂中碘化汞和碘化钾的复盐生成黄色化合物，其颜色的深浅和沉淀物的多少能反映肉中氨的含量。

2. 方法

取试管两支，一支加入 1 mL 肉浸液，另一支加入 1 mL 无氨蒸馏水做对照。向两支试管中各加入纳氏试剂 1~10 滴，每加 1 滴后振荡试管，并比较试管中溶液颜色，透明度，有无浑浊或沉淀等。

3. 判定标准

粗氨测定判定标准如表 3-1-4 所示。

表3-1-4 纳氏试剂反应结果判定表

试剂滴数	颜色和沉淀	反应	氨含量 / (mg/100 g)	肉的鲜度
10	淡黄色，透明	–	≤ 16	新鲜
10	黄色，透明	±	16~20	次鲜
10	黄色，轻度浑浊，稍有沉淀	+	21~30	次鲜
6~7	明显的黄色，有沉淀	++	31~45	变质
1~5	明显的黄色或橘黄，有沉淀	+++	＞45	变质

步骤四：球蛋白沉淀试验（硫酸铜沉淀法）

1. 原理

利用蛋白质在碱性溶液中能和重金属离子结合，形成不溶性盐类的性质，以 10% 硫酸铜做试剂，使铜离子与检液中溶解状态的球蛋白结合形成稳定的蛋白质盐。

2. 方法

取试管两支，编号后向一支加入 2 mL 肉浸液，向另一支加入 2 mL 水做对照。向两支试管中各加入 10% 硫酸铜溶液 3~5 滴，充分震荡后观察。

3. 判定标准

①溶液呈淡蓝色，完全透明，为新鲜肉，以“–”表示。

②溶液轻度浑浊，有时有少量絮状物，为次鲜肉，以“+”表示。

③溶液浑浊并有白色沉淀，为变质肉，以“++”表示。

步骤五：硫化氢试验（醋酸铅试纸法）

1. 原理

肉在腐败过程中含硫氨基酸进一步分解，释放出硫化氢。硫化氢在碱性条件下与可溶性铅盐反应，生成黑色的硫化铅，据此判断肉的质量鲜度。反应式为：

$$H_2S+Pb(CH_3COO)_2 \rightarrow PbS\downarrow +2CH_3COOH$$

2. 方法

将待检肉样剪成米粒大小，置于 100 mL 锥形瓶中，达锥形瓶容积的 1/3。取醋酸铅滤纸条，或取已剪好的定性滤纸条，用碱性醋酸铅溶液浸湿，稍干后插入锥形瓶内使其下端接近肉面，但不触及肉面，一般在肉上方 1~2 cm 处悬挂，立即将滤纸的另一端以瓶塞固定于瓶口。室温反应 15 min，观察滤纸条颜色变化。

3. 判定标准

①滤纸条无变化，为新鲜肉。

②滤纸条边缘呈淡褐色，为次鲜肉。

③滤纸条下部呈褐色或黑褐色，为变质肉。

步骤六：过氧化物酶反应

1. 原理

新鲜健康的畜禽肉中，含有过氧化物酶，不新鲜的肉、严重病理状态的肉或濒死的畜禽肉，过氧化物酶显著减少，甚至完全缺乏。过氧化氢在过氧化物酶的作用下，分解产生新生态氧，新生态氧将联苯胺指示剂氧化成二酰亚胺代对苯醌，后者与尚未氧化的联苯胺作用生成特异的蓝绿色或青绿色化合物，经过一定时间则变为褐色。

2. 方法

取 2 mL 肉浸液（1 ∶ 10）于试管中，滴加 4~5 滴 0.2% 联苯胺乙醇溶液，充分振荡后再加新配置 1% 过氧化氢溶液 3 滴，稍振摇，立即观察结果，同时做空白对照实验。

3. 判定标准

①健康动物的新鲜肉，肉浸液立即或在数秒内呈蓝色或蓝绿色。

②次鲜肉，肉浸液无颜色变化，或在稍长时间后呈淡青色并迅速转变为褐色。

③变质肉，肉浸液无变化，或呈浅蓝色、褐色。

任务检测

扫描二维码答题。

项目二任务一任务检测

任务评价

工作任务完成过程评价

班级：________　学号：________　姓名：________　总分：________

项目	评价方法	分数	自我评价	小组评价	教师评价
任务目标达成度	服从安排，积极主动，认真负责	10 分			
任务完成度	方法正确，内容明确	20 分			
知识掌握精准度	方法正确，内容明确	20 分			
技术操作规范度	方法正确，内容明确	30 分			
岗位需求适应度	方法正确，内容明确	20 分			
合计		100 分			

任务二　冷冻肉的卫生检验

任务导入

同学们提前复习冷冻肉加工卫生的相关内容，上课进行提问讨论。

任务准备

◎ 知识准备

肉类保藏方法中，低温冷冻保藏是目前应用最广泛、效果最好的一种。其特点是保存时间长，肉的组织结构和性质不发生根本变化，贮藏容量大，并已形成了完善冷藏转运系统——冷藏链，即企业的冷库——冷藏车船——商店的冷藏室——家庭的冰箱，所以采用低温保藏肉类是现代化保藏食品的最完善的方法之一。为了保证冷冻肉品的卫生安全，必须在做好肉品卫生检验的同时，加强对冷藏链系统的卫生监督。

（一）鲜肉的接收与检验

（1）库内卫生状况的检查。鲜肉在入库前，卫检人员要事先检查冷却间、冻结间的温度和湿度，检查库内工具的卫生情况，冷却间内不应有霉菌生长，注意清理墙壁和管道上的积霜。

（2）肉品的检验及预处理。入库的鲜肉必须盖有清晰的检验合格印章，同时要有相应的检疫证明。凡是因有传染病可疑而被扣留的肉，应存放在隔离冷库内。肉在冷却间和冻结间要吊挂，肉间要保持一定的距离，不能互相接触。内脏必须在清洗后平摊在冷藏盘内，不得堆积。禁止有气味的商品和肉混装，防止异味污染，冷库内的温度要按规定进行调节和保持稳定。

（二）冻肉调出和接收时的检验

（1）冻肉调出时的检验。从生产性冷库调出冻肉时，检验人员必须进行监督，检查冻肉的冷冻质量和卫生状况，检查运输车辆、船只的清洁卫生状况。检查合格后，冻肉装车并关好车门加铅封，方可开具检验证明书予以放行。

（2）冻肉接收时的检验。检验人员在冻肉到达时，要检查铅封和卫生检验证明书，然后打开车门进行检验。检验时要注意查看印章是否清晰，用木棒敲击冻肉或用温度计测肉深层温度检查冷冻质量，凡发音清脆，肉温低于 −8 ℃的为冷冻良好。另外注意检查冻肉有无干枯、氧化、异物异味污染、加工不良、腐败变质和疾病漏检等。

（3）检验后处理。冷冻良好、无异常现象的冻肉可入库冷藏。对于冷冻不良的冻肉要立即进行复冻，复冻的产品应尽快出库，不得久存。对于不符合卫生要求的冻肉要提出处理意见，分别处理并做好记录，发出处理通知单，不准进入冷库。

（三）冻肉在冷藏期间的检验

（1）检查库内温度、湿度、卫生情况和冻肉情况。发现库内温度、湿度有变化时，要记录好库号和温度、湿度，同时抽检肉温，查看有无软化、变形等现象。已经存有冻肉的冷藏间，不应加装鲜肉或软化肉，以免原有冻肉发生软化或结霜。

（2）冷藏间内要严格执行先进先出原则，以免因贮藏过久而发生干枯和氧化。靠近库门的冻肉易氧化变质，要注意经常更换。

（3）注意各种冷藏肉的安全期，对临近安全期的冻肉要采样化验，分析产品质量，防止冻肉干枯、氧化或腐败变质。根据我国商业系统的冷库使用管理试行办法，各种肉的冷藏安全期如表 3–2–1 所示。

表3–2–1　各种产品的冷藏安全期

品名	库房温度 /℃	安全期 / 月
冻猪肉	–18~–15	7~10
冻牛、羊肉	–18~–15	8~11
冻禽、冻兔肉	–18~–15	6~8
冻鱼肉	–18~–15	6~9

（四）解冻肉的检验

解冻肉的检验可分为感官检查、微生物检验和理化检验三个方面，其检验方法同肉新鲜度的检验。

（五）低温保藏肉异常变化的鉴定与处理

（1）发黏。多发生于冷却肉，由于吊挂冷却时，胴体相互接触，降温较慢，通风不良，导致细菌在接触处生长繁殖，并在肉表面形成黏液样的物质，手触有黏滑感，严重时有丝状物并发出一种陈腐气味。这种肉若处于早期阶段，尚无腐败现象时，经洗净风吹发黏消失后，可以食用，或修割除去表面发黏部分后食用。一旦有腐败迹象则禁止食用。

（2）异味。异味是指腐败以外的污染气味，如鱼腥味、脏器味、氨味、汽油味等。若异味较轻，修割后在煮沸试验中无异常气味的，可做熟肉制品原料，严重异味时做工业用。

（3）脂肪氧化。脂肪氧化是指冻肉因加工卫生不良，冻肉存放过久或日光照射等影响，脂肪变为淡黄色、有酸败味。若氧化仅限于表层，可将表层去除做工业用油，深层经煮沸试验无酸败味的，可供食用。变化严重的可供工业用。

（4）盐卤浸渍。冻肉在运输过程中被盐卤浸渍，肉色发暗，尝之有苦味，可将浸渍部分割去，其余部分经高温后食用。

（5）发霉。霉菌在肉表面生长，经常形成白点、黑点或不同色泽的霉斑。白点多在表面，抹去后不留痕迹，可供食用。小黑点不多时，可削去黑点部分供食用。青霉、曲霉引起的霉变，不得食用。

（6）深层腐败。常见于股骨附近的肌肉，由于宰后冷却不及时，厌氧芽孢菌繁殖引起，这种腐败由于发生在深部，检验时不易发现，故检验时应注意抽检。深层腐败的肉不能食用。

（7）干枯。冻肉存放过久，特别是反复融冻，使肉中水分丧失过多所致。干枯严重者味同嚼蜡，形如木渣，营养价值低，不能供食用。轻者尽快发出利用。

（8）发光。在冷库中常见肉上有磷光，这是由一些发光杆菌所引起的。肉上有发光现象时，一般没有腐败菌生长，发光的肉经过卫生消除后可供食用。有腐败菌生长时，磷光便消失。

（9）变色。肉的变色是生化作用和细菌作用的结果，某些细菌生长后分泌水溶性或脂溶性色素，如黄、红、紫、绿、蓝、褐、黑等色素，使肉呈现各种颜色。变色的肉若无腐败现象，可在进行卫生消除和修割后加工食用。有腐败现象者禁止食用。

（10）氨水浸湿。冷库跑氨后，肉被氨水浸湿。解冻后，肉的组织如有松弛或酥软等变化则应放弃。如程度较轻，经流水浸泡，用纳氏法测定，反应较轻的可供制品加工使用。

◎ 工具准备

普通营养琼脂培养基、酒精灯、细菌培养箱、超净工作台、灭菌棉拭子、灭菌移液管、灭菌培养皿、盛有 90 mL 及 9 mL 灭菌蒸馏水的锥形瓶和试管。

◎ 材料准备

实验服、口罩、帽子、手套、胶鞋等，肉类检样若干。

◎ 人员准备

人员分组，每组 5 人，明确职责分工。

任务角色	任务内容
组长：	任务：
组员 1：	任务：
组员 2：	任务：
组员 3：	任务：
组员 4：	任务：

任务筹划

（一）内容筹划

教师联系实验室和肉类销售点，学生进行肉类检样菌落总数的检查。

（二）方法筹划

各种动物肉类检样菌落总数检查。

（三）流程筹划

同学在销售点采集动物肉类检样，在实验室进行菌落总数检查。

任务实施

步骤一：样品的处理和稀释

1. 操作方法

（1）以无菌操作取检样 25 g（或 25 mL），放于 225 mL 灭菌生理盐水或其他稀释液的灭菌玻璃瓶内（瓶内预置适当数量的玻璃珠）或灭菌乳钵内，经充分振摇或研磨制成 1 ： 10 的均匀稀释液。固体检样在加入稀释液后，最好置灭菌均质器中以 8 000~10 000 r/min 的速度处理 1 min，制成 1 ： 10 的均匀稀释液。

（2）用 1 mL 灭菌吸管吸取 1 ： 10 稀释液 1 mL，沿管壁徐徐注入含有 9 mL 灭菌生理盐水或其他稀释液的试管内，振摇试管混合均匀，制成 1 ： 100 的稀释液。

（3）另取 1 mL 灭菌吸管，按上项操作顺序，制 10 倍递增稀释液，如此每递增稀释一次即换用一支 1 mL 灭菌吸管。

2. 无菌操作

操作中必须有“无菌操作”的概念，所用玻璃器皿必须是完全灭菌的。所用剪刀、镊子等器具也必须进行消毒处理。样品如果有包装，应用 75% 乙醇在包装开口处擦拭后取样。

操作应当在超净工作台或经过消毒处理的无菌室进行。琼脂平板在工作台暴露 15 min，每个平板不得超过 15 个菌落。

3. 采样的代表性

如是固体样品，取样时不应集中一点，宜多采几个部位。固体样品必须经过均质或研磨，液体样品须经过振摇，以获得均匀稀释液。

4. 稀释液

样品稀释液主要是灭菌生理盐水，有的采用磷酸盐缓冲液（或 0.1% 蛋白胨水），后者对食品已受损伤的细菌细胞有一定的保护作用。如对含盐量较高的食品进行稀释，可以采用灭菌蒸馏水。

步骤二：倾注培养

1. 操作方法

（1）根据标准要求或对污染情况的估计，选择 2~3 个适宜稀释度，分别在制 10 倍递增稀释的同时，以吸取该稀释度的吸管移取 1 mL 稀释液于灭菌平皿中，每个稀释度做两个平皿。

（2）将凉至 46 ℃营养琼脂培养基注入平皿约 15 mL，并转动平皿，混合均匀。同时将营养琼脂培养基倾入加有 1 mL 稀释液（不含样品）的灭菌平皿内做空白对照。

（3）待琼脂凝固后，翻转平板，置（36 ± 1）℃温箱内培养（48 ± 2）h，取出计算平板内菌落数目，乘以稀释倍数，即得每克（每毫升）样品所含菌落总数。

2. 注意事项

（1）倾注用培养基应在 46 ℃水浴内保温，温度过高会影响细菌生长，过低琼脂易于凝固而不能与菌液充分混匀。如无水浴，应以皮肤感受较热而不烫为宜。

（2）倾注培养基的量规定不一，从 12~20 mL 不等，一般以 15 mL 较为适宜，平板过厚可影响观察，太薄又易于干裂。倾注时，培养基底部如有沉淀物，应将底部弃去，以免与菌落混淆而影响计数观察。

（3）为使菌落能在平板上均匀分布，检液加入平皿后，应尽快倾注培养基并旋转混匀，可正反两个方向旋转，检样从开始稀释到倾注最后一个平皿所用时间不宜超过 20 min，以防止细菌有所死亡。

（4）培养温度一般为 37 ℃（水产品的培养温度，由于其生活环境水温较低，故多采用 30 ℃）。培养时间一般为 48 h，有些方法只要求 24 h 的培养即可计数。培养箱应保持一定的湿度，琼脂平板培养 48 h 后，培养基失重不应超过 15%。

（5）为了避免食品中的微小颗粒或培基中的杂质与细菌菌落发生混淆，不易分辨，可同时做一稀释液与琼脂培基混合的平板，不经培养，而于 4 ℃环境中放置，以便计数时做对照观察。

有时，为了防止食品颗粒与菌落混淆不清，可在营养琼脂中加入氯化三苯四氮唑（Triphenyl Tetrazolium Chloride, TTC），培养后菌落呈红色，易于分辨。

3. 计数和报告

（1）培养到时间后，计数每个平板上的菌落数。可用肉眼观察，必要时用放大镜检查，以防遗漏。在记下各平板的菌落总数后，求出同稀释度的各平板平均菌落数，计算出原始样品中每克（或每毫升）中的菌落数，进行报告。

（2）到达规定培养时间，应立即计数。如果不能立即计数，应将平板放置于 0~4 ℃，但不得超过 24 h。

（3）计数时应选取菌落数在 30~300 的平板（SN 标准要求为 25~250 个菌落），若有两个稀释度均在 30~300 时，按国家标准方法要求应以二者比值决定，比值小于或等于 2 取平均数，比值大于 2 则取较小数字（有的规定不考虑其比值大小，均以平均数报告）。

（4）若所有稀释度均不在计数区间。如均大于 300，则取最高稀释度的平均菌落数乘以稀释倍数报告。如均小于 30，则取最低稀释度的平均菌落数乘稀释倍数报告。如菌落数有的大于 300，有的又小于 30，但均不在 30~300，则应取最接近 300 或 30 的平均菌落数乘以稀释倍数报告。如所有稀释度均无菌落生长，则应按小于 1 乘以最低稀释倍数报告。有的规定对上述几种情况计算出的菌落数按估算值报告。

（5）不同稀释度的菌落数应与稀释倍数成反比（同一稀释度的两个平板的菌落数应基本接近），即稀释倍数愈高菌落数愈少，稀释倍数愈低菌落数愈多。如出现逆反现象，则应视为检验中的差错（有的食品有时可能出现逆反现象，如酸性饮料等），不应作为检样计数报告的依据。

（6）当平板上有链状菌落生长时，如呈链状生长的菌落之间无任何明显界限，则应作为一个菌落计，如存在有几条不同来源的链，则每条链均应按一个菌落计算，不要把链上生长的每一个菌落分开计数。如有片状菌落生长，该平板一般不宜采用，如片状菌落不到平板一半，而另一半又分布均匀，则可以半个平板的菌落数乘 2 代表全平板的菌落数。

（7）当计数平板内的菌落数过多（即所有稀释度均大于 300 时），但分布很均匀，可取平板的一半或 1/4 计数，再乘以相应稀释倍数作为该平板的菌落数。

（8）菌落数的报告，按国家标准方法规定菌落数在 1~100 时，按实有数字报告，如大于 100 时，则报告前面两位有效数字，第三位数按四舍五入计算。固体检样以克（g）为单位报告，液体检样以毫升（mL）为单位报告，表面涂擦则以平方厘米（cm^2）报告。

步骤三：菌落总数的其他检验方法

菌落总数的检查方法还有涂布平板法、点滴平板法、螺旋平板法。其中螺旋平板法是由一台机器完成的。

1. 涂布平板法

涂布平板法是将营养琼脂制成平板，50 ℃经 1~2 h 或 35 ℃经 18~20 h 干燥后，在上面滴加检样稀释液 0.2 mL，用“L”形棒涂布于整个平板的表面，放置约 10 min，将平板翻转，放至（36 ± 1）℃温箱内培养（24 ± 2）h［水产品用 30 ℃培养（48 ± 2）h］取出，进行菌落计数，然后乘以 5（由 0.2 mL 换算为 1 mL），再乘以样品稀释液的倍数，即得每克或每毫升检样所含菌落数。

这种方法比常规检验法效果好。因为菌落生长在表面，便于识别和检查其形态，虽检样中含有食品颗粒，也不会发生混淆。但是本法取样量比常规检验法少，代表性会受到一定影响。

2. 点滴平板法

此法与涂布平板法相似。不同的是点滴平板法只是用标定好的微量吸管或注射器针头按滴（使每滴相当于 0.025 mL）将检样稀释液滴加于琼脂平板上固定的区域（预先在平板背面用标记笔划成四个区域）。每个区域滴 1 滴，每个稀释度滴两个区域，作为平行试验。滴加后，将平板放平约 10 min，然后翻转平板，如涂布平板法一样移入温箱中，培养 6~8 h 后进行计数，将所得菌落数乘以 40（由 0.025 mL 换算为 1 mL），再乘以样品的稀释倍数，即得每克或每毫升检样所含菌落数。

任务检测

扫描二维码答题。

项目三任务二任务检测

任务评价

工作任务完成过程评价

班级:________ 学号:________ 姓名:________ 总分:________

项目	评价方法	分数	自我评价	小组评价
任务目标达成度	服从安排，积极主动，认真负责	10分		
任务完成度	方法正确，内容明确	20分		
知识掌握精准度	方法正确，内容明确	20分		
技术操作规范度	方法正确，内容明确	30分		
岗位需求适应度	方法正确，内容明确	20分		
合计		100分		

任务三 熟肉制品的卫生检验

任务导入

同学们提前复习肉新鲜度检验的相关内容，上课进行提问讨论。

任务准备

◎ 知识准备

熟肉制品是指经过选料、初加工、切配以及蒸煮、酱卤、烧烤等加工处理，食用时不必再经加热烹调的肉品。我国的熟肉制品种类繁多，滋味各异，如灌肠、酱汁肉、酱牛肉、肉松、肉干、烤羊肉串、烧鸡、火腿肠等。熟肉制品是直接入口的食品，制作和检验时的卫生要求和卫生标准要比其他非熟制品严格。

熟肉制品的卫生检验，以感官检查为主，定期或必要时采样做理化检验和细菌学检验。

（一）感官检查

1. 检验内容

检查熟肉制品外表和切面的色泽、组织状态、气味、有无变质、发霉、发黏以及污物沾染等。夏秋季节，应特别注意有无苍蝇停留的痕迹，这对整鸡、整鸭更为重要，因为苍蝇常产卵于鸡鸭的肛门、口、耳、眼等部位，孵化后的幼蛆很快钻入体腔或深部。此时，熟肉制品外观、色泽和气味往往正常，但内部已被蝇蛆所带的微生物污染，故应特别注意检查。

2. 卫生标准及评定

感官指标要求无异味、无酸败味、无异物，熟肉干制品无焦斑和霉斑。对包装破坏、外观受损者不得销售。凡有上述变质征象者均不得销售和食用。熟肉制品的感官检查指标如表 3–3–1 所示。

表3–3–1　熟肉制品卫生检验的感官指标

项目	要求	检验方法
色泽	具有产品应有的色泽	取适量试样置于洁净的白色盘（瓷盘或同类容器）中，在自然光下观察色泽和状态。闻其气味，用温开水漱口，品其滋味
气味	具有产品应有的滋味和气味，无异味，无异嗅	
状态	具有产品应有的状态，无正常视力可见外来异物，无焦斑和霉斑	

注：本表引自 GB 2726—2016《食品安全国家标准 熟肉制品》。

（二）理化检验

1. 检验内容

熟肉制品种类不同，检测项目也不同。常检测项目有亚硝酸盐、水分、苯并芘、铅、无机砷、镉、汞、复合磷酸盐等，方法按熟肉制品卫生标准中规定的方法进行测定。

2. 卫生标准及评定

对亚硝酸钠含量超标的灌肠和肴肉、水分含量超标的熟肉制品，不得上市销售。熟肉制品的理化指标限量应符合 GB 2760 规定。

（三）微生物学检验

应定期进行细菌学检验。细菌学检验的项目主要包括细菌菌落总数的测定、大肠菌群最近似数（MPN）的测定和致病菌的检验。

1. 熟肉制品样品的采集和送检

（1）家禽。用灭菌棉拭子采胸腹部各 10 cm^2，背部 20 cm^2，头、肛各 5 cm^2，共 50 cm^2。棉拭子采样方法：用板孔 5 cm^2 的金属制规板压在检样上，将灭菌棉拭子稍蘸湿，在板孔 5 cm^2 的范围内揩抹 10 次，然后另换一个揩抹点，每个规格板揩一个点，每支棉拭子揩抹 2 个点（即 10 cm^2），一个检样用 5 支棉拭子，每支揩后立即剪断（或烧断），均投入盛有 50 mL 灭菌水的三角瓶或大试管中立即送检。

（2）烧烤肉制品。用灭菌棉拭子采正面（表面）20 cm^2，里面（背面）10 cm^2，四边各 5 cm^2，共 50 cm^2。

（3）其他熟肉制品（酱卤肉、肴肉）、灌肠、香肚及肉松等。一般可采取 200 g，做重量法检验（整根灌肠可根据检验需要，采取一定数量的检样）。

2. 检验方法

方法按国家标准 GB 4789 进行。

3. 卫生标准及评定

熟肉制品中检出的细菌菌落总数、大肠菌群数超过国家规定指标，而无感官变化或感官变化轻微的，或无冷藏设备需要隔夜存放的，应回锅加热后即时销售。凡检出致病菌者，不得销售和食用。

◎ 工具准备

温箱、恒温水浴、电子天平、普通光学显微镜、均质器或乳钵、平皿、灭菌吸管、500 mL 的广口瓶或三角烧瓶、玻璃珠、载玻片、酒精灯、试管架。培养基和试剂：乳糖胆盐发酵管、伊红美蓝琼脂平板、乳糖发酵管、EC 肉汤、磷酸盐缓冲稀释液、生理盐水、革兰氏染色液。

◎ 材料准备

实验服、口罩、帽子、手套、胶鞋等，熟肉检样若干。

◎ 人员准备

人员分组，每组 5 人，明确职责分工。

任务角色	任务内容
组长：	任务：
组员 1：	任务：
组员 2：	任务：
组员 3：	任务：
组员 4：	任务：

任务筹划

（一）内容筹划

教师联系实验室和熟肉销售点，学生进行熟肉类检样大肠菌群总数的检查。

（二）方法筹划

各种熟肉类检样大肠菌群总数检查。

（三）流程筹划

同学在销售点采集熟肉类检样，在实验室进行大肠菌群总数检查。

任务实施

步骤一：样品的稀释

以无菌操作将检样 25 mL（或 g）放于含有 225 mL 灭菌生理盐水或其他稀释液的灭菌玻璃瓶内（瓶内放置适当数量的玻璃珠）或灭菌乳钵内，经充分振摇或研磨做成 1 ∶ 10 的均匀稀释液。固体检样最好用均质器，以 8 000~10 000 r/min 的速度处理 1 min，做成 1 ∶ 10 的均匀稀释液。

用 1 mL 灭菌吸管吸取 1 ∶ 10 稀释液 1 mL，注入含有 9 mL 灭菌生理盐水或其他稀释液的试管内，振摇试管混匀，做成 1 ∶ 100 的稀释液。另取 1 mL 灭菌吸管，按上条操作依次做 10 倍递增稀释液，每递增稀释一次，换用一支 1 mL 灭菌吸管。根据食品卫生标准要求或对检样污染情况的估计，选择 3 个稀释度，每个稀释度接种 3 管。

步骤二：乳糖发酵试验

将待检样品接种于乳糖胆盐发酵管内，接种量在 1 mL 以上，用双料乳糖胆盐发酵管；1 mL 及 1 mL 以下，用单料乳糖胆盐发酵管。每一稀释度接种 3 管，置（36 ± 1）℃温箱内，培养（24 ± 2)h，如所有乳糖胆盐发酵管均不产气，则大肠菌群为阴性，如有产气者，则按下列程序进行。

步骤三：分离培养

将产气的发酵管分别转种到伊红美蓝琼脂平板上，置（36 ± 1）℃温箱内，培养 18~24 h，然后取出，观察菌落形态，并做革兰氏染色和证实试验。

步骤四：证实试验

在上述平板上，挑取可疑大肠菌群菌落 1~2 个进行革兰氏染色，同时接种乳糖发酵管，置（36 ± 1）℃温箱内培养（24 ± 2）h，观察产气情况。凡乳糖管产气、革兰氏染色为阴性的无芽孢杆菌，即可确定为大肠菌群阳性。

步骤五：完成报告

根据证实为大肠菌群阳性的管数，查 MPN 检索表，报告每 100 mL（g）大肠菌群的 MPN 值。

任务检测

扫描二维码答题。

项目三任务三任务检测

任务评价

工作任务完成过程评价

班级：________ 学号：________ 姓名：________ 总分：________

项目	评价方法	分数	自我评价	小组评价	教师评价
任务目标达成度	服从安排，积极主动，认真负责	10分			
任务完成度	方法正确，内容明确	20分			
知识掌握精准度	方法正确，内容明确	20分			
技术操作规范度	方法正确，内容明确	30分			
岗位需求适应度	方法正确，内容明确	20分			
合计		100分			

任务四　腌腊肉制品的卫生检验

任务导入

同学们提前复习肉新鲜度检查和熟肉制品卫生检查相关内容，上课进行提问讨论。

任务准备

◎ 知识准备

腌腊肉制品是肉经腌制、酱制、晾晒、烘烤等工艺加工而成的生肉类制品。有腊肉类、咸肉类、酱肉类、风干肉类等，如腌肉、火腿、风肉、腊肉、熏肉、香肠、香肚等，这既是肉类保藏的形式，也是改善肉制品风味的一种手段。腌腊肉制品中加入一定量的盐对微生物有一定的抑制作用，但有一些耐盐菌和嗜盐菌在高浓度甚至饱和盐水中也能繁殖，因此，必须加强对腌腊肉制品加工和保存中的卫生监督和卫生管理。

（一）感官检验

1. 检验内容及方法

常采用看、刺、切、煮、查的方法进行。

（1）看。从表面和切面观察腌腊制品的色泽和硬度，方法是取上、中、下三层有代表性的肉，察看其表面和切面的色泽和组织状态。

（2）刺。检测腌腊肉深部的气味，将特制竹签刺入腌腊肉制品的深部，拔出后立即嗅察气味，评定是否有异味或臭味。在第二次插签前，擦去签上前一次沾染的气味或另行换签。当连续多次嗅检后，嗅觉可能麻痹失灵，故经一定操作后要有适当的间隙以免误判。

整片腌腊肉常用五签法。第一签，从后腿肌肉（臀部）插入髋关节及肌肉深处。第二签，从股内侧透过膝关节后方的肌肉插向膝关节。第三签，从胸部脊椎骨上方朝下斜向插入背部肌肉。第四签，从胸腔肌肉斜向前肘关节后方插入。第五签，从颈椎骨上方斜向插入肩关节。

火腿通常采用三签法。第一签，在蹄膀部分膝盖骨附近，插入膝关节处。第二签，在商品规格所谓中方段，髋骨部分，髋关节附近插入。第三签，在中方与油头交界处，髋骨与荐椎间隙插入。

风肉、咸腿等可参考上述方法进行，咸猪头可在耳根部分和额骨之间颞肌部以及咬肌外面插签。

当插签发现某处有腐败气味时，应立即换签。插签后用油脂封闭签孔以利保存，使用过的竹签应用碱水煮沸消毒。

（3）切。看、刺检发现质量可疑时，用刀切开进一步检查内部状况，或选肉层最厚的部位切开，检查断面肌肉与肥膘的状况。

（4）煮。必要时还可将腌腊肉品切成块状放入水中煮沸，以嗅闻和品评腌腊肉制品的气味和滋味。

（5）查。指对腌腊肉制品的生产场地和原料性状的追踪检查。

①腌制卤水检查。良好的腌肉，其卤水应当透明而带红色，无泡沫，不含絮状物，没有发酵、霉臭和腐败的气味，pH 值为 5.0~6.2。已腐败的腌肉，其卤水呈血红色或污秽的褐红色，浑浊不清，有泡沫及絮状物，有腐败及酸臭气味，pH 值多在 6.8 以上。卤水 pH 的测定方法与新鲜肉的 pH 测定方法相同，但在测定前应先经水浴加热至 70 ℃使蛋白质凝结，用滤纸滤过，然后检查滤液的 pH 值。

②腌腊肉制品虫害的检查。各种腌腊肉制品在保藏期间，由于回潮而容易出现各种虫害，如酪蝇、火腿甲虫、红带皮蠹、白腹皮蠹、火腿螨等。

为了发现上述害虫，可于黎明前在火腿、腊肉等堆放处静听和观察，有虫存在时常发出沙沙声，若发现成虫则可能有幼虫存在。对于蝇蛆的检查，主要是在白天注意有无飞蝇逐臭现象，若有则表示制品可能有蛆存在，此时可翻堆进一步查明。

2. 卫生标准及评定

感官指标要求无黏液、无异味、无霉点、无酸败味。对感官变化明显、变质的腌腊肉制品不准出售食用，应予销毁；对腌腊肉制品表面出现发光、变色、发霉等情况但未腐败变质的，可进行卫生清除或修割后供食用。

（二）实验室检验

1. 检验内容

腌腊肉制品中的微生物不易生存和繁殖，因此主要是进行理化检验。腌腊肉制品种类不同，检测项目也不同。常测定的项目有亚硝酸盐测定、过氧化值的测定、苯并芘的测定，铅、镉、汞、砷的测定，香肠及香肚中脂肪的酸价测定，三甲胺氮的测定等，方法按GB 2730—2015《食品安全国家标准　腌腊肉制品》中规定的方法进行。

2. 卫生标准及评定

腌腊肉制品的各项理化指标均应符合国家卫生标准。超过标准要求，可限期内部处理，但不得上市销售。凡亚硝酸盐含量超过国家卫生标准的，不得销售食用，做工业用或销毁。

◎ 工具准备

竹片、检验刀、微波炉等。

◎ 材料准备

实验服、口罩、帽子、手套、胶鞋等，各种腌腊肉制品等。

◎ 人员准备

人员分组，每组5人，明确职责分工。

任务角色	任务内容
组长：	任务：
组员1：	任务：
组员2：	任务：
组员3：	任务：
组员4：	任务：

任务筹划

（一）内容筹划

教师联系实验室和腌腊制品销售点等，学生进行各种腌腊制品的感官检查。

（二）方法筹划

各种腌腊制品的感官检查。

（三）流程筹划

腌腊制品从表面到内部进行感官检查。

任务实施

步骤一：人员分组

____。

步骤二：任务分配

____。

步骤三：进行感官检查

____。

步骤四：结果汇总

____。

步骤五：结果分析

____。

步骤六：小结

____。

任务检测

扫描二维码答题。

项目三任务四任务检测

任务评价

工作任务完成过程评价

班级：__________　学号：__________　姓名：__________　总分：__________

项目	评价方法	分数	自我评价	小组评价
任务目标达成度	服从安排，积极主动，认真负责	10分		
任务完成度	方法正确，内容明确	20分		
知识掌握精准度	方法正确，内容明确	20分		
技术操作规范度	方法正确，内容明确	30分		
岗位需求适应度	方法正确，内容明确	20分		
合计		100分		

任务五 肉类罐头的卫生检验

任务导入

同学们提前复习肉新鲜度检查和肉类罐头加工流程相关内容，上课进行提问讨论。

任务准备

◎ 知识准备

罐头是指各种符合标准要求的原料经处理、分选、烹调（或不经烹调）、装罐（包括马口铁罐、玻璃罐、复合薄膜袋或其他包装材料容器）、密封、杀菌冷却而制成的具有一定真空度的食品。罐头食品是一种商业无菌食品。所谓商业无菌是一种无菌状态，即罐头食品经过适度的杀菌后，不含有致病微生物，也不含有常温下能在其中繁殖的非致病性微生物。肉类罐头是以食用动物肉为原料制作而成的罐头食品。在制作加工中，肉的各种酶类全部破坏，并达到了商业无菌状态，因此基本消除了罐头内容物自溶、腐败变质以及氧化酸败的因素，可达到在一定期限内保藏，并保持其固有风味的目的。

罐头食品是一种特殊形式的食品保藏方法。各类罐头食品便于携带、运输和贮存，节省烹调手续，能调节食品供应的季节和地区性余缺，故而备受消费者喜爱，尤其能满足野外勘探、远洋航海、登山探险、边防部队及矿山井下作业的特殊需要。

（一）物理检验

1. 检验内容及方法

（1）外观检验。首先，检查商标纸及硬印是否完整和符合规定，确认生产日期和保质期。然后，观察底和盖有无膨听现象，如有膨听现象，应确定是生物性膨听、化学性膨听还是物理性膨听。鉴别几种膨听的方法是进行 37 ℃保温试验和敲打试验。保温试验时若膨听程度增大，可能是生物性膨听；若膨听程度不变，则可能是化学性膨听；若膨听消失，则可能是物理性膨听。敲打试验是以木槌敲打罐头的盖面。良质罐头，盖面凹陷，发出清脆实音；不良质罐头，表面膨胀，发音不清脆，发出鼓音。最后，撕下商标纸，观察外表是否清洁，接缝及卷边有无漏水、透气、汤汁流出以及罐体有无锈斑及凹瘪变形等。

（2）密封性检查。主要是检查卷合槽及接缝处有无漏气的小孔。肉眼往往看不见，应将商标纸除去后，洗净，放入加热至 85 ℃的热水中 3~5 min，水量应为罐头体积的 4 倍以上，水面应高出罐头 5 cm。放置期间，如罐筒的任何部位出现气泡，即证明该罐头密封性不良。

（3）保温试验。在（37 ± 2）℃条件下保温 5~7 d，逐个进行敲击和观察。

（4）真空度测定。常有真空表测定。测定时，右手的拇指和食指夹持真空表，以其下端对准罐盖，以防空气进入罐内。各类罐头的室温下真空度为 27.0~50.8 kPa。

（5）内容物检查。

①组织和形态检查。把罐头放入 80~90 ℃热水中，加热到汤汁溶化后（午餐肉、凤尾鱼等不需加热），用开罐器打开罐盖，将内容物轻轻倒入搪瓷盘，观察其形态结构，并用玻璃棒轻轻拨动，检查其组织是否完整、块形大小和块数是否符合标准（鱼类罐头须检查脊骨有无外露现象，骨肉是否连接，鱼皮是否附着鱼体，有无黏罐现象）。

②色泽检查。在检查组织形态的同时，观察内容物中固形物的色泽是否符合标准要求，然后将被检罐头的汤汁收集于量筒中，静置数分钟后，观察其色泽和澄清程度。

③滋味和气味检查。先闻其气味，再品尝滋味，鉴定是否具有应有的风味。

④杂质检查。用玻璃棒仔细拨动内容物，注意观察有无毛根、碎骨、血管、血块、淋巴结、草、木、砂石及其他杂质等存在。

（6）容器内壁检验。观察罐身及底盖内壁镀锡层有无腐蚀和露铁，涂膜有无脱落现象，有无铁锈或硫化铁斑点。罐内有无锡粒和内流胶现象。容器内壁应无可见的腐蚀现象，涂料不应变色、软化和脱落，可允许有少量硫化斑存在。

2. 卫生标准及评定

感官指标要求无泄漏、膨听现象存在，容器内外表面无锈蚀，内壁涂料完整，无杂质。对膨听、漏气、漏汁的罐头应予废弃，如确系物理性膨听，则允许食用；外观有缺陷，如锈蚀严重，卷边缝处生锈，碰撞造成瘪凹等，均应迅速食用；开罐检查，罐内壁硫化斑色深且布满的，内容物有异物、异味等感官恶劣的，均不得食用，应予废弃。

（二）理化检验

1. 检验内容及方法

肉类罐头种类多，所需原料和加工工艺差别很大，所以理化检验项目不尽相同，一般包括重金属含量、亚硝酸盐残留量、苯并芘等检测项目。检验方法按 GB 7098—2015《食品安全国家标准　罐头食品》标准中规定的方法进行。

2. 卫生标准及评定

对理化指标超过标准的罐头，不得上市销售，超标严重的，应予销毁。

（三）微生物检验

（1）检验内容。检查是否达到商业无菌要求，其检验方法按国家标准 GB 4789.26—2023《食品安全国家标准　食品微生物学检验 商业无菌检验》的规定进行。

（2）卫生标准及评定。微生物指标应符合罐头商业无菌的要求。微生物检验发现致病菌的，一律禁止出售食用，应予销毁。检出大肠杆菌或变形杆菌的，应进行再次杀菌后出售。

◎ 工具准备

水浴锅、检验刀、天平、真空计等。

◎ 材料准备

实验服、口罩、帽子、手套、胶鞋等，各种肉类罐头等。

◎ 人员准备

人员分组，每组 5 人，明确职责分工。

任务角色	任务内容
组长：	任务：
组员 1：	任务：
组员 2：	任务：
组员 3：	任务：
组员 4：	任务：

任务筹划

（一）内容筹划

教师联系实验室和肉类罐头销售点等，学生进行各种肉类罐头的相关检查。

（二）方法筹划

各种肉类罐头的各种检查。

（三）流程筹划

肉类罐头的外观检查、重量检查、密封性检查、真空度检查、内容物检查。

任务实施

步骤一：人员分组

______________________________。

步骤二：任务分配

______________________________。

步骤三：进行相关检查

______________________________。

步骤四：结果汇总

______________________________。

步骤五：结果分析

______________________________。

步骤六：小结

____。

任务检测

扫描二维码答题。

项目三任务五任务检测

任务评价

工作任务完成过程评价

班级：____________　学号：____________　姓名：____________　总分：____________

项目	评价方法	分数	自我评价	小组评价
任务目标达成度	服从安排，积极主动，认真负责	10 分		
任务完成度	方法正确，内容明确	20 分		
知识掌握精准度	方法正确，内容明确	20 分		
技术操作规范度	方法正确，内容明确	30 分		
岗位需求适应度	方法正确，内容明确	20 分		
合计		100 分		

任务六　食用动物油脂的加工卫生与检验

任务导入

同学们提前复习肉新鲜度检查和动物性油脂相关内容，上课进行提问讨论。

任务准备

◎ 知识准备

生脂肪，又称贮脂，是指皮下、大网膜、肠系膜、肾周围等处的脂肪组织。生脂肪通过炼制除去结缔组织及水分后所得的纯甘油酯叫油脂。食用油脂在保存时，由于受日光、水分、温度、金属、空气及外界微生物的作用，会发生一系列氧化过程而使油脂变质酸败，形成对人体有害的各种醛、醛酸、酮、酮酸及羟酸等化合物。

（一）感官检验

1. 检验的内容及方法

（1）生脂肪的感官检验。检查项目包括颜色、气味、组织状态和表面污染程度等。发生坏死病变的生脂肪，不得作为炼制食用油脂的原料。

（2）炼制油脂的感官检验。

①组织状态。在室温下（15~20 ℃）用刮子按压，判定其组织状态。

②气味与滋味。在室温下将油脂用压舌板或竹片在洁净的玻璃片上涂成薄层，检查其气味与滋味。如有可疑时，应将油脂熔化之后再检查。

③透明度。取一定量的油脂于烧杯中，置于水浴中熔化后，注入无色、透明、干燥而洁净的试管中，先向着自然光线观察其透明度，然后置白色背景上观察。如无悬浮物及浑浊物，认为透明。

④凝固时的色泽。将上述试管置冷水中（15 ℃）2 h，使之恢复原来的组织状态，当油脂温度降至 15~20 ℃时，置白色背景下观察其色泽。

2. 卫生标准及评定

感官指标要求食用油脂具有各种脂肪固有的气味与色泽，无异味、无酸败味。凡是经过感官检验有明显酸败的，无论实验室检验结果如何，一律不准食用。

（二）理化检验

1. 检验内容及方法

（1）酸价的测定。酸价是指中和 1 g 油脂中游离脂肪酸所需氢氧化钾的毫克数，是表示油脂分解和发生酸败的重要指标。一般用中和法测定。油脂在储运过程中，发生水解产生游离脂肪酸，使油脂的酸价升高。

（2）过氧化值的测定。过氧化值是指 100 g 油脂中所含过氧化物从氢碘酸中析出碘的克数。一般用间接碘量法测定。油脂中不饱和脂肪酸被氧化后形成过氧化物。

（3）丙二醛的测定。丙二醛是油脂氧化酸败的重要指标。一般用比色法测定。由于油脂中不饱和脂肪酸氧化分解产生丙二醛，在水溶液中以烯醇型存在，在酸性实验条件下，随水蒸气蒸发、冷凝收集后与硫代巴比妥酸（Thiobarbituric Acid, TBA）试剂反应生成红色化合物，在波长 538 nm 处有吸收高峰，利用此性质即能测出丙二醛含量，从而推导出油脂酸败的程度。

2. 卫生标准及评定

理化指标参照标准 GB 10146—2015《食品安全国家标准　食用动物油脂》规定。对理化指标超过标准的油脂，不得上市销售，超标严重的，应予销毁。

◎ 工具准备

水浴锅、检验刀、平皿、试管等。

◎ 材料准备

实验服、口罩、帽子、手套、胶鞋等，各种动物油脂等。

◎ 人员准备

人员分组，每组 5 人，明确职责分工。

任务角色	任务内容
组长：	任务：
组员 1：	任务：
组员 2：	任务：
组员 3：	任务：
组员 4：	任务：

任务筹划

（一）内容筹划

教师联系实验室和动物油脂销售点等，学生进行各种动物油脂的感官检查。

（二）方法筹划

各种动物油脂的感官检查。

（三）流程筹划

各种动物油脂组织状态、气味、滋味、色泽、透明度检查。

任务实施

步骤一：人员分组

____。

步骤二：任务分配

____。

步骤三：进行相关检查

____。

步骤四：结果汇总

____。

步骤五：结果分析

____。

步骤六：小结

____。

任务检测

扫描二维码答题。

项目三任务六任务检测

任务评价

工作任务完成过程评价

班级：__________ 学号：__________ 姓名：__________ 总分：__________

项目	评价方法	分数	自我评价	小组评价	教师评价
任务目标达成度	服从安排，积极主动，认真负责	10 分			
任务完成度	方法正确，内容明确	20 分			
知识掌握精准度	方法正确，内容明确	20 分			
技术操作规范度	方法正确，内容明确	30 分			
岗位需求适应度	方法正确，内容明确	20 分			
合计		100 分			

项目四 市场肉类的兽医卫生检验

知识目标

（1）了解与动物性食品相关的法律法规。

（2）掌握动物性食品检验项目及标准。

（3）了解行业、企业动物性食品生产现状。

（4）了解当前动物性食品存在的安全隐患。

技能目标

（1）能依据国内外动物疫病的发生发展，对屠宰畜禽的健康状况做出准确判断。

（2）能根据屠宰所见异常的病理变化，对屠畜禽的健康做出准确检疫结果判定。

（3）能熟练掌握肉及肉品的理化检验技术。

（4）能依据相关国家标准和行业标准对检验结果做出正确处理。

素质目标

（1）真实记录检测过程实验数据，养成求真务实的做事态度。

（2）严格按相关检测标准进行质量检测，培养严谨认真的工作作风。

（3）自主学习《中华人民共和国食品卫生法》《中华人民共和国动物防疫法》，熟悉相关法规、政策，了解行业发展动态，培养自主学习能力。

思政目标

（1）学习工作过程中，能正确处理队员之间的关系，保证工作质量，提高工作效率，培养团结协作能力。

（2）对企业行业生产、检验过程中出现的异常情况进行交流分析，提出解决措施，提高交流沟通能力。

任务一　市场肉类卫生监督检验的程序与要点

任务导入

同学们提前查阅市场肉类卫生监督检验的程序与要点相关内容，上课进行提问讨论。

任务准备

◎ 知识准备

一、市场肉类卫生监督检验的程序

（一）询问情况

在进行市场肉类的监督检验时，首先要以询问的方式向货主了解有关方面的情况。比如屠宰动物的来源、产地以及有无疫情和疫病流行情况等，畜禽宰前的健康状况，是否在定点屠宰场屠宰和检疫，屠宰动物运输方法等。对于这些情况的了解，有助于判断病情、分析病理变化。例如，屠猪购自旋毛虫疫区，监督检验时还要着重检查膈肌、腰肌；在夏季炎热中暑后急宰的猪，往往会出现放血不良，但淋巴结却无明显的病理变化；粗暴赶畜，在宰后体表上会出现一些伤痕和出血斑；宰前长期患病者，胴体消瘦，脂肪很少。根据这些情况都可为卫生监督检疫人员分析判断提供一定的依据。

（二）检查证件

（1）检查经营者是否具有合法经营资格，即是否取得“营业执照”。

（2）检查经营者是否有健康证明，即是否取得“健康检查合格证”。

（3）检查有无“动物防疫合格证”“动物检疫合格证明”（产品 A/B）。

（4）检查经营单位卫生状况是否合格，即是否取得“食品卫生许可证”。

（三）检查验讫标志

（1）查验动物胴体上是否加盖或加封验讫标志。

（2）查验验讫标志与检疫证明是否相符。

（四）胴体和内脏的检查

检查胴体和内脏的应检部位有无检验刀痕，三腺是否摘除干净，然后检查胴体的放血程度和放血部位的状态，再检查皮肤、脂肪、肌肉、胸腹膜等，注意观察胴体的卫生状况，有无腐败变质。在检验中，若发现漏检、误检、局部有病变，以及病、死畜禽肉或某种传染病可疑时，应进行全面认真的检查，并取材进行实验室检验。当发现胴体放血不良、皮下和肌间组织有浆液性或出血性胶样浸润时，必须做炭疽杆菌和沙门氏菌等致病菌检验。

（五）处理

（1）经检查各项均合格，可以出售。

（2）凡无印章、涂改或伪造印章、印章不清或证物不符的一律按未经检验肉处理。

（3）经检查确认为未进行检验的肉，一律不得上市，必须到指定地点补检，合格后方可上市，不合格的按有关规定处理。

（4）对经检验，但不合格仍上市的肉品，肉品按规定处理。同时依法追究出售人员与检疫人员的责任，并根据情节轻重依法作出处理。

（5）腐败变质的肉品一律不准上市销售。

监督检疫人员必须做好肉品卫生监督检验登记工作。登记内容主要包括肉品的种类、数量、产地，经营者和生产者的姓名、地址、证件，检验结果和处理意见。

二、市场肉类卫生监督检验要点

（一）猪肉

剖检颌下淋巴结和咽喉部，以检查慢性或局限性炭疽；视检鼻盘、齿龈、舌面，以检查是否患有口蹄疫或水疱病；剖检咬肌、腰肌、肩胛外侧肌、股内侧肌、心肌等，以检查是否患有猪囊尾蚴病；采取横膈膜肌脚，以检查有无旋毛虫病。检查猪的胴体时，应注意猪瘟、猪丹毒、猪肺疫所表现出的皮肤、肌肉、淋巴结等的变化。

（二）牛肉

剖检颌下淋巴结和咽后内侧淋巴结以及咽后外侧淋巴结，视检唇、齿龈、舌面、咽喉黏膜和上下颌骨状态，以检查是否患有口蹄疫、结核病、巴氏杆菌病和放线菌病；剖检腰肌、臀肌、横膈膜肌、脚肌、颈肌、咬肌和舌肌，以检查是否患有牛囊尾蚴病。检查胴体时，注意放血不良或皮下、肌间有无浆液性或出血性胶样浸润，以及淋巴结的病理变化等，以检查是否患有炭疽。

（三）羊肉

视检唇、齿龈、舌面、头部皮肤状态，以检查是否患有口蹄疫或羊痘；视检皮下、肌间组织、胸膜状态，以检查是否患有炭疽或各种性质的炎症等。

（四）禽肉

检查皮下组织、天然孔、体腔浆膜、体内残留脏器和腹部脂肪状态，着重检查病、死禽。

（五）马属动物和骆驼肉

检查鼻中隔、鼻甲骨和颌下淋巴结，以检查是否患有鼻疽。骆驼肉还需检查咬肌、颈肌、腰肌等，以检查是否患有囊尾蚴病。

（六）兔肉

视检胸腹腔和脂肪，以检验各种性质的炎症或黄疸。

（七）犬肉

采取横膈膜肌脚，用来检查是否患有旋毛虫病。

肉品通过上述检查以后，仍然不能判断者，还需要进行进一步的实验室检验，如细菌学检验、理化检验及血清学检验等。

◎ 工具准备

检验刀、镊子、放大镜、注射器、大瓷盘、滤纸、吸水纸、干净塑料袋、重 5 kg 的哑铃或铁块、锅、电炉、秤、量筒、吊钩、SY- 01 型肉类注水测定仪。

◎ 材料准备

防护服、口罩、帽子、手套、胶鞋，鲜猪、牛、羊前后肢精瘦肉等。

◎ 人员准备

人员分组，每组 5 人，明确职责分工。

任务角色	任务内容
组长：	任务：
组长 1：	任务：
组长 2：	任务：
组长 3：	任务：
组员 4：	任务：

任务筹划

（一）内容筹划

教师联系实验室准备检测工具和材料，学生进行注水动物肉的检验。

（二）方法筹划

感官检查、放大镜检验法、滤纸贴检验法、燃纸检验法、加压检验法、熟肉率检验法、肉的损耗检验法、SY- 01 型肉类注水测定仪检测法。

（三）流程筹划

以注水动物肉各类检验方法为主，感官检查为辅。

任务实施

步骤一：放大镜观察法

1. 操作方法

（1）将正常肉、注水肉或光禽放到搪瓷盘内，以备检验人员观察。

（2）检验人员用镊子固定住被检肉样，用检验刀顺着肌纤维方向切开肌肉后用放大镜观察。

2. 判定标准

（1）正常肉：肌纤维排列均匀，结构致密紧凑无断裂、无变细增粗等形态变化，色泽呈鲜红或浅红色，看不到血液和渗出液。

（2）注水肉：肌纤维肿胀、粗细不匀、结构纹理不清、有大量血水和渗出液。

步骤二：滤纸贴检验法

1. 操作方法

（1）用镊子将被检肉样固定，用检验刀切开肌肉。

（2）立即将滤纸条插入切口内 2 cm 深贴紧肉面 1~2 min。

（3）观察滤纸条被浸润情况，将滤纸条揭下后用两手均匀拉扯，检验其拉力。

2. 判定标准

（1）正常肉：滤纸条稍湿润且有油渍，揭后耐拉。

（2）注水肉：滤纸条立即被水分和肌肉汁浸湿，均匀一致，超过插入部分 2~5 mm（注水越多，湿得越快，超过部分越高），揭后不耐拉，易断。

步骤三：燃纸检验法

1. 操作方法

（1）用镊子将被检肉样固定，用检验刀顺着肌纤维切开肌肉。

（2）将吸水纸贴于肉的新鲜切面上，取下后点火燃烧。

2. 判定标准

（1）正常肉：吸水纸贴后有油渍，点火后易燃烧。

（2）注水肉：吸水纸贴后立即湿润，点火后不易燃烧。

步骤四：加压检验法

1. 操作方法

（1）取 10 cm × 10 cm × 5 cm 的正常肉块和注水肉分别装在干净塑料袋内扎紧。

（2）将哑铃压在塑料袋上，10 min 后观察袋内情况。

2. 判定标准

（1）装正常肉的塑料袋内无水或有非常少的几滴血水。

（2）装注水肉的塑料袋内有水被挤出。

步骤五：熟肉率检验法

1. 操作方法

（1）称取正常肉和注水肉各 0.5 kg 重的肉块，放在锅内，加 1 000 mL 水。

（2）水煮沸后继续煮 1 h，捞出晾凉后称取熟肉重量。

2. 计算

$$熟肉率 = 熟肉重 / 鲜肉重 \times 100\%$$

3. 判定标准

（1）正常肉：＞ 50%。

（2）注水肉：< 50%。

步骤六：肉的损耗检验法

1. 操作方法

（1）取相同大小的正常肉和注水肉各 1 块，分别称重。

（2）将其分开挂在 15~20 ℃通风良好的阴凉处的吊钩上，24 h 后分别称重。

2. 计算

$$损耗率=\frac{晾前肉重-晾后肉重}{晾前肉重}\times 100\%$$

3. 判定标准

（1）正常肉：0.5%~0.7%。

（2）注水肉：4.0%~6.0%。

步骤七：SY-01 型肉类注水测定仪检测法

1. 原理

应用电导原理进行测量。正常情况下，瘦肉中含水量一般在 70% 左右，正常肉电导度 $S < 1/51$ V，电阻 $R > 51\ \Omega$，加入不洁水质的肉电导度 $S \geqslant 1/51$ V，电阻 $R \leqslant 51\ \Omega$。

2. 操作方法

将检测探头插入被检部位的精瘦肉中，按下测量键，表头指针所指为检测结果。

3. 判定标准

（1）正常肉：表头指针停在蓝色带上。

（2）注入少量水的肉：表头指针停在黄色带上。

（3）严重注水肉：表头指针停在红色带上。

任务检测

扫描二维码答题。

项目四任务一任务检测

任务评价

工作任务完成过程评价

班级：________ 学号：________ 姓名：________ 总分：________

项目	评价方法	分数	自我评价	小组评价
任务目标达成度	服从安排，积极主动，认真负责	10 分		
任务完成度	方法正确，内容明确	20 分		
知识掌握精准度	方法正确，内容明确	20 分		

（续表）

项目	评价方法	分数	自我评价	小组评价
技术操作规范度	方法正确，内容明确	30 分		
岗位需求适应度	方法正确，内容明确	20 分		
合计		100 分		

任务二 劣质肉的鉴定与处理

任务导入

同学们提前查阅劣质肉的鉴定与处理相关内容，上课进行提问讨论。

任务准备

◎ 知识准备

一、气味和滋味异常肉的鉴定与处理

气味和滋味异常肉，在动物屠宰后和保藏期间均可发现。其种类主要有饲料气味、性气味、病理性气味、特殊气味（如汽油味、油漆味、烂鱼虾味、消毒药物味）等。

（一）鉴定

鉴定气味异常肉依靠人的嗅觉，必要时可切取小块肉煮沸嗅闻来判定。

（1）饲料气味。动物宰前长期饲喂带有浓厚气味的饲料，如萝卜、甜菜、油饼渣、鱼粉及泔水等。使肉和脂肪产生相应的气味。将肉切成小块，放置 2~3 d，这种气味可减轻或消失。

（2）性气味。见于未去势或晚去势的家畜肉，特别是老公猪肉、老母猪肉、公山羊肉，常散发出难闻的性臭气味。一般认为肉的性气味在去势后 2~3 周消失，脂肪的性气味在去势后 2~5 个月消失，实际上要晚得多，唾液腺的性气味则消失更慢。

（3）病理性气味。当畜禽患某种疾病时，肉和脂肪带有特殊气味。例如，患气肿疽和恶性水肿时，肉有陈腐油脂气味；患创伤性脓性心包炎和腹膜炎时，肉有腐尸臭味；患蜂窝织炎、瘤胃臌气时，肉有腥臭味；患酮血病时，肉有烂苹果味；砷中毒时，肉有大蒜味；患尿毒症时，肉有尿臊臭味；禽患卵黄性腹膜炎时，肉有恶臭气味。

（4）药物气味。动物在屠宰前注射或服用具有芳香或其他有特殊气味的药物，如乙醚、樟脑、氯仿、松节油等，可以使肌肉带有药物的气味，这种情况在动物急宰后最为常见。

（5）附加气味。指将肉在贮运时置于具有特殊气味（如消毒药、漏氨冷库、鱼虾、烂水果、葱、蒜、油漆、煤油等）的环境中，因吸附作用而使肉具有异常的附加气味。

（6）发酵性酸臭。见于新鲜胴体凉挂冷却时，吊挂过密或堆放，胴体间空气不流通，使其深部余热不能及时散失，引起自身产酸发酵，使肉质软化，色泽深暗，带有酸臭味。

（二）卫生处理

气味和滋味异常肉的卫生处理可依据不同情况分别对待。首先，排除病理性因素、毒物中毒等情况。然后，将有异常气味的肉放于通风处，24 h 后切块煮沸后嗅闻，如果仍然保持原有气味者，不得上市销售，胴体化制或销毁；如果仅有个别部分有气味，则将该部分割除化制，其余部分不受限制出售食用。

二、色泽异常肉的鉴定与处理

（一）鉴定

（1）黄脂肉。黄脂肉又称为黄膘肉，是指皮下或腹腔脂肪发黄，质地较硬，稍呈浑浊，而其他组织器官不发黄的一种色泽异常肉。一般认为，是由于长期饲喂黄玉米、棉籽饼、南瓜、胡萝卜等饲料，或饲喂鱼粉、蚕蛹、鱼肝油下脚料等所致。也有认为，某些品种的猪易发生与遗传因素、饲料中不饱和脂肪酸甘油酯过多及维生素 E 缺乏等有关。黄脂尤以背部和腹部皮下脂肪最为明显。黄脂肉放置时间延长，颜色会逐渐减退或消失。

（2）黄疸肉。由于体内胆红素生成过多、处理障碍或排泄障碍所引起。见于大量溶血、某些中毒和传染病或胆汁排出受阻时，黄疸肉除脂肪组织发黄外，全身皮肤、巩膜、结膜、黏膜、浆膜、关节囊液、腱鞘及内脏器官均染成不同程度的黄色。黄疸肉存放时间愈长，其颜色愈深。黄脂肉和黄疸肉的鉴别如表 4–2–1 所示。

表4–2–1 黄脂肉和黄疸肉的鉴别

项目	黄脂肉	黄疸肉
着色部位	皮下、腹腔脂肪	全身各部位皮肤、脂肪、可视黏膜、巩膜、关节液、肌腱、实质器官等
发生原因	与饲料及猪的品种有关	溶血，某些中毒与传染病、胆汁排泄受阻
放置后变化	放置时间稍长，颜色变淡或消退	放置时间愈长，颜色愈黄愈深
氢氧化钠鉴别法	上层乙醚为黄色，下层液无色	上层乙醚呈无色，下层液呈黄色或黄绿色
硫酸鉴别法	滤液呈阴性反应	滤液呈绿色，加入硫酸，适当加热变成淡蓝色

（3）红膘肉。红膘肉是指皮下脂肪由于充血、出血或血红素浸润而呈现粉红色的肉。红膘肉常见于患急性猪丹毒、猪肺疫等传染病的猪，还可由于背部受到冷、热等机械性刺激而引起，特别在烫猪水温超过 68 ℃时，常可见到。以上两种情况，可通过检查内脏和主要淋巴结有无病理变化来加以区别。

（4）白肌肉。白肌肉又叫“PSE”肉，也称“水煮样肉”。仅见于猪，主要特征是肌肉苍白，质地柔软，肌肉切面有较多液体渗出，多发生于半腱肌、半膜肌和背最长肌。发生的原因多是因为猪在宰前受到强烈刺激（如驱赶、恐吓、冲淋、电击）等应激后，肾上腺素分泌增多，导致肌肉中肌糖原的无氧酵解过程加速，产生大量乳酸，使肉的 pH 下降至 5.7 以下，肌纤维膜变性，肌浆蛋白凝固收缩，肌肉游离水增多而渗出。另外，宰前高温和僵直热可加速这一变化的发生。

（5）白肌病肉。主要发生于幼龄动物，特征是骨骼肌和心肌发生变性和坏死，病变常发生于负重较大的肌肉群，主要是后腿的半腱肌、半膜肌和股二头肌，其次是背最长肌。病变表现为骨骼肌呈白色条纹或斑块，严重的整个肌肉呈弥漫性黄白色，切面干燥，似鱼肉样外观，左右两侧肌肉常呈对称性发生。一般认为，白肌病是缺乏维生素 E 和微量元素硒，或维生素 E 利用障碍而引起的一种营养代谢病。

（6）黑色素异常沉着。又名黑变病，指在动物的皮肤、被毛、视网膜、脉络膜和虹膜以外的其他组织或器官里，有黑色素沉着，使组织或器官呈黑斑者叫黑色素异常沉着或叫黑变病。常见于犊牛等幼畜或深色皮肤动物及牛、羊的肝脏、肺脏、胸膜和淋巴结。黑色素沉着的组织或器官由于色素沉着的数量及分布状态不同，而呈现棕褐色或黑色，分布由斑点到整个器官不等。

（二）卫生处理

（1）黄脂肉胴体放置 24 h 颜色变淡或消失时，肉可食用，可上市销售。放置 24 h 色素消退不快或有异味，不允许上市，其胴体、内脏可经高温处理后销售。

（2）黄疸肉胴体和内脏不能食用。应结合具体疾病做工业用或销毁。

（3）红膘肉如系传染病引起，应结合该传染病处理，物理因素引起的红膘肉，病变轻者可以食用，病变严重者高温处理后出场。

（4）白肌肉味道不佳，品质差，如果感官变化轻微，在切除病变部位后，胴体和内脏可不受限制出场。病变严重，在切除病变部位后，胴体和内脏可做出售，但不宜做腌腊制品的原料。

（5）白肌病肉病变轻微而局部的，经修割后可食用。全身肌肉有病变者，胴体做工业用或销毁。

（6）黑色素异常沉着轻度的组织和器官可以食用。重度者局部修割或废弃病变器官，其余部分可供食用。

三、注水肉的鉴定与处理

注水肉是指宰前向畜禽等动物活体内注水，或屠宰加工过程中向屠体及肌肉内注水后的肉。注水方式有多种，直接注水肉，即在宰后不久用注射器连续给肌肉丰厚部位注水；间接注水肉，即在宰前向活体动物的胃肠内连续灌水，或者切开股动脉、颈动脉放血后，通过血管注水或向尚未死亡的畜禽心脏内注入大量的水，使之通过血液循环进入组织中；有的是将胴体在水中长期浸泡，或往分割肉的肉卷中掺水，然后冷冻。注水肉不仅侵害了消费者的经济利益，而且还严重地影响了肉品的卫生安全，属于严重的不法行为。

（一）注水肉的鉴定

1. 视检

（1）肌肉。凡注过水的新鲜肉或冻肉，在放肉的场地上将肉移开，下面会显得特别潮湿，甚至出现积水，将肉吊挂起来后向下滴水。注水肉肉嫩而发胀，表面湿润，不具有正常猪肉的鲜红色和弹性，而呈淡红色，表面光亮。

（2）皮下脂肪及板油。正常猪肉的皮下脂肪和板油质地洁白，而注水肉的皮下脂肪和板油呈现轻度充血、呈粉红色，新鲜切面的小血管有血水流出。

（3）心脏。正常猪心冠脂肪洁白，而注水猪的心冠脂肪充血，心血管怒张，有时在心尖部可找到注水口，剖检心脏，于切面处可见心肌纤维肿胀，挤压时有水流出。

（4）肝脏。肝脏严重淤血、肿胀，边缘增厚，呈暗褐色，切面有鲜红色血水流出。

（5）肺脏。肺脏明显肿胀，表面光滑，呈浅红色，用手按压气管中有泡沫状液体流出，切开肺叶可见有大量淡红色液体流出。

（6）肾脏。经心脏或大动脉注水后，肾肿胀，淤血，呈暗红色，切面可见肾乳头呈深紫红色。剖检可见肾盂部积液。

（7）胃肠。经心脏或大动脉注水后，胃肠的黏膜充血，胃肠壁增厚。

2. 触检

用手触摸注水肉，缺乏弹性，有湿润感，指压后凹痕恢复很慢或不能完全恢复，常伴有多余水分流出。

3. 刀切检验法

将待检肉用检验刀将肌纤维横切一个深口，数分钟后切口可见有水渗出，正常肉看不见切口渗水。

4. 加压检验法

取500~1 000 g的待检精肉块，用干净的塑料纸包盖起来，上面压5 kg的重物，待10 min后观察，注水肉会有较多血水被挤压出来，而正常肉则无血水流出或仅有几滴血水流出。

5. 试纸检验法

将定量滤纸剪成1 cm×10 cm的长条，在待检肉的新切口处插入1~2 cm深，停留2~3 min，然后观察被肉汁浸润的情况。正常肉只有插入部分的滤纸条湿润，不超出插入部分或超出不超过1 mm；轻度注水肉，滤纸条被水分和肌汁湿透，且超出插入部分2~4 mm，且纸条湿的速度快、均匀一致；严重注水肉，滤纸条被水分和肌汁浸湿，均匀一致，超出插入部分4~6 mm。

（二）卫生处理

（1）凡注水肉，不论注入的水质如何，不论掺入何种物质，均予以没收，化制处理。

（2）对经营者给予经济处罚，造成严重后果者，同时还要追究其相关的法律责任。

四、公、母猪肉的鉴定与处理

（一）公、母猪肉的鉴定

（1）看皮肤。淘汰公、母猪的皮肤一般都比较粗糙，松弛而且缺乏弹性，多皱襞，且较厚，毛孔粗。公猪的颈部和肩部皮肤特别厚且有黑色素及皱襞，母猪胴体在皮肉结合处较疏松。

（2）看皮下脂肪。公、母猪胴体的皮下脂肪含量较少，且有较多的白色疏松结缔组织。公猪肥膘较硬，背部脂肪特别硬。母猪皮下脂肪呈青白色，皮与脂肪之间常见有一薄层呈粉红色，俗称“红线”。

（3）看乳房。公猪最后一对乳房大多并在一起；母猪的乳头长而硬，乳头皮肤粗糙，乳头孔很明显，而育肥猪的乳头短而软，乳头孔不明显。

（4）看肌肉。公、母猪的猪肉，色泽较深，一般呈深红色，肌纤维较粗，肌间脂肪比较少。而育肥猪的瘦肉呈鲜艳的红色，肌纤维粗细适中，肌间脂肪较多。

（5）嗅性气味。老公、母猪肉一般都有强烈臊气味，且以唾液腺、脂肪和臂部肌肉最明显。除直接嗅检外，亦可用加热方法来鉴定。

（6）寻找生殖器官残迹和阉割疤。仔细检查时，可发现公猪肉有时还可见到阴囊被切的疤痕；母猪则可见子宫韧带的固着疤痕；如果是淘汰的公、母猪经阉割催肥后出售，公猪在阴囊部位可见较大而明显的阉割疤痕，阴茎萎缩不明显，若预先摘除，则仍可见发达的阴茎退缩肌和球海绵肌；而母猪则可在腹侧发现较大的阉割疤。

（7）看腹部特征。母猪的腹围较育肥猪宽一些，并且其腹直肌往往筋膜化，而公猪的腹直肌则特别发达。

（二）卫生处理

（1）公、母猪肉挂牌标明，可上市销售。

（2）未生育的小母猪肉在割掉乳腺部分后，初产母猪育肥 4 个月后，其肉可鲜销。

（3）性气味轻或晚阉猪肉，在割除筋腱、脂肪、唾液腺后，可做灌肠等制品原料。

（4）公、母猪肉脂肪可炼制食用油。

五、病死畜禽肉的鉴定与处理

临时上市销售病死畜禽肉的经营者往往没有“四证”，销售点和台案工具也是临时的。对病死动物肉的最终检验鉴定，以肉品感官检查结合快速的实验室检查来进行。

（一）感官检查

（1）宰杀口状况。健康动物肉宰杀口外翻，切面粗糙，周围浸染血液。病死动物肉宰杀口比较平整而不外翻，附近也无血液污染。

（2）放血程度。病死畜肉都有放血不良的现象。肌肉组织呈暗红色或黑红色，肌肉切面可见多处暗红色血液浸润区，有的有暗红色小血珠，脂肪不洁白，呈淡红色；剥皮的胴体表面有血珠，个别微细血管内充满黑红色血液，胸膜、腹膜上小血管充盈、显露。

（3）血液坠积情况。重病急宰或冷宰的动物其卧侧皮下、肌肉、胸腹膜、浆膜、内脏可见到血液坠积现象，尤其是对称性器官（如肾脏）尤为明显。开始血液滞留于血管中呈树枝状充血，以后则浸润于组织中使卧地一侧出现大片紫红色区域。

（4）淋巴结状态。病死动物的淋巴结呈现水肿、充血、出血等病变。不同性质的疾病在淋巴结上还会出现特有的变化。

（二）实验室检验

1. 细菌学检验

无菌操作取有病理变化的淋巴结、实质器官和组织触片（每个检样制备两个以上的触片），干燥，火焰固定，染色后置油镜下观察。此方法对炭疽杆菌、猪丹毒杆菌、巴氏杆菌、链球菌等致病菌的检出具有重要意义。

2. 放血程度检验

方法有滤纸浸润法和愈创木脂酊反应法。

（1）滤纸浸润法。取干滤纸条（宽 0.5 cm，长 5 cm），将其插入被检肉的新切口处 1~2 cm 深，经 2~3 min 后观察结果。结果判定：放血不良，滤纸条被血样液浸润且超出插入部分 2~3 mm；严重放血不良，滤纸条被血样液严重浸润且超出插入部分 5 mm 以上。

（2）愈创木脂酊反应法。用镊子将肉固定后，用检验刀切取前肢或后肢瘦肉 1~2 g，置于小瓷皿中；用吸管吸取愈创木脂酊（5 g 愈创木脂溶于 75% 乙醇 100 mL 中）5~10 mL，注入瓷皿中，此时肌肉不发生任何变化；加入 3% 过氧化氢溶液数滴，此时肉片周围会产生泡沫。结果判定：放血良好，肉片不变颜色，肉片周围溶液呈淡蓝色环，或无变化；放血不良，数秒钟内肉片颜色呈深蓝色，全部溶液也呈深蓝色。

3. 微生物毒素呈色反应

病畜禽肉及变质肉中大多含有微生物及其内毒素，这些内毒素能降低肉浸出液的氧化还原势能，如果在除去蛋白质的肉浸液中加入硝酸银溶液则形成氧化性毒素，这种毒素具有阻止氧化还原指示剂褪色作用。当肉浸液中有氧化性毒素时，与高锰酸钾反应，浸出液呈现指示剂的颜色（蓝色）；如果肉浸液中无氧化性毒素时，则指示剂被还原褪色呈现高锰酸钾的红色。

4. 过氧化物酶反应

过氧化物酶只存在于健康动物的新鲜肉中，有病动物肉一般无过氧化物酶或者含量甚微，当肉浸液中有过氧化物酶存在时，可以使过氧化氢分解，产生新生态氧，使指示剂联苯胺氧化呈淡蓝绿色化合物，经过一定时间后变成褐色，而病死动物肉无此现象。

5. pH 值测定

病死畜禽肉中糖原含量低，产生乳酸少，因此肉的 pH 值较高。

6. 肉汤硫酸铜反应

患病的动物，宰后肉在新鲜状态下，呈碱性反应，可使球蛋白试验呈阳性结果。

（三）横死肉的鉴别

横死即物理性致死，如电击、摔死、勒死等。凡横死动物在胴体上均可观察到致死痕迹，如电击有灼伤，摔死有骨折性出血损伤，勒死有勒痕，撞死有挫伤等。

（四）病死家禽肉尸的鉴别

病死家禽的鸡冠、肉髯呈紫黑色，眼球下陷，眼睛全闭且污秽不洁，皮下充血，体表铁青，表面无光不湿润，毛孔突出，拔毛不净，翅下小血管淤血，肌肉不丰满，外观干瘪，胴体一侧有坠积性充血，肛门松弛，周围污秽不洁，嗉囊空虚，内有恶臭液体。

（五）病死畜禽肉的卫生处理

（1）凡病死动物肉，不论是何种原因，一律不准上市销售，若检出是恶性传染病（如炭疽、狂犬病）时，应在检疫人员的监督下就地销毁。对污染的一切场地、车辆、工具、衣物等进行消毒，并报告上级主管部门，严密监视其疫情动态，凡与患恶性传染病的畜禽接触过的人员，必须接受卫生防护。

（2）对一般性疫病急宰的胴体，可依据相关规程处理，对物理性致伤的生猪，可在检验人员的监督下，按不同情况进行无害化处理后利用。

（3）固定摊点销售病死动物肉时，除按规定处理胴体外，有关部门依据具体情况处以罚款，没收非法所得，吊销营业执照，直至追究刑事责任。

六、中毒动物肉的鉴定与处理

（一）常见的动物中毒病

1. 氰化物中毒

氰化物中毒多见于牛、羊等草食动物。常因采食了富含氰苷的植物，如高粱或玉米的幼苗、三叶草、刀豆、木薯及亚麻籽饼等，在胃内由于胃酸和氰苷酶的作用，氰苷类分解生成剧毒的氢氰酸，使细胞的呼吸酶受到抑制，引起组织的急性缺氧，尤其是脑细胞对缺氧特别敏感，致使机体发生急剧性中毒。

2. 亚硝酸盐中毒

亚硝酸盐中毒又称为饱潲症，是一种青饲料中毒。猪最为敏感，猪饱食富含硝酸盐的青饲料，如小白菜、萝卜叶、甘蓝、芥菜等十字花科植物，往往在食后不久发病，并以迅速死亡为结局。上述青饲料在堆积时间过长或焖煮过夜后，由于硝酸盐还原菌的作用而将硝酸盐还原成亚硝酸盐。亚硝酸盐能氧化血红蛋白，使之变为高铁血红蛋白，高铁血红蛋白失去与氧结合的能力，结果引起全身组织缺氧而发生中毒。

3. 有机磷农药中毒

动物常因误食喷施过农药的牧草、农作物、饲料或误饮施用农药后污染的水源以及用含有机磷的农药灭虱或驱除体表寄生虫而引起中毒。中毒途径主要是有机磷通过消化道、呼吸道、皮肤和黏膜进入动物体内，有机磷在动物体内能抑制胆碱酯酶的活性，使神经末梢释放的乙酰胆碱不能水解，体内乙酰胆碱蓄积而中毒。

4. 生物碱中毒

生物碱是一类含氮的有机化合物，存在于各种植物内，又称“植物毒”。它们具有特殊的生理功能，呈碱性，能与有机酸或无机酸结合生成盐类，使毒性减弱或消失。常见的生物碱有马钱子碱、麻黄碱、莨菪碱、乌头碱等，多为药用植物，其有效成分有剧毒；吲哚里西啶生物碱存在于棘豆属和黄芪属植物中，俗称疯草。广泛分布于草原牧草中，可引起牛、羊发生中毒。生物碱主要侵害动物的神经系统，同时也涉及呼吸、消化及泌尿器官。动物常因误食了有毒的植物或治疗疾病时用量过大、炮制方法不当而引发中毒。

5. 霉饲料中毒

动物吃了霉变饲料中霉菌的有毒代谢产物而引起的中毒，最常见的为黄曲霉毒素，作用于动物的肝脏引起肝细胞变性、坏死，作用于血管引起血管变脆，通透性增强，并能引起红细胞减少和血凝时间延长，从而表现出中毒症状。慢性黄曲霉毒素中毒还可引起动物的肝癌等。

6. 有害金属及其盐类中毒

动物通过各种途径摄入或接触有害金属及其盐类，如汞、砷、铅、镉等而引起动物中毒，甚至死亡。重金属及其盐类可通过消化道、呼吸道、皮肤、黏膜进入动物体内，抑制机体酶的活性、腐蚀组织器官等，而引发急性或慢性中毒。

（二）中毒动物肉的检验

来自中毒动物的胴体称为中毒动物肉。中毒动物肉的鉴定一般比较困难，因为中毒病虽然具有群发性、共同性、同因性、无热性、无传染性等发病特点，但是动物中毒原因、中毒后其临床表现和死后病理变化多种多样，而且在农贸集市销售此类肉多不带头蹄、内脏，胴体上的病理变化常不完整，检验中正确判别是何种毒物中毒存在一定困难，所以对可疑中毒动物肉的鉴定，必须全面收集病因、中毒动物宰前症状，在掌握宰后病理变化的基础上进行必要的毒物检验，综合判定。中毒动物肉主要从以下四个方面进行检验。

1. 调查询问

调查询问时态度要热情、诚恳、注意引导和启发，要特别讲明中毒动物肉的危害和有关法律。调查询问的问题包含以下方面。

①饲草饲料的来源、种类、调制方法及喂量等情况。

②使用和接触化肥、农药的数量、程度、持续时间。

③周围“三废”的排放情况。

④畜舍附近是否安放灭鼠药及消毒剂使用情况。

2. 收集情况

了解病情，掌握畜禽发病及死亡情况，即发病时间、病程、发病后的表现、治疗经过以及死亡头数等，进行分析推断中毒种类。常见毒物中毒主要症状如表 4–2–2 所示。

表4–2–2 常见毒物中毒主要症状

毒物名称	中毒症状	患病器官
氰化物	发病急、死亡快，生前呼吸困难，眼结膜发绀，极度兴奋，狂叫，心功能衰竭、衰弱、昏迷	神经系统、血液、呼吸系统
有机磷、有机氯农药、亚硝酸盐、汞砷制剂、食盐等	流涎、呕吐、口腔黏膜发炎、充血、糜烂、狂躁不安、全身抽搐、瞳孔缩小、腹痛、腹泻、粪臭有血样黏液	消化系统、神经系统和眼
毒芹、麦角、颠茄、麻黄、马前子、乌头等生物碱	兴奋不安、呈强直性或阵发性肌肉痉挛、震颤、后躯不全麻痹、角弓反张	神经系统、肌肉系统
芥子油、秋水仙素、升汞等	血尿、血红蛋白尿、多尿、无尿（升汞）	泌尿系统
荞麦、苜蓿、三叶草、马铃薯	红斑性皮疹、黄染、脓包	皮肤
毒蛇、其他毒虫	咬伤处肿胀、出血、剧痛、兴奋不安	皮肤、皮下组织

3. **感官检验**

畜禽中毒多突然死亡，中毒动物肉放血不良，胴体肌肉呈暗红色，主要淋巴结肿大、出血、切面呈紫（暗）红色。其宰杀口状态、血液坠积等现象，基本与病死动物肉相同。另外胃肠内脏上常常有特征性变化，可以为诊断中毒病提供可靠依据，故检验时应尽可能追踪内脏检查。一般表现为与毒物接触的口腔、食道、胃肠黏膜有不同程度的充血、出血、变性、坏死、黏膜脱落、溃疡等变化。心、肝、肾、脑等组织器官有充血、出血、水肿、变性、坏死等变化。某些毒物对某些组织器官有特殊的选择性，会引起这些组织器官特征性病理变化应注意观察，中毒动物肉的特征性病理变化如表 4-2-3 所示。

表4-2-3　中毒动物肉的特征性病理变化

毒物名称	主要病理变化
氰化物	血液、肌肉呈鲜红色
亚硝酸盐	血液呈黑褐色，如酱油状凝固不良
有机磷	肝肿大、脂变，肾肿大、质脆，心、肌肉、胃肠黏膜出血，肺水肿
有机氯	肝、肾、脾肿大，体表淋巴结肿大，肺气肿充血，肠呈蓝紫色
食盐	胃肠产生出血性炎症，脑、延髓水肿、充血
灭鼠药	肝、肺肿大、淤血，胃肠壁出血
霉玉米	内脏器官广泛充血，脑膜、脑实质出血、软化
砷	肝、肾、脾呈不同程度变性、坏死，胃肠壁严重穿孔
汞	肾肿大、苍白，肺充血、出血，肝贫血，胃肠道黏膜脱落
毒蛇咬伤	咬伤处局部肿胀，伤口附近肌肉呈煮肉样

4. **毒物检验**

（1）样品的采集、包装、保存及送检。

①样品采集。采取胃肠内容物、粪便、血液、尿液及心、肝、肾、淋巴结等，必要时采取可疑的剩余饲料。检样应无菌采取，采取样品时，应具有代表性，应多点采取，并采取足够数量。液体样品 50~200 mL，固体或半固体 50~200 g。

②样品包装。将采集的样品装入清洁、无菌、无残留药物的容器内，并分别进行无菌包装密封，并详细标注采集样品名称、采集人、采集地点、时间等。

③样品运送和保存。样品采集后，冷藏并尽快送检。注意一般不要加防腐剂，同时将调查情况和病理剖检变化记录一并送检。

（2）常见毒物检验方法。有纸上呈色反应、薄层层析法、色谱法等。

（三）中毒动物肉的卫生处理

（1）确认中毒致死或死因不明的中毒动物肉，禁止上市销售，其肉尸、内脏应全部销毁。

（2）如发现中毒濒死急宰的肉尸及被食物中毒性微生物污染的肉尸，禁止上市销售，其肉尸、内脏全部销毁。

（3）某些饲料中毒如食盐中毒、酒精中毒、尿素中毒、棉籽饼中毒、霉玉米中毒、甘薯黑斑病中毒等，其肉尸经高温处理后利用，内脏、头蹄化制或销毁。

（4）被毒蛇、毒虫咬伤而急宰的肉尸，将咬伤局部和病变组织修割后，肉尸经高温处理后利用，内脏、头蹄全部销毁。

◎ 工具准备

平皿、试管、锥形瓶、滤纸等。

◎ 材料准备

防护服、口罩、帽子、手套、胶鞋、5% 氢氧化钠溶液、乙醚、50% 乙醇溶液、浓硫酸等。

◎ 人员准备

人员分组，每组 5 人。明确职责分工。

任务角色	任务内容
组长：	任务：
组员 1：	任务：
组员 2：	任务：
组员 3：	任务：
组员 4：	任务：

任务筹划

（一）内容筹划

教师联系实验室准备检验工具和材料，学生进行黄脂肉与黄疸肉的鉴别检验。

（二）方法筹划

感官检查、氢氧化钠 – 乙醚法、硫酸法。

（三）流程筹划

以黄脂肉与黄疸肉的鉴别检验方法为主，感官检查为辅。

任务实施

步骤一：氢氧化钠 - 乙醚法

1. 原理

脂肪中胆红素能与氢氧化钠结合，生成黄色的胆红素钠盐，可溶于水，在氢氧化钠水层中呈现黄色，为黄疸。天然色素属于脂溶性物质，不溶于水，只溶于乙醚，在乙醚层中呈现黄色，为黄脂。

2. 操作方法

取猪肥膘或脂肪组织 2 g 于平皿中剪碎，置于试管中，向试管内加入 5% 氢氧化钠溶液 5 mL，煮沸约 1 min，使脂肪全部溶化，并不时振摇试管，防止液体溅出。取下试管，置于流水下冲淋，使之冷却至 40~50 ℃（手触摸有温热感），小心加入乙醚 2~3 mL，摇匀，加塞静置，待溶液分层后观察其颜色的变化，并同时做空白对照试验。

3. 判定标准

（1）若上层乙醚液呈黄色，下层液无色，则是天然色素所致，证明是黄脂。

（2）若上层乙醚液呈无色，下层液体呈黄色或黄绿色，则存在胆红素，为黄疸。

（3）若上、下两层均呈黄色，则表明检样中两种色素同时存在，既有黄疸，也有黄脂。

步骤二：硫酸法

1. 原理

胆红素在酸性环境下显绿色或蓝色反应。故可在肉浸液中加入硫酸后使之显色而进行检查。

2. 操作方法

取被检脂肪 5~10 g，剪碎，置于具塞锥形瓶中，加入 50% 乙醇溶液约 40 mL，振摇浸抽 10~15 min，将浸出液过滤，量取滤液 8 mL 置于试管中，滴加浓硫酸 10~20 滴，振摇混匀，观察溶液颜色变化。

3. 判定标准

当溶液中存在胆红素时，滤液呈现绿色，如继续加入硫酸，经适当加热，则变为淡蓝色。若无胆红素时，则溶液无颜色反应。

任务检测

扫描二维码答题。

项目四任务二任务检测

任务评价

工作任务完成过程评价

班级:________ 学号:________ 姓名:________ 总分:________

项目	评价方法	分数	自我评价	小组评价
任务目标达成度	服从安排，积极主动，认真负责	10分		
任务完成度	方法正确，内容明确	20分		
知识掌握精准度	方法正确，内容明确	20分		
技术操作规范度	方法正确，内容明确	30分		
岗位需求适应度	方法正确，内容明确	20分		
合计		100分		

任务三　肉类交易市场的兽医卫生监督

任务导入

同学们提前查阅肉类交易市场的兽医卫生监督相关内容，上课进行提问讨论。

任务准备

◎ 知识准备

一、肉类批发交易市场的兽医卫生监督

肉类批发交易市场是随着我国市场经济的发展而形成的一种肉类交易模式，是肉类产品流通的一个重要环节。肉类产品不同于其他任何商品，肉类的卫生状况与广大消费者的身体健康和食用安全有着密切的关系。为保障消费者的身体健康，必须加强对肉类交易市场以及肉类交易过程的兽医卫生监督。

（一）肉类交易市场的卫生要求

（1）根据有关规定，从事肉类批发的市场，必须申报领取“动物防疫合格证”，市场批发的经销商须获得健康体检合格证。

（2）具有便于交易、布局合理的交易大厅，大厅外要有足够的场地，以便于进出和停放交通车辆，需有两道门以上，便于进出流动。

（3）在交易大厅内要根据交易的内容划分不同的区域，如猪白条肉交易厅、小包装肉类交易厅、其他肉类交易厅等。

（4）地面要保持清洁，便于冲洗和消毒，每天交易完成后地面要进行消毒、冲洗，四周墙壁用不易腐蚀的白色瓷砖等材料贴壁。

（5）屋顶要留有一定的高度，便于空气流通。

（6）灯光用白色的光源，便于进行肉的卫生检验。

（7）设有悬挂横梁，便于肉品悬挂，或有堆放的固定场所，堆放地点须有清洁的木垫，肉品不得落地，以免造成交叉污染。

（8）市场中须配有专门的兽医卫生监督检验人员，并设有相应的检验室，配备常规的实验室检验设备。

（9）交易大厅外面设有专用的存放病害肉的地方，便于隔离。

（10）设有专用的冷冻（藏）设备和场所，便于交易完成后剩余肉品的存放。

（二）肉类批发市场的防疫工作要求

（1）摊位光线充足、通风、避雨、整洁，并设有防尘、防蝇和防鼠设施，场地宽敞平整，有车辆冲洗消毒设施等。

（2）配备经县级以上兽医行政部门考核合格的兽医卫生检疫人员。

（3）建立肉类兽医卫生检疫检验报告制度，按期向辖区兽医卫生监督部门报告。

（4）建立防疫消毒制度，每天清洗内外环境，定期消毒和消灭“四害”，保持内外环境的卫生。

（三）肉类经营者的法定要求

（1）肉品经营者应当持有“动物防疫合格证”“食品卫生许可证”“营业执照”以及本人健康体检合格证。

（2）经营场所应当保持清洁卫生，容器清洁，肉品不落地，地面保持干净，有畅通的下水系统，经营者个人衣着整洁卫生，挂牌经营。

（3）进场肉品，必须有畜禽产品检疫检验证明；来自外省的肉品不可直接进入市场销售，须进行补检，凡无证、无章，来路不明的肉品，一律不得进场交易和上市销售。

（4）肉品进场后，应当有吊钩悬挂，做到头蹄、胴体和内脏不落地，货主主动向兽医卫生监督部门报检，经复检合格后，签发一猪一证，方可批发、销售。

（5）发现病害的肉类，在停止销售的同时，应及时向兽医卫生监督检验人员报告，并协助进行无害化处理。

（6）不得将病死畜禽肉及变质的肉品带入市场销售。

（7）接受有关执法部门的监督和管理。

二、违章处理

（一）对批发市场违章经营者的处罚

（1）责令停业整顿。

（2）按照相关规定进行相应的处罚。

（3）情节严重的根据规定，吊销“动物防疫合格证”。

（二）对市场经营法人的处理

（1）对于由于传染病、中毒死亡或死因不明的畜禽肉，检验证明不符合规定的，无检验证明的或伪造、涂改检验证明、无统一格式的“验讫印章”的，来自封锁疫区的畜禽产品，一律不得上市销售。

（2）对于违反以上规定的，根据规定做出相应的处罚，并吊销“动物防疫合格证”，同时对病害肉类及毒死或死亡原因不明的动物肉类，进行无害化处理。

◎ 工具准备

显微镜、具盖搪瓷盘、酒精灯、镊子、剪子、载玻片、滤纸、检验刀、瓷皿、吸管、吸球、量筒、天平、水浴锅、三角瓶、广口瓶、吸管等。

◎ 材料准备

防护服、口罩、帽子、手套、胶鞋、革兰氏染色液、瑞氏染色液、鲎试剂（Tachyplens Amebocyte Lysate, TAL）、去离子蒸馏水、大肠埃希菌内毒素的制成品、健康新鲜肉浸液、生理盐水等。

◎ 人员准备

人员分组，每组 5 人。明确职责分工。

任务角色	任务内容
组长：	任务：
组员 1：	任务：
组员 2：	任务：
组员 3：	任务：
组员 4：	任务：

任务筹划

（一）内容筹划

教师联系实验室准备检验工具和材料，学生进行病死畜禽肉的检验。

（二）方法筹划

细菌学检验、放血程度检验、细菌毒素检验。

（三）流程筹划

以细菌学检验、细菌毒素检验为主。

任务实施

步骤一：细菌学检验

1. 操作方法

（1）利用无菌操作的方法，取有病理变化的淋巴结、实质器官和组织、触片（每个检样制备两个以上的触片）。

（2）将自然干燥并经火焰固定的触片，用革兰氏染色液进行染色（亦可将自然干燥的组织触片经瑞氏染色法进行染色），油镜下检查。

2. 判定标准

根据动物性食品微生物学检验标准进行炭疽杆菌、猪丹毒杆菌、巴氏杆菌、链球菌等各种致病菌的判定。

步骤二：细菌毒素检验

1. 原理

鲎试剂中含有内毒素敏感因子凝固酶原、凝固蛋白等凝固素。微量的内毒素可将其依次激活，产生胶冻样凝集现象，其程度与被检物中内毒素含量成正比。本法不但可以定性，还可以依据凝集的最小需要量，推算出检样中内毒素含量。

2. 操作方法

（1）检验液的制备。检验者以无菌法从被检肉中心剪取 3 cm^3 肉一块，用去离子蒸馏水冲洗表面后，置于经处理的平皿中剪成肉泥，称取 10 g 置于广口瓶中，加入去离子蒸馏水 90 mL 混匀，在 5 ℃下放置 15 min（每 5 min 振荡一次）后静置 2 min，取上清液过滤备用。

（2）取三支小试管，第一支加入检样液 0.1 mL，第二支加大肠埃希菌内毒素稀释液 0.1 mL 做阳性对照，第三支加去离子蒸馏水 0.1 mL 做空白对照。

（3）依次向上述三支试管中加入鲎试剂 0.1 mL 稀释液，立即用透明胶带封好试管口，防止污染和蒸发。

（4）轻轻摇匀后将试管置于 37 ℃水浴中保温 1 h，取出试管慢慢倾斜成 0°~45° 角，观察结果。

3. 判定标准

（1）完全凝固。试管中凝胶完全凝固不变形，为强阳性（+++）。

（2）80% 凝固。倾斜试管，凝胶稍变形，但不流动，为阳性（++）。

（3）40% 凝固。倾斜试管，凝胶呈半流动状态，具有黏性，为弱阳性（+）。

（4）无凝固。倾斜试管，凝胶不凝固，为阴性（–）。

任务检测

扫描二维码答题。

项目四任务三任务检测

任务评价

工作任务完成过程评价

班级：________ 学号：________ 姓名：________ 总分：________

项目	评价方法	分数	自我评价	小组评价
任务目标达成度	服从安排，积极主动，认真负责	10 分		
任务完成度	方法正确，内容明确	20 分		
知识掌握精准度	方法正确，内容明确	20 分		
技术操作规范度	方法正确，内容明确	30 分		
岗位需求适应度	方法正确，内容明确	20 分		
合计		100 分		

项目五 乳与乳制品的卫生检验

项目导读

乳是哺乳动物分娩后，从乳腺中分泌出来的一种白色或稍带黄色的不透明的具有胶体特性的生物学液体。乳微甜，有特有的香气，含有幼畜生长的全部营养成分，是哺乳动物出生后，最适于消化吸收的全价食物。现今，乳及其制品已成为人类营养的主要来源之一。

知识目标

（1）掌握鲜乳与掺假掺杂乳的卫生检验方法、乳制品的卫生检验方法。

（2）熟悉鲜乳的加工卫生。

（3）了解乳的物理性质与化学组成以及乳制品的加工卫生。

技能目标

掌握鲜乳与掺假掺杂乳的卫生检验的具体方法。

素质目标

能完成鲜乳和乳制品的卫生检验，正确判定其品质。

思政目标

熟知严谨细致的工作作风，不仅能够圆满完成本职，还有助于产品质量的提高。

任务一 鲜乳的卫生检验

任务导入

请同学们结合牛乳的特点，进行乳的卫生检验。

任务准备

一、乳的分类

在泌乳期内，按哺乳动物泌乳期前后的生理、病理和其他因素的影响以及乳的成分发生变化分为初乳、常乳、末乳和异常乳。

1. 初乳

初乳又称胶奶，是哺乳动物在产犊后 7 d 内所分泌的乳。初乳色黄而且浓厚、黏稠，有特殊气味。初乳中的蛋白质含量远远高出常乳，特别是乳清蛋白质含量高。初乳内含有比正常乳多 5 倍的蛋白质，尤其是其中含有比常乳更丰富的免疫球蛋白、乳铁蛋白、生长因子、巨噬细胞、中性粒细胞和淋巴细胞。这些物质都有防止感染和增强免疫的功能；另外，初乳中含有丰富的维生素 A、维生素 C 和维生素 D 以及较高的无机质，特别富含镁盐，能促进消化管蠕动，有利于消化活动。初乳极为有利于幼畜的生长发育，但由于初乳感官体验不佳，口感微咸，以及热稳定性差等特点，所以不适宜加工成日常饮用乳。

2. 常乳

初乳期过后至干奶期前 1 周所产的乳称为常乳。其成分及性质基本趋向稳定，是乳制品加工的原料和人们日常饮用的乳。

3. 末乳

末乳也称老乳，是哺乳动物泌乳停止前 1 周左右所产的乳。末乳的化学成分与常乳有显著异常。其成分除脂肪外，均较常乳高，有苦而咸的味道，含酯酶多，常有油脂氧化味，不宜贮藏。末乳也不适宜作为乳制品加工的原料乳。

4. 异常乳

动物泌乳过程中由于饲养管理、疾病、气温、污染及其他原因而使乳的成分和性质发生异常的乳，统称为异常乳。

（1）生理异常乳。一般是指初乳、末乳以及营养不良乳。

（2）病理异常乳。包括乳房炎乳及患其他疾病动物的乳。

（3）微生物异常乳。一般是指被微生物污染，以致不能用作乳制品加工原料的乳。

（4）化学异常乳。包括高酸度酒精阳性乳、低酸度酒精阳性乳、冻结乳、高酸度乳、低成分乳、混入异物乳、风味异常乳等。

二、乳的化学组成

乳的化学成分复杂，主要由水分、脂肪、蛋白质、乳糖、盐类、维生素和酶及其他微量成分等组成。其中水是分散剂，其他各种成分分散在乳中，形成一种复杂的分散体系。正常乳中各种成分是基本稳定的，但会受到品种、泌乳期、年龄、季节、气温、健康状况、饲料变化及挤奶等因素的影响而略有变化，其中脂肪变动最大，蛋白质次之，乳糖和无机盐相对比较稳定。乳的营养价值和质量主要取决于乳中的干物质。正常乳的几种主要成分的平均值如表 5–1–1 所示。不同的分类标准可分为不同的类型。

表5–1–1　乳的基本组成

成分	山羊乳	绵羊乳	牛乳	水牛乳	牦牛乳	马乳	骆驼乳	人乳
水分 /%	86.8	83.1	87.5	81.4	81.6	89.7	86.9	87.4
脂肪 /%	4.1	3.9	3.8	7.47	7.8	1.6	3.77	3.76
蛋白质 /%	3.7	6.2	3.3	7.1	5.0	1.9	3.65	2.23
盐 /%	0.8	1.0	0.7	0.84	—	0.34	0.76	0.31
乳糖 /%	4.6	5.0	4.7	4.15	5.0	6.4	4.92	6.29

乳是一种复杂的胶体分散体系。在这个分散体系中，水是分散介质，乳中各成分在这个分散体系中的存在状态如图 5–1–1 所示。

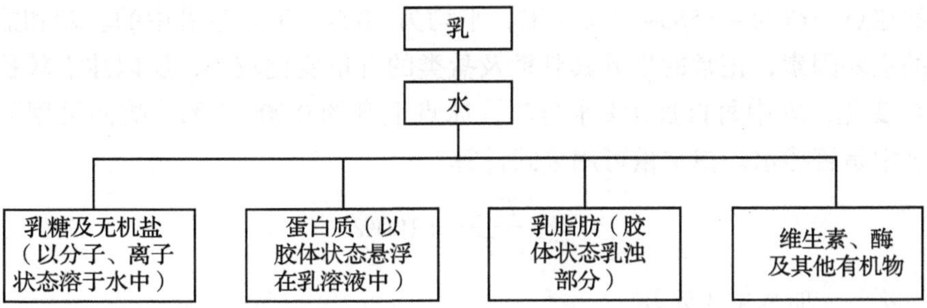

图 5–1–1　乳的化学成分及其存在状态

三、乳的物理性质

乳的物理性质主要包括以下几个方面，如表 5–1–2 所示。

表5–1–2　某乳品的重要物理性质

物理性质	参数
渗透压 /kPa	700
沸点 /℃	100.15
冰点 /℃	–0.522
密度（20 ℃）/（kg/m^3）	1 030
相对密度（20 ℃）	1.032 1

（续表）

物理性质	参数
黏度 /（Pa·s）	0.002 127
表面张力 /（N/m）	52
滴定酸度 /（mmol OH^-/mL）	1.3~2.0（0.14%~0.16% 乳酸）
pH 值	6.6
离子强度 /（mol/L）	0.08

1. 色泽

新鲜正常的乳呈不透明白色或淡黄色，乳的色泽与季节、饲料及泌乳动物的品种有一定关系。

2. 气味与滋味

乳具有特殊的乳香味，主要是挥发性脂肪酸及其他挥发性物质所形成，这种香味随温度的高低而异，乳经加热后香味强烈，冷却后减弱。由于乳中含有乳糖而新鲜纯净的乳稍带甜味；除甜味外，因其含有氯离子而稍带咸味，常乳中的咸味受乳糖、脂肪、蛋白质等因素的调和而不易觉察，但异常乳如乳房炎乳中氯的含量较高，故而咸味浓厚；乳中的苦味来自 Mg^{2+}、Ca^{2+}，而酸味是由柠檬酸及磷酸所产生。

3. 冰点与沸点

牛乳的冰点一般为 –0.565~–0.525 ℃，平均为 –0.545 ℃。牛乳中的乳糖和盐类是导致冰点下降的主要因素，正常的牛乳其乳糖及盐类的含量变化较小，所以冰点较稳定，掺水后冰点就会变化，乳中每掺加 1% 水分时，冰点上升约 0.005 4 ℃，故而可用测定冰点的方法检验乳中是否掺水。掺水量可用公式计算：

$$W=\frac{T-T'}{T}\times 100\%$$

式中，W——加水量（%）；

T——正常乳的冰点；

T'——被检测乳的冰点。

牛乳的沸点在 101.33 kPa（1 个大气压）下约为 100.55 ℃。乳的沸点受乳中固形物含量的影响，当乳浓缩时，沸点会相应上升，浓缩到原体积 1/2 时，沸点上升到 101.05 ℃。

4. pH 与酸度

刚挤出的新鲜乳的酸度称为固有酸度或自然酸度，主要由乳中的蛋白质、柠檬酸、磷酸盐及二氧化碳（CO_2）等酸性物质所造成，与贮存过程中微生物繁殖所产生的乳酸无关，乳的酸度通常是指以酚酞作指示剂中和 100 mL 牛乳所需 0.1 mol/L 氢氧化钠的毫升数，以 °T 表示，牛乳的酸度通常为 16~18 °T。牛乳在存放过程中，由于微生物作用，分解乳糖产生乳酸而使酸度升高，称为发酵酸度。自然酸度与发酵酸度之和，称为总酸度。通常所说的牛乳酸度是指其总酸度。

新鲜牛乳的 pH 值为 6.5~6.7，平均值为 6.6，初乳和酸败乳在 6.5 以下；山羊乳的 pH 值为 6.65~6.95；绵羊乳的 pH 值平均为 6.41；马乳的 pH 值为 6.83~7.42；骆驼乳的 pH 值为 6.3~6.7。

乳的酸度增高，可使乳对热的稳定性大大降低，也会降低乳的溶解度和保存期，对乳品加工及乳制品的质量有很大影响，故而乳酸度是乳品卫生质量的重要指标，在贮藏鲜乳时需防止酸度升高。

5. 表面张力与黏度

测定乳的表面张力有助于鉴别乳中是否混有其他添加物。在 20 ℃时，乳的表面张力为 0.04~0.06 N/m，乳的表面张力随温度上升而降低，随含脂率的减少而增加。

乳的黏度实际上是指乳中各分子的变形速度与切变应力之间的比例关系。在 20 ℃时正常乳的绝对黏度为 0.001 5~0.002 0 Pa·s，随温度升高而降低，乳中蛋白质、脂肪含量越高，黏度也越高。初乳、末乳、病牛乳的黏度都较高。在加工中，乳的黏度受脱脂、杀菌、均质等操作的影响。

6. 密度

乳的密度是指乳在 20 ℃时的质量与同容积水在 4 ℃时的质量之比。正常乳的密度为 1.028~1.032，平均为 1.030。乳密度的大小由乳中无脂干物质的含量决定。乳中无脂干物质愈多，则密度愈高，乳中脂肪增加时，密度变小。因此，在乳中掺水或脱脂，都会影响乳的密度，此外，乳的密度还随温度的变化而变化，温度每变化 1 ℃，乳的密度就相差 0.000 2。

任务实施

步骤一：采样

采样前应首先将乳充分混合，并按被检乳量的 0.02%~0.10% 进行取样。每份样品不得少于 250 mL，若为小包装乳，取整件原装的样品按生产班次分批取样或按批号取样。所取样品分为 3 份，分别供检验、复检和备查用。

所取各批样品均应进行容器或重量的鉴定，实际容量与标签上标示的容量差不超过 ±1.5%，此批样品中至少有 1 瓶做微生物学检验，其余做感官检验及理化检验。

步骤二：感官检验

将乳样置于 15~20 ℃水浴保温 10~15 min 并充分摇匀，充分摇匀后检查乳的色泽、气味、滋味有无异常。用搅拌棒搅动观察有无红色、绿色或明显的黄色。有无杂质、凝块或发黏现象。正常乳，应为白色或稍黄色的均质胶态液体，微甜，具有固有的乳香味，无杂质，无沉淀，无发黏现象。

我国食品卫生标准规定，巴氏杀菌乳应符合表 5-1-3、灭菌乳应符合表 5-1-4 所示的卫生指标要求。

表5-1-3　巴氏杀菌乳的卫生指标

项目	全脂巴氏杀菌乳、部分脱脂巴氏杀菌乳、脱脂巴氏杀菌乳
色泽	呈均匀一致的乳白色
滋味和气味	具有乳固有的滋味和气味，无异味
组织状态	均匀的液体，无沉淀，无凝块，无黏稠现象
酸度 / °T	牛乳≤ 18.0，羊乳≤ 16.0
硝酸盐（以 $NaNO_3$ 计）/（mg/kg）	≤ 10
亚硝酸盐（以 $NaNO_2$ 计）/（mg/kg）	≤ 0.2
黄曲霉毒素 M_1/（μg/kg）	≤ 0.5
菌落总数 /（CFU/mL）	≤ 30 000
大肠杆菌 /（MPN/100 mL）	≤ 90
致病菌（指肠道致病菌和致病性球菌）	不得检出

表5-1-4　灭菌乳卫生指标

项目	灭菌纯牛乳	灭菌调味乳
色泽	呈均匀一致的乳白色，或微黄色	均匀的液体，呈均匀一致的乳白色或具有调味乳应有的色泽
滋味和气味	具有牛乳固有的滋味和气味，无异味	具有调味乳应有的滋味和气味
组织状态	均匀的液体，无凝块，无黏稠现象，允许有少量沉淀	
酸度 /（°T）	≤ 18.0	
硝酸盐（以 $NaNO_3$ 计）/（mg/kg）	≤ 11.0	
亚硝酸盐（以 $NaNO_2$ 计）/（mg/kg）	≤ 0.2	
黄曲霉毒素 M_1/（μg/kg）	≤ 0.5	
微生物	商业无菌	

步骤三：理化检验

鲜乳的理化检验主要包括密度、乳脂率、酸度等，其理化指标应当符合表 5-1-6 中的要求。

（1）密度的测定。一般多使用 20 ℃/4 ℃乳稠计来测定乳的密度。正常牛乳的密度在 1.028~1.032，掺水或脱脂可使密度下降。

（2）乳脂率的测定。乳脂肪的测定方法较多，有盖勃氏法、哥特里 - 罗紫法、巴勃科克法等。盖勃氏法因测定简便迅速而在检验工作中较为常用，但因糖容易焦化，故此法不适用于含糖量高的样品，而适用于酸性的液态或粉状和脂肪含量高的样品。

（3）酸度的测定。乳中酸的含量是乳新鲜度的重要指标，同时也是反映乳质量的一项重要指标。正常牛乳的酸度由于品种、饲料、挤乳和泌乳期的不同而有差异，但一般均在

16~18 °T。

酸度的测定方法主要有滴定法、酒精试验法和煮沸试验法。

步骤四：微生物检验

对乳和乳制品的微生物学检验包括菌落总数测定、大肠菌群测定、沙门氏菌检验以及其他致病菌和霉菌的检验。

步骤五：鲜乳的卫生标准判定

1. **感官指标（表5-1-5）**

表5-1-5　鲜乳的感官指标

项目	指标
色泽	呈乳白色或微黄色
滋味、气味	具有乳固有的香味、无异味
组织状态	呈均匀一致胶态液体，无凝块、无沉淀、无肉眼可见异物

2. **理化指标（表5-1-6）**

表5-1-6　鲜乳的理化指标

项目	指标
相对密度（20 ℃/4 ℃）	≥ 1.028
蛋白质 /（g/100 g）	≥ 2.95
脂肪 /（g/100 g）	≥ 3.1
非脂乳固体 /（g/100 g）	≥ 8.1
酸度 /（°T） 牛乳 羊乳	 ≤ 18 ≤ 16
杂质度 /（mg/kg）	≤ 4.0
铅（Pb）/（mg/kg）	≤ 0.05
无机砷 /（mg/kg）	≤ 0.05
黄曲霉毒素 M_1/（μg/kg）	≤ 0.5
六六六 /（mg/kg）	≤ 0.02
滴滴涕 /（mg/kg）	≤ 0.02

3. **微生物指标（表5-1-7）**

表5-1-7　鲜乳的微生物指标

项目	指标
菌落总数 /（CFU/g）	$\leqslant 2\times10^6$
致病菌（沙门氏菌、金黄色葡萄球菌、志贺氏菌）	不得检出

任务检测

扫描二维码答题。

项目五任务一任务检测（一） 项目五任务一任务检测（二）

任务评价

工作任务完成过程评价

班级:________ 学号:________ 姓名:________ 总分:________

项目	评价方法	分数	自我评价	小组评价
任务目标达成度	服从安排，积极主动，认真负责	10 分		
任务完成度	方法正确，内容明确	20 分		
知识掌握精准度	方法正确，内容明确	20 分		
技术操作规范度	方法正确，内容明确	30 分		
岗位需求适应度	方法正确，内容明确	20 分		
合计		100 分		

任务二　掺假掺杂牛乳的卫生检验

任务导入

为增加乳量或掩盖其缺点，一些不法经营者人为在牛乳中加入非乳物质，影响了乳及其乳制品的质量，危害消费者的身体健康，这就要求对乳样进行快速、准确地检验、分析并做出结论。

任务准备

牛乳的卫生评定，应以感官检查、理化检验和微生物检验进行综合评定，乳必须符合相应国家标准或行业标准。

（一）合格乳的标准

（1）牛乳的色泽、滋味、气味均应正常，无沉淀、无杂质、无凝块。

（2）20 ℃乳的密度为 1.028~1.032，全乳固体物质≥ 11.20%；乳脂肪 3.0%，乳酸度应符合标准规定。

（3）巴氏杀菌乳细菌总数不超过 3×10^4 CFU/mL，大肠菌群不超过 90 MPN/100 mL，致病菌不得检出。

（4）乳中不得检出掺假掺杂物。

（二）不合格乳的卫生评定与处理

有下列缺陷者的乳，不得食用。

（1）感官性状异常。乳出现黄色、红色或绿色等异常色泽，乳汁黏稠、有凝块或沉淀，有血或脓、有肉眼可见异物或杂质，或有明显的饲料味、苦味、酸味、霉味、臭味、涩味及其他异常气味或滋味。

（2）理化指标异常。生鲜乳中铅、汞、无机砷等有害化学物质超标；杀菌乳、灭菌乳中黄曲霉毒素、硝酸盐和亚硝酸盐等有害化学物质超标。

（3）微生物指标异常。乳中检出致病菌，细菌总数或大肠菌群数超标。

（4）病畜乳。乳畜患有炭疽、鼻疽、口蹄疫、狂犬病、钩端螺旋体病、开放性结核病、布鲁氏菌病、李氏杆菌病、乳房放线菌病等传染病时所产的乳。

（5）生鲜乳中掺入对人体有害的物质，如硝酸盐、亚硝酸盐、甲醛等。

（6）异常乳。开始挤出的一两把乳汁、初乳、末乳、应用抗生素治疗期间或停药后在休药期内所产的乳、乳房炎乳及变质乳等。

任务实施

步骤一：掺水乳检验

乳中掺水检出的方法有计算法、二苯胺法、乳清比浊法、冰点测等。其中以计算法配合感官检查是检验乳中是否掺水的较简易、快速的方法。

感官检查时，掺水的乳色淡呈稀薄状态。

计算法是利用正常乳和被检乳的比重之差进行计算。正常乳常温比重平均值为 1.034。

$$掺水百分数（\%）=（正常乳比重 - 被检乳比重）/ 正常乳比重 \times 100$$

式中计算的掺水百分数为体积百分数。

步骤二：掺碱乳的检验

溴麝香草酚蓝是一种酸碱指示剂，其 pH 变色范围为 6.0~7.6，相应的颜色变化由红到蓝。当乳中加碱后，用溴麝香草酚蓝做指示剂，由于乳中氢离子浓度发生变化，因而指示剂显示不同的颜色，根据颜色的不同来判断加碱量。

取被检乳 3 mL 于试管中，将试管倾斜，沿管壁小心加 0.04% 溴麝香草酚蓝乙醇溶液 2~3 滴，将试管轻轻转动，使试管内液面与指示剂充分重叠，切勿使其相互混合，然后将试管垂直放置，2 min 后观察两液面间环状色环的颜色特征。同时用未掺碱乳做空白对照实验，判定标准如表 5-2-1 所示。

表5-2-1 掺碱乳中含碱量与环状色层的关系

反应结果	乳中含碱量浓度 /%								
	0	0.03	0.05	0.1	0.3	0.5	0.7	1.0	1.5
环层颜色	黄色	黄绿色	淡绿色	绿色	深绿色	青绿色	淡蓝色	蓝色	深蓝色

步骤三：掺淀粉乳的检验

乳掺水后变得稀薄，掺伪者为了掩盖这种掺假，往往用先掺水，后加淀粉糊的办法来增加乳的稠度（也有直接加入淀粉糊的）。

先称取碘化钾 2 g 溶于少量水中，溶解后，加入结晶碘 1 g，待结晶碘完全溶解后，加水稀释至 100 mL，混匀，制成碘溶液。

取乳样 3 mL 于试管中，加碘溶液 1~2 滴，观察反应。并同时做空白对照实验。乳中如有淀粉存在，立即呈现蓝色。

步骤四：掺盐乳的检验

1. 掺 Cl^- 乳的检验

乳样中的 Cl^- 含量较多时，可与硝酸银作用，生成氯化银沉淀，并与铬酸钾作用呈色。取 5 mL 0.01 mol/L 硝酸银溶液与 2 滴 10% 铬酸钾溶液于试管中混匀，加被检乳 1 mL，充分混匀，观察试管中颜色变化，同时做空白对照试验，如试管中溶液呈黄色，说明乳中 Cl^- 的含量大于 0.14%，正常乳中 Cl^- 含量 0.09%~0.12%。

2. 掺芒硝乳的检验

掺入芒硝的乳中含有较多的 SO_4^{2-} 离子，可与氯化钡作用，生成硫酸钡沉淀，并与玫瑰红酸钠作用呈色。取被检乳 5 mL 于试管中，加 1~2 滴 20% 醋酸，4~5 滴 1% 氯化钡溶液，2 滴 1% 玫瑰红酸钠乙醇溶液，混匀，静置，观察试管中颜色变化，同时做空白对照试验，不含芒硝的乳呈淡褐黄色，如乳呈玫瑰红色，则说明乳中掺入芒硝。

3. 掺碳酸铵乳的检验

称取 45.5 g 碘化汞，34.9 g 碘化钾溶于约 100 mL 水中，在另一大烧瓶内加约 500 mL 水，加 112 g 氢氧化钾，混匀，使溶解，此液会发热，待冷至室温时将上述两液混合，并用水补足至 1 000 mL，静置 2~3 d 后，取上清液贮于聚乙烯塑料瓶中，备用。

取 5 mL 被检测乳于试管中，加 6~7 滴纳氏试剂，摇匀，观察颜色及浑浊情况，同时做空白对照试验，如乳中掺有碳酸铵，则试管中溶液呈黄色或淡橙色，正常乳颜色无变化。

步骤五：乳中掺豆浆的检验

由于豆浆中含有皂角素，皂角素与氢氧化钠（钾）作用呈黄色反应。利用这一性质，在检验中采用显色法来证实乳中是否掺混豆浆。

取检样乳 2 mL 注入试管中，加乙醇醚等量混合液、25% 氢氧化钠溶液各 1 mL，混匀后在数分钟内观察颜色变化。同时，做空白对照试验。如乳中掺豆浆则显黄色，无豆浆则呈原色。

步骤六：掺尿素乳的检验

在酸性条件下，乳样中的尿素与亚硝酸钠作用，生成黄色物质。而当乳样中无尿素时，亚硝酸钠与对氨基苯磺酸发生重氮反应，其产物与萘胺起偶氮作用，生成紫红色。称取 89 g 酒石酸、10 g 对氨基苯磺酸、1 g 萘胺，混合研磨成粉末，贮存于棕色试剂瓶中，暗处保存。

取 3 mL 待检乳于试管中，加 1 mL1% 亚硝酸钠溶液，1 mL 浓硫酸，摇匀放置 5 min，待泡沫消失后，加 0.5 g 格里斯试剂，摇匀，观察试管中液体颜色的变化，同时做空白对照试验。如乳中掺有尿素，则试管中颜色呈黄色，正常乳试管中颜色为紫红色。

步骤七：掺蔗糖乳的检验

将 250 g 醋酸铅溶解于 600 mL 水中，再加入 250 mL 15% 氢氧化铵，制成醋酸铅 - 氨水溶液备用。10 mL 10% 联苯胺乙醇溶液、25 mL 醋酸及 65 mL 浓盐酸混合成联苯胺试剂备用。制备费林氏液，甲液为取 34.64 g 硫酸铜溶于水中，加入 0.5 mL 浓硫酸，加水至 500 mL；乙液为取 173 g 酒石酸钾钠及 50 g 氢氧化钠溶解于水中，稀释至 500 mL，静置 2 d 后过滤，备用。

取 30 mL 乳，在水浴上加热到 80~90 ℃，加入 30 mL 醋酸铅 - 氨水溶液，用力摇动 30 s，过滤。取无色透明滤液 3 mL，加入等体积的联苯胺试剂，摇匀，并在沸水浴上保持 10 min 后观察结果，若乳中掺有糖，则变为深蓝色，当在水浴中保持时间超过 10 min 时，由于乳糖的存在也可能出现淡蓝色。为了排除乳糖等还原糖的干扰，可设对照，即取 4 mL 滤液加入等体积的费林氏液置沸水浴内加热，如果联苯胺的反应明显（呈蓝色），而没有还原费林氏液的颜色时，则证明有糖存在，此法可检测出 0.1%~1.0% 的蔗糖。

步骤八：掺过氧化氢乳的检验

过氧化氢在硫酸的作用下，可使碘化物氧化，游离出碘，碘和淀粉作用呈蓝色。

取 1 mL 被检乳于试管中，加入 3% 碘化钾淀粉溶液 3~5 滴，混匀，再加入稀硫酸 1 滴，立即观察变化。同时做空白对照实验。通过检验，如怀疑乳中有微量过氧化氢存在，应先将被检乳加热至 80~85 ℃数分钟后再做检验。因为通过煮沸或巴氏消毒均可除去乳中过氧化氢。一般乳中含有 0.1%~1.0% 过氧化氢，即可检出。如果立即呈蓝色，则表明乳中含有过氧化氢。如果 10 min 内，仍为白色，则表明乳中无过氧化氢。

步骤九：乳中抗生素的测定

1. 乳中抗生素的残留

在防治动物疾病时，经常使用抗生素，特别是治疗乳房炎时，有时将抗生素直接注射到乳房内。因此，经抗生素治疗过的动物，其乳中在一段时期内会残存着抗生素，它会影响发酵乳品的生产，会引起人体过敏反应，也会使某些菌株产生耐药性等，所以，对鲜乳进行抗生素残留的检验，非常有必要。

2. 抗生素残留乳的检验

往检样中先后加入菌液和 TTC 指示剂，如检样中有抗生素存在，则会抑制细菌的繁殖，TTC 指示剂不被还原、不显色；反之，则细菌大量繁殖，TTC 指示剂被还原而显红色，从而可以判定有无抗生素残留。

3. 乳中抗生素残留的卫生处理

应用抗生素等对乳有影响的药物进行治疗期间，抗生素残留的检验为阳性及停药 3 d

内所产的乳不得食用，应予废弃或销毁。

步骤十：乳房炎乳的检验

乳房炎是乳房组织产生炎症而引起的疾病，主要由细菌所引起。

乳牛乳房炎可分为临床性、非临床性、潜在性、慢性、急性、细菌性等。临床性乳房炎使乳产量剧减且牛乳性状有显著变化，因此不能作为加工用。非临床性或潜在性乳房炎在外观上无法区别，只在理化或细菌学上有差别。

乳房炎乳的检验方法包含以下几种。

1. 氯糖数的测定

氯糖数即乳中氯与乳糖的百分数之比。正常鲜牛乳氯糖数不超过4，患乳房炎病的乳氯糖数则高达6~10。

2. 血与脓的检验

乳房炎乳中含有血和脓，在二氨基联苯试剂中，加入4~5 mL乳，20~30 s后，如有血与脓时，液体呈深蓝色。

3. NaOH凝乳检验法

在碱性条件下，乳房炎乳出现沉淀。取乳样3 mL于白色平皿中，加0.5 mL NaOH试液，立即回转混合，10 s后观察，判定标准如表5-2-2所示。

表5-2-2 乳房炎的判定标准

现象	结果
无沉淀及絮片	-（阴性）
稍有沉淀发生	±（可疑）
有片条状沉淀	+（阳性）
有黏稠性团块，并继之分为薄片	++（强阳性）
有持续性黏稠性团块（凝胶）	+++（强阳性）

4. 体细胞计数

乳中细胞含量的多少是衡量乳房健康状况及乳卫生质量的标志之一。正常乳中体细胞含量一般每毫升不超过50万个，平均约为每毫升26万个。当患有乳房炎时，乳中体细胞数每毫升超过50万个。

乳房炎乳区所产的乳不可食用，应予以废弃或经70 ℃加温30 min后做饲料。

任务检测

扫描二维码答题。

项目五任务二任务检测

任务评价

工作任务完成过程评价

班级：________ 学号：________ 姓名：________ 总分：________

项目	评价方法	分数	自我评价	小组评价
任务目标达成度	服从安排，积极主动，认真负责	10分		
任务完成度	方法正确，内容明确	20分		
知识掌握精准度	方法正确，内容明确	20分		
技术操作规范度	方法正确，内容明确	30分		
岗位需求适应度	方法正确，内容明确	20分		
合计		100分		

任务三　乳制品的卫生检验

任务导入

乳制品种类众多，主要有酸牛乳、乳粉、奶油、炼乳、干酪、干酪素、乳糖和冰淇淋等乳制品。我国少数民族地区还有传统的乳制品，如扣碗酪（奶酪）、乳扇、奶皮子、奶豆腐（乳饼）、酥油、奶子酒等。各种乳制品的生产均须使用符合卫生要求的原料奶和添加剂制作，并应做好生产过程中的卫生监督与管理工作。

任务准备

奶粉是以牛乳或羊乳为原料经杀菌、浓缩、喷雾干燥制成的粉末状产品。为防止乳粉氧化变质，包装材料要求密封、避光、符合卫生要求，可采用真空包装或充氮包装。注意防止乳粉发生褐变、酸度偏高或微生物污染。

任务实施

步骤一：奶粉的卫生检验

（一）奶粉的检验项目

（1）感官检验。检查其色泽、气味和滋味、组织状态及溶解度是否符合卫生质量要求。

（2）理化检验。按 GB 5009.239—2016《食品安全国家标准　食品酸度的测定》中规定进行相关检验。

（3）微生物检验。按 GB 4789.18—2024《食品安全国家标准　食品微生物学检验　乳与乳制品采样和检样处理》中规定检验乳粉的细菌菌落总数、大肠菌群、致病菌、酵母菌和霉菌数。

（二）奶粉的卫生质量标准

乳粉的各项指标应符合 GB 19644—2024《食品安全国家标准　乳粉和调制乳粉》规定。

（三）奶粉的卫生评定

（1）原料乳必须是新鲜常乳，不得使用末乳和分娩后 1 周内的初乳。原料乳的各项卫生指标必须符合国家标准。

（2）符合国家或行业有关标准规定的所有项目指标。

（3）乳粉中检出含有防腐剂、重金属残留量超标者均不得供食用。对检出黄曲霉毒素、致病菌及严重污染者，应予以销毁。

（4）发现哈喇味、酸败臭味，以及发霉、吸潮结块、生虫和褐色变化者，应予以销毁。

步骤二：酸乳的卫生检验

以鲜乳为原料，经过预处理，然后接入纯粹培养的保加利亚乳杆菌和嗜热链球菌作为发酵剂，并保温一定时间，因产生乳酸而使酪蛋白凝结的成品称为酸乳。按照不同的分类标准，酸乳的分类有如下几种：按生产方法分为凝固型酸乳和搅拌型酸乳两类；按脂肪含量高低将酸乳分为高脂酸乳、全脂酸乳、低脂酸乳、脱脂酸乳四类；按口味分为纯酸乳和风味酸乳两类。酸乳容易被机体消化吸收，具有抑制肠道有害微生物的活动，促进胃肠功能，增强人体免疫能力，提高钙、磷、铁的吸收、利用，以及降低血清胆固醇等作用，是一种非常理想的营养食品。

（一）酸乳的检验项目

（1）感官检验。从色泽、滋味和气味、组织状态等方面来检验其卫生质量。

（2）理化检验。酸乳的蛋白质、脂肪、非脂固体、酸度按 GB 5009.6—2016《食品安全国家标准　食品中脂肪的测定》、GB 5413.39—2010《食品安全国家标准　乳和乳制品中非脂乳固体的测定》、GB 5009.5—2016 和 GB 5009.239—2016 规定检验，山梨酸、苯甲酸按 GB 5009.28—2016 检验，硝酸盐和亚硝酸盐按 GB 5009.33—2016《食品安全国家标准　食品中亚硝酸盐与硝酸盐的测定》检验，黄曲霉毒素 M_1 按 GB 5009.24—2016《食品安全国家标准　食品中黄曲霉毒素 M 族的测定》检验。

（3）微生物检验。酸乳不做菌落总数检验。大肠菌群数按 GB 4789.3—2016 检验；肠道致病菌和致病性球菌按 GB 4789.4—2024《食品安全国家标准　食品微生物学检验　沙门氏菌检验》、GB 4789.10—2016《食品安全国家标准　食品微生物学检验　金黄色葡萄球菌检验》和 GB 4789.15—2016《食品安全国家标准　食品微生物学检验　霉菌和酵母计数》检验；乳酸菌是反映酸乳的特异性指标，其检验按 GB 4789.35—2023《食品安全国家标准　食品微生物学检验　乳酸菌检验》规定操作。

（二）酸乳的卫生质量标准

酸牛乳的各项指标应符合 GB 19302—2010《食品安全国家标准　发酵乳》规定。

（三）酸乳的卫生评定

（1）生产酸牛乳的原料乳要求同奶粉。

（2）酸牛乳必须符合国家或行业的有关标准规定的所有项目指标。

（3）感官及微生物指标不合格或表面生霉的产品，不能供食用，应予工业用或销毁。

（4）每批样品至少有 1 瓶做细菌检验，其余做感官和理化检验。

（5）检出致病菌者，应予销毁处理。

步骤三：奶油的卫生检验

奶油是以牛乳稀奶油为原料，经过发酵或不发酵，加工制成的固态乳制品，又称为黄油，产品可分为奶油和无水奶油。因为生乳静置一段时间之后，密度较低的脂肪便会浮升到顶层。在工业化制作程序中，这一步骤通常由分离器、离心机完成。在许多国家，奶油都是根据其脂肪含量的不同分为不同的等级。而国内市场上常见的淡奶油、鲜奶油其实是指动物性奶油，即从天然牛奶中提炼的奶油。

（一）奶油的检验

（1）感官检验。观察奶油的色泽、组织状态、气味和滋味。

（2）理化检验。水分、脂肪和酸度按相关国家标准要求检验。

3. 微生物检验。检验项目和方法与奶粉相同。

（二）奶油的卫生质量标准

奶油的各项指标应符 GB 19646—2010《食品安全国家标准稀　奶油、奶油和无水奶油》规定。

（三）奶油的卫生评定

（1）奶油的各项卫生指标应符合国家规定的各项标准要求。

（2）腐败、生霉或有其他异味的应废弃。

（3）混有尘埃、杂质者不准销售。

（4）微生物超标的，应视污染严重程度加工成重制奶油，工业用或废弃。

步骤四：炼乳的卫生检验

炼乳是用鲜牛奶或羊奶经过浓缩制成的黏稠状液体产品，一般分为全脂无糖炼乳和全脂加糖炼乳两种，它的特点是可贮存较长时间。炼乳是“浓缩奶”的一种，是将鲜乳经真空浓缩或其他方法除去大部分的水分，浓缩至原体积 25%~40% 的乳制品，再加入 40% 的蔗糖装罐制成的。炼乳太甜，必须加 5~8 倍的水来稀释。但当甜味符合要求时，往往蛋白质和脂肪的浓度也比新鲜牛奶下降了一半。如果在炼乳中加入水，使蛋白质和脂肪的浓度接近新鲜牛奶，那么糖的含量又会偏高。

（一）炼乳的检验

（1）感官检验。开盖检验气味，然后将样品倒入烧杯检验其色泽和组织状态，并尝其滋味。

（2）理化检验。检验脂肪、蛋白质、全乳固体、蔗糖、水分、酸度、杂质度、有害金属硝酸盐和亚硝酸盐、黄曲霉毒素等理化指标。

（3）微生物检验。检验项目和方法同乳粉。

（二）炼乳的卫生质量标准

炼乳的各项指标应符合 GB 13102—2022《食品安全国家标准 浓缩乳制品》规定。

（三）炼乳的卫生评定

（1）炼乳的各项卫生指标均应符合国家规定的各项标准要求。

（2）在保藏期内若出现涨罐及感官指标异常，如有颜色、苦味、腐臭味、金属味、则不得销售，应废弃。

（3）因原料乳酸高或预热加工时的灭菌温度不足，微生物作用致使炼乳凝结成块，应予以废弃。

（4）甜炼乳中不得添加防腐剂，检出者不得食用。

任务检测

扫描二维码答题。

项目五任务三任务检测

任务评价

工作任务完成过程评价

班级：________ 学号：________ 姓名：________ 总分：________

项目	评价方法	分数	自我评价	小组评价
任务目标达成度	服从安排，积极主动，认真负责	10 分		
任务完成度	方法正确，内容明确	20 分		
知识掌握精准度	方法正确，内容明确	20 分		
技术操作规范度	方法正确，内容明确	30 分		
岗位需求适应度	方法正确，内容明确	20 分		
合计		100 分		

任务四 乳密度的测定

任务导入

利用乳稠计在乳中取得的浮力与重力相对平衡的原理测定乳的密度，熟练掌握乳的密度测定方法。

任务准备

乳稠计（20 ℃/4 ℃），玻璃圆筒或200~250 mL量筒（圆筒高度应大于乳稠计的长度，其直径大小应使乳稠计沉入时和圆筒内壁的距离不小于5 mm），0~100 ℃温度计。

任务实施

步骤一：样品准备与测定

（1）取混匀并调温为10~25 ℃的试样，倒入容积为250 mL的量筒内并加到容积的3/4处，勿使发生泡沫并测量试样中心温度。

（2）小心将乳稠计沉入乳样中，至刻度1.030处，然后让其自然浮动，但不能与桶内壁接触，静置2~3 min。

（3）眼睛对准量筒内乳样表面层与乳稠计刻度接触处，即在乳的弯月面的上缘读取乳稠计刻度。

乳的相对密度与乳稠计度数的关系式为：

$$X=(\rho_4^{20}-1.000)\times 1\,000$$

式中：X——乳稠计读数；

ρ_4^{20}——乳样的相对密度。

步骤二：读数换算

根据乳稠计读数和乳温，查乳稠计温度换算表（表5-4-1）。将乳稠计读数换算成20 ℃度数。

表5-4-1　乳稠计温度换算表

乳稠计读数	乳的温度/℃															
	10	11	12	13	14	15	16	17	18	19	20	21	22	23	24	25
	换算为20 ℃时乳稠计度数															
25.0	23.3	23.5	23.6	23.7	23.9	24.0	24.2	24.4	24.6	24.8	25.0	25.2	25.4	25.6	25.8	26.0
25.5	23.7	23.9	24.0	24.2	24.4	24.5	24.7	24.9	25.1	25.3	25.5	25.7	25.9	26.1	29.3	26.5
26.0	24.2	24.4	24.5	24.7	24.9	25.0	25.2	25.4	25.6	25.8	26.0	26.2	26.4	26.6	26.8	27.0
26.5	24.6	24.8	24.9	25.1	25.3	25.4	25.6	25.8	26.0	26.3	26.5	26.7	26.9	27.1	27.3	27.5
27.0	25.1	25.3	25.4	25.6	25.7	25.9	26.1	26.3	26.5	26.8	27.0	27.2	27.5	27.7	27.9	28.1
27.5	25.5	25.7	25.8	26.1	26.1	26.3	26.6	26.8	27.0	27.3	27.5	27.7	28.0	28.2	28.4	28.6
28.0	26.0	26.1	26.3	26.5	26.6	26.8	27.0	27.3	27.5	27.8	28.0	28.2	28.5	28.7	29.0	29.2
28.5	26.4	26.6	26.8	27.0	27.1	27.3	27.5	27.8	28.0	28.3	28.5	28.7	29.0	29.2	29.5	29.7
29.0	26.9	27.1	27.3	27.5	27.6	27.8	28.0	28.3	28.5	28.8	29.0	29.2	29.5	29.7	30.3	32.2
29.5	27.4	27.6	27.8	28.0	28.1	28.3	28.5	28.8	29.0	29.3	29.5	29.7	30.0	30.2	30.5	30.7
30.0	27.9	28.1	28.3	28.5	28.6	28.8	29.0	29.3	29.5	29.8	30.0	30.2	30.5	30.7	31.0	31.2

（续表）

乳稠计读数	乳的温度 /℃															
	10	11	12	13	14	15	16	17	18	19	20	21	22	23	24	25
	换算为 20 ℃时乳稠计度数															
30.5	28.3	28.5	28.7	28.9	29.1	29.3	29.5	29.8	30.0	30.3	30.5	30.7	31.0	31.2	31.5	31.7
31.0	28.8	29.0	29.2	29.4	29.6	29.8	30.1	30.3	30.5	30.8	31.0	31.2	31.5	31.7	32.0	32.2
31.5	29.3	29.5	29.7	29.9	30.1	30.2	30.5	30.7	31.0	31.3	31.5	31.7	32.0	32.2	32.5	32.7
32.0	29.8	30.0	30.2	30.4	30.6	30.7	31.0	31.2	31.5	31.8	32.0	32.3	32.5	32.3	33.0	33.3
32.5	30.2	30.4	30.6	30.8	31.1	31.3	31.5	31.7	32.0	32.3	32.5	32.8	33.0	33.3	33.5	33.1
33.0	30.7	30.8	31.1	31.3	31.5	31.7	32.0	32.2	32.5	32.8	33.0	33.3	33.5	33.8	34.1	34.3
33.5	31.2	31.3	31.6	31.8	32.0	32.2	32.5	32.7	33.0	33.3	33.5	33.8	33.9	34.3	34.6	34.7
34.0	31.7	31.9	32.1	32.3	32.5	32.7	33.0	33.2	33.5	33.7	34.0	34.3	34.4	34.8	35.1	35.3
34.5	32.1	32.3	32.6	32.8	33.0	33.2	33.5	33.7	34.0	34.2	34.5	34.8	34.9	35.3	35.6	35.7
35.0	32.6	32.8	33.1	33.3	33.5	33.7	34.0	34.2	34.5	34.7	35.0	35.3	35.5	35.8	36.1	36.3
35.5	33.0	33.3	33.5	33.8	34.0	34.2	34.4	34.7	35.0	35.2	35.5	35.7	36.0	36.2	36.5	36.7
36.0	33.5	33.8	34.0	34.3	34.5	34.7	34.9	35.2	35.6	35.7	36.0	36.2	36.5	36.7	37.0	37.3

步骤三：判定标准

正常生鲜牛乳的密度（20 ℃/4 ℃）≥ 1.028；消毒鲜牛乳的密度（20 ℃/4 ℃）≥（1.028~1.032）。

任务检测

扫描二维码答题。

项目五任务四任务检测

任务评价

工作任务完成过程评价

班级：________ 学号：________ 姓名：________ 总分：________

项目	评价方法	分数	自我评价	小组评价	教师评价
任务目标达成度	服从安排，积极主动，认真负责	10 分			
任务完成度	方法正确，内容明确	20 分			
知识掌握精准度	方法正确，内容明确	20 分			
技术操作规范度	方法正确，内容明确	30 分			
岗位需求适应度	方法正确，内容明确	20 分			
合计		100 分			

任务五　乳脂肪含量的测定

任务导入

应用方法，使牛乳中脂肪分离、聚合，然后测定其体积。在牛乳中加入一定浓度的硫酸，使乳脂肪球周围包裹的一层蛋白膜破坏，脂肪游离出来，在热和离心力的作用下，使游离的脂肪聚合在一起。同时，硫酸与乳中酪蛋白作用，生成硫酸酪蛋白化合物，有促进脂肪结合的作用。

利用氨溶液使乳中酪蛋白钙盐成为可溶性胺盐，然后用乙醚抽出乳中脂肪，挥去乙醚后称其脂肪质量，计算脂肪含量。加入乙醇以消除乙醚提取的醇溶解物，加入石油醚可降低水分在乙醚中的溶解度，使分层清晰。

掌握哥特里－罗紫法和盖勃氏法测定乳脂肪含量的方法。

任务准备

（1）盖勃氏乳脂计（最小刻度为 0.1%），乳脂计架，11 mL 特制牛乳吸管，10 mL 吸管，1 mL 异戊醇自动吸管，10 mL 硫酸自动吸管，乳脂离心机，电热恒温水浴箱（锅）；硫酸（相对密度 1.820~1.825），异戊醇（相对密度 0.811~0.812，沸程 128~132 ℃）。

（2）抽脂瓶（内径 2.0~2.5 cm，容积 100 mL），10 mL 牛乳吸管；吸管（2 mL、10 mL），电热恒温烘箱，电热恒温水浴箱（锅）；氨水，95% 乙醇，乙醚（不含过氧化物），石油醚（沸程 30~60 ℃）。

任务实施

步骤一：盖勃（Gerber）氏法

将乳脂计置于乳脂计架上，于乳脂计中先加入 10 mL 硫酸，再沿着管壁小心准确加入 11 mL 试样（若试样为酸乳，加入量为 5 mL，再吸 6 mL 水，仔细洗涤吸试样的吸管，洗液注入乳脂计中），使试样与硫酸不要混合，然后加 1 mL 异戊醇，塞上橡皮塞，使瓶口向下，同时用湿毛巾裹好乳脂计，以防橡皮塞冲出，用力振摇使之呈均匀棕色液体，瓶口向下静置数分钟，置 65~70 ℃水浴中 5 min（注意水浴水面应高于乳脂计脂肪层），取出后放乳脂离心机中，以 1 000 r/min 的转速离心 5 min，再置 65~70 ℃水浴中，5 min 后取出，立即读数，即为脂肪的百分数（酸乳应乘以 2.2）。

评定标准为正常生鲜牛乳、全脂巴氏杀菌牛乳和全脂灭菌牛乳含脂率均≥ 3.1%。

步骤二：哥特里－罗紫法（碱性乙醚抽取法）

吸取 10 mL 乳样于抽脂瓶中，加入 1.25 mL 氨水，充分摇匀，置 60 ℃水浴中加热

5 min，再振摇 2 min，加入 10 mL 乙醇，充分摇匀，于冷水中冷却后，加入 25 mL 乙醚，振摇 0.5 min，加入 25 mL 石油醚，再振摇 0.5 min，静置 30 min，待上层液澄清时，读取醚层体积。放出醚层至一量筒中的烧瓶中，记录放出醚层的体积。蒸馏回收乙醚后，置脂肪烧瓶于 98~100 ℃干燥 1 h 后称量，再置 98~100 ℃干燥 0.5 h 后，冷却称量，直至前后 2 次质量相差不超过 2.0 mg。

计算公式如下：

$$X=\frac{m_1-m_0}{m_2\times\dfrac{V_1}{V_0}}\times 100\%$$

式中：X——试样中脂肪的含量（g/100 g）；

m_1——烧瓶加脂肪质量（g）；

m_0——烧瓶质量（g）；

m_2——试样质量（吸取体积乘以牛乳的相对密度）（g）；

V_0——读取乙醚层总体积（mol）；

V_1——放出乙醚层体积（mol）。

结果保留两位有效数字。在重复性条件下获得的两次独立测定结果的绝对差值不得超过算术平均值的 5%。

评定标准同盖勃氏法。

任务检测

扫描二维码答题。

项目五任务五任务检测

任务评价

工作任务完成过程评价

班级：________ 学号：________ 姓名：________ 总分：________

项目	评价方法	分数	自我评价	小组评价	教师评价
任务目标达成度	服从安排，积极主动，认真负责	10 分			
任务完成度	方法正确，内容明确	20 分			
知识掌握精准度	方法正确，内容明确	20 分			
技术操作规范度	方法正确，内容明确	30 分			
岗位需求适应度	方法正确，内容明确	20 分			
合计		100 分			

任务六　乳新鲜度的检验

任务导入

（1）利用酸碱中和的原理，以酚酞做指示剂，用 0.1 mol/L 氢氧化钠标准溶液滴定 100 mL 乳中的酸，至终点时，根据所消耗的氢氧化钠标准溶液的毫升数即可算出乳的酸度。

（2）乳中的酪蛋白胶粒带负电荷，周围形成一水化层，乙醇有脱水作用，可将酪蛋白周围水化层脱掉，乳中的 H^+ 或 Ca^{2+} 与负电荷作用，使酪蛋白发生变性而沉淀。

（3）乳的酸度越高，乳中的蛋白质对热的稳定性越低，越易凝固。

任务准备

（1）微量碱式滴定管、滴定架、吸管（1 mL、10~20 mL）、250 mL 锥形瓶，0.1 mol/L 氢氧化钠标准溶液、0.5% 酚酞乙醇溶液。

（2）5 mL 吸管，中试管，68%、70%、72% 中性乙醇。

（3）10 mL 吸管、试管（或小烧杯）、水浴箱。

任务实施

步骤一：感官检验

正常乳应为乳白色或略带黄色的胶态液体，具有特殊乳香味，稍有甜味，组织状态均匀一致，无凝块、无沉淀、无杂质，不黏滑。

（1）色泽的检查。将少量乳倒于白瓷皿中观察其颜色。

（2）气味的检查。将乳加热后，闻其气味。

（3）滋味的检查。取少量乳用口尝之。

（4）组织状态的检查。将乳倒于小烧杯内静置 1 h 左右后，再小心将其倒入另一小烧杯内，仔细观察第一个小烧杯内底部有无沉淀和絮状物。再取 1 滴乳于大拇指上，检查是否黏滑。

步骤二：乳酸度的测定

将 0.1 mol/L 氢氧化钠溶液注入碱式滴定管内，并调整活塞使液面至整数刻度。精密吸取 10 mL 乳样，加入 250 mL 锥形瓶中，加 20 mL 蒸馏水，滴入 0.5% 酚酞乙醇溶液 3~5 滴，用 0.1 mol/L 氢氧化钠溶液滴定，至呈现淡红色，并在 1 min 内不消失为止。

将滴定所消耗的 0.1 mol/L 氢氧化钠标准溶液的毫升数乘以 10，即为被检乳的滴定酸度。

评定标准：生鲜牛乳≤ 18 °T，生鲜羊乳≤ 16 °T，巴氏杀菌乳和灭菌牛乳≤ 18 °T，巴氏杀菌乳和灭菌羊乳≤ 16 ºT。

步骤三：乙醇试验

分别吸取乳样 3 mL 于三支试管中，编号，各加等量 68%、70%、72% 的乙醇，迅速混合，观察有无絮状物出现。

评定标准：如加 68% 乙醇出现絮状物，说明乳酸度高于 20 ºT，未出现絮状物，说明乳酸度低于 20 ºT；如加 70% 乙醇出现絮状物，说明乳酸度高于 19 ºT，未出现絮状物，说明乳酸度低于 19 ºT；如加 72% 乙醇出现絮状物，说明乳酸度高于 18 ºT，未出现絮状物，说明乳酸度低于 18 ºT。

步骤四：煮沸试验

取 10 mL 乳样于试管（或小烧杯）中，置于沸水浴中加热 5 min，取出，观察管壁有无絮片出现或发生凝固现象。

评定标准：如产生絮片或发生凝固，酸度大于 26 ºT，表示乳样不新鲜。

任务检测

扫描二维码答题。

项目五任务六任务检测

任务评价

工作任务完成过程评价

班级：________ 学号：________ 姓名：________ 总分：________

项目	评价方法	分数	自我评价	小组评价
任务目标达成度	服从安排，积极主动，认真负责	10 分		
任务完成度	方法正确，内容明确	20 分		
知识掌握精准度	方法正确，内容明确	20 分		
技术操作规范度	方法正确，内容明确	30 分		
岗位需求适应度	方法正确，内容明确	20 分		
合计		100 分		

任务七　乳中还原酶的检测

任务导入

细菌在乳中生长繁殖时，产生还原酶，还原酶能使美蓝褪色。乳中污染的细菌越多，产生的还原酶越多，美蓝褪色越快。因此，根据美蓝褪色时间的长短，判定乳被细菌污染的程度。

任务准备

灭菌试管、5 mL 吸管、水浴锅（恒温箱），2.5% 美蓝溶液（2.5 mL 美蓝乙醇饱和溶液加 97.5 mL 水，混匀）。

任务实施

步骤一：取样检测

吸取乳样 5 mL 于灭菌试管中，加入美蓝溶液 0.25 mL，塞紧棉塞混匀，置于 37.5 ℃水浴或恒温箱中，每隔 10~15 min 观察褪色情况。

步骤二：评定标准

根据褪色时间将乳汁分为 4 个等级，如表 5-7-1 所示。

表5-7-1　美蓝褪色时间与乳中细菌数的关系

级别	乳的质量	褪色时间	相当每毫升乳汁中的细菌总数
1	良好	＞ 5.5 h	$< 5\times10^5$
2	合格	2.0~5.5 h	5×10^5~4×10^6
3	差	20 min 至 2 h	4×10^6~2×10^7
4	劣	＜ 20 min	$> 2\times10^7$

任务检测

扫描二维码答题。

项目五任务七任务检测

任务评价

工作任务完成过程评价

班级:________ 学号:________ 姓名:________ 总分:________

项目	评价方法	分数	自我评价	小组评价
任务目标达成度	服从安排，积极主动，认真负责	10 分		
任务完成度	方法正确，内容明确	20 分		
知识掌握精准度	方法正确，内容明确	20 分		
技术操作规范度	方法正确，内容明确	30 分		
岗位需求适应度	方法正确，内容明确	20 分		
合计		100 分		

任务八 乳房炎乳的检验

任务导入

掌握乳房炎乳的检验方法，并能进行正确判定。

任务准备

（1）吸管（5 mL），白色平皿。

（2）试剂。称取 60 g 碳酸钠（$Na_2CO_3 \cdot 10H_2O$）溶于 100 mL 蒸馏水中，另取 40 g 无水氯化钙溶于 300 mL 蒸馏水中。二者须均匀搅拌、加温、过滤，然后将两种滤液倾注一起，混合、搅拌、加温和过滤，于第二次滤液中加入等量的 15% 氢氧化钠溶液，继续搅拌、加温和过滤即为试液。加入溴甲酚紫于试液内，有助于结果的观察。试剂宜放在棕色玻璃瓶内保存。

（3）吸管（10 mL），100 mL 量筒，250 mL 锥形瓶，200 mL 容量瓶，50 mL 滴定管；石蕊试纸，20% 硫酸铝溶液，0.2 mol/L 氢氧化钠溶液，10% 铬酸钾溶液，0.028 17 mol/L 硝酸银溶液（每 1 000 mL 溶解 4.788 g 硝酸银，标定后使用）。

任务实施

步骤一：溴甲酚紫法

吸取乳样 3 mL 于白色平皿内，加 0.5 mL 试剂，立即回转混合，约 10 s 后观察结果。

评定标准：结果判定见表 5–8–1。

表5–8–1　溴甲酚紫法检验乳房炎乳结果判定

结果	判定
无沉淀及絮片	–（阴性）
稍有沉淀	±（可疑）
肯定有沉淀（片条）	+（阳性）
发生黏稠性团块并继之分为薄片	++（强阳性）
有持续性黏稠性团块（凝胶）	+++（强阳性）

步骤二：氯糖数的测定

用吸管吸取乳样 20 mL 于 200 mL 容量瓶中，加入 10 mL 20% 硫酸铝溶液及 8 mL 0.2 mol/L 氢氧化钠溶液，混合均匀，加水至刻度，摇匀后过滤。取 100 mL 滤液，用 0.028 17 mol/L 硝酸银溶液滴定至砖红色（1 mL 0.028 17 mol/L 硝酸银溶液相当于 1 mg 氯）。滴定前须用石蕊试纸测定溶液酸碱性，如果呈酸性，则须事先用氢氧化钠溶液中和至中性。

计算：

$$\text{氯}(\%)=\frac{V\times 10}{1.030\times 1\,000}\times 100$$

式中：V——滴定时用去硝酸银的量（mol）；

1.030——正常乳密度；

$V\times 10$——每 100 mL 牛乳中含氯量（mg）。

$$\text{氯糖数}=\frac{X\times 100}{L}$$

式中：X——氯的百分含量（%）；

L——乳糖的百分含量（%）。

评定标准：健康牛乳中的氯糖数不超过 4，乳房炎乳的氯糖数则增高。

任务检测

扫描二维码答题。

项目五任务八任务检测

任务评价

工作任务完成过程评价

班级:________ 学号:________ 姓名:________ 总分:________

项目	评价方法	分数	自我评价	小组评价	教师评价
任务目标达成度	服从安排，积极主动，认真负责	10 分			
任务完成度	方法正确，内容明确	20 分			
知识掌握精准度	方法正确，内容明确	20 分			
技术操作规范度	方法正确，内容明确	30 分			
岗位需求适应度	方法正确，内容明确	20 分			
合计		100 分			

任务九　乳中三聚氰胺的检验

任务导入

用乙腈作为原料乳（或不含添加物的液态乳制品）中的蛋白质沉淀剂和三聚氰胺提取剂，强阳离子交换色谱柱分离，高效液相色谱 – 紫外检测器 / 二极管阵列检测器检测，外标法定量。

任务准备

一、试剂

除另有说明外，所用试剂均为分析纯或以上规格，水为 GB/T 6682《分析实验室用水规格和试验方法》规定的一级水。

（1）乙腈（CH_3CN）：色谱纯。

（2）三聚氰胺标准物质（$C_3H_6N_6$）：纯度大于或等于 99%。

（3）三聚氰胺标准贮备溶液（1.00×10^3 mg/L）：称取 100 mg 三聚氰胺标准物质（准确至 0.1 mg），用水完全溶解后，100 mL 容量瓶中定容至刻度，混匀，4 ℃条件下避光保存，有效期为 1 个月。

（4）标准工作溶液：使用时配制。

①标准溶液 A（2.00×10^2 mg/L）。准确移取 20.0 mL 三聚氰胺标准贮备溶液，置于

100 mL 容量瓶中，用水稀释至规定的刻度，混匀。

②标准溶液 B（0.50 mg/L）准确。移取 0.25 mL 标准溶液 A，置于 100 mL 容量瓶中，用水稀释至规定的刻度，混匀。

③按照表 5-9-1 所示分别移取不同体积的标准溶液 A 于容量瓶中，用水稀释至规定的刻度，混匀。按表 5-9-2 所示分别移取不同体积的标准溶液 B 于容量瓶中，用水稀释至规定的刻度，混匀。

表5-9-1　标准工作溶液配制（高浓度）

标准溶液 A 体积 /mol	0.10	0.25	1.00	1.25	5.00	12.5
定容体积 /mol	100.0	100.0	100	50.0	50.0	50.0
标准工作溶液浓度 /（mg/L）	0.20	0.50	2.00	5.00	20.0	50.0

表5-9-2　标准工作溶液配制（低浓度）

标准溶液 B 体积 /mol	1.00	2.00	4.00	20.00	40.00
定容体积 /mol	100.0	100.0	100.0	100.0	100.0
标准工作溶液浓度 /（mg/L）	0.005	0.01	0.02	0.10	0.20

（5）磷酸盐缓冲液（0.05 mol/L）：称取 6.8 g 磷酸二氢钾（精确至 0.01 g），加水 800 mL 完全溶解后，用磷酸（H_3PO_4）调节 pH 值至 3.0，用水稀释至 1 L，用滤膜过滤后备用。

（6）一次性注射器：2 mL。

（7）滤膜：水相，0.45 μm。

（8）针式过滤器：有机相，0.45 μm。

（9）具塞刻度试管：50 mL。

二、仪器

（1）液相色谱仪：配有紫外检测器 / 二极管阵列检测器。

（2）分析天平：感量 0.000 1 g 和 0.01 g。

（3）pH 计：测量精度 ±0.02。

（4）溶剂过滤器。

任务实施

步骤一：试样的制备

称取混合均匀的 15 g 原料乳样品（准确至 0.01 g），置于 50 mL 具塞刻度试管中，加入 30 mL 乙腈，剧烈振荡 6 min，加水定容至满刻度，充分混匀后静置 3 min，用一次性注射器吸取上清液用针式过滤器过滤后，作为高效液相色谱分析用试样。

步骤二：高效液相色谱测定

（1）色谱条件。

①色谱柱：强阳离子交换色谱柱，SCX，250 mm × 4.6 mm（i.d.），5 μm，或性能相当者。

注：宜在色谱柱前加保护柱（或预柱），以延长色谱柱使用寿命。

②流动相：磷酸盐缓冲溶液——乙腈，混匀。

③流速：1.5 mL/min。

④柱温：室温。

⑤检测波长：240 nm。

⑥进样量：20 μL。

（2）液相色谱分析测定。

①仪器的准备。开机，用流动相平衡色谱柱，待基线稳定后开始进样。

②定性分析。依据保留时间一致性进行定性识别的方法。根据三聚氰胺标准物质的保留时间，确定样品中三聚氰胺的色谱峰。必要时应采用其他方法进一步定性确证。

③定量分析校准方法为外标法。

校准曲线制作。根据检测需要，使用标准工作溶液分别进样，以标准工作溶液浓度为横坐标，以峰面积为纵坐标，绘制校准曲线。

试样测定。使用试样分别进样，获得目标峰面积。根据校准曲线计算被测试样中三聚氰胺的含量（mg/kg）。

试样中待测三聚氰胺的响应值均应在方法线性范围内。

注：当试样中三聚氰胺的响应值超出方法的线性范围的上限时，可减少称样量再进行提取与测定。

按以上步骤，对同一样品进行平行试验测定和空白试验（除不称取样品外，均按上述步骤同时完成空白试验）。

（3）结果计算。按下列公式计算：

$$X=\frac{A\times c\times V\times 1\,000}{As\times m\times 1\,000}\times f$$

式中：X——试样中三聚氰胺的含量（mg/kg）；

A——样液中三聚氰胺的峰面积；

c——标准溶液中三聚氰胺的浓度（μg/mL）；

V——样液最终定容体积（mL）；

As——标准溶液中三聚氰胺的峰面积；

m——试样的质量（g）；

f——稀释倍数。

通常情况下计算结果保留 3 位有效数字；结果在 0.1~1.0 mg/kg 时，保留 2 位有效数字；结果小于 0.1 mg/kg 时，保留 1 位有效数字。

（4）判定标准。本方法定量检测范围为 0.30~100.00 mg/kg，方法检测限为 0.05 mg/kg。

任务检测

扫描二维码答题。

项目五任务九任务检测

任务评价

工作任务完成过程评价

班级：________　学号：________　姓名：________　总分：________

项目	评价方法	分数	自我评价	小组评价
任务目标达成度	服从安排，积极主动，认真负责	10 分		
任务完成度	方法正确，内容明确	20 分		
知识掌握精准度	方法正确，内容明确	20 分		
技术操作规范度	方法正确，内容明确	30 分		
岗位需求适应度	方法正确，内容明确	20 分		
合计		100 分		

任务十　乳中抗生素残留检验

任务导入

乳中有抗生素存在，则检样中虽加菌液培养物，但因细菌的繁殖受到抑制，因此指示剂 TTC 不还原，不显色。与此相反，如果没有抗生素存在，则加入菌液即行增殖，TTC 被还原而显红色，也就是说检样呈乳的原色时为阳性，呈红色为阴性，从而可以判定有无抗生素残留。

任务准备

水浴锅、灭菌试管、灭菌吸管、恒温培养箱、嗜热乳酸链球菌、4% TTC 指示剂（称取 TTC1 g，溶于 5 mL 灭菌蒸馏水中，装褐色瓶内于 7 ℃冰箱保存，临用时用灭菌蒸馏水稀释至 5 倍。如遇溶液变为玉色或淡褐色，则不能再用）、脱脂乳、被检乳样。

任务实施

步骤一：菌液制作

将菌种移种脱脂乳，经 36 ℃ ± 1 ℃培养 15 h 后，以灭菌脱脂乳 1 ∶ 1 稀释待用。

步骤二：检验程序确定

抗生素残留检验程序如图 5-10-1 所示。

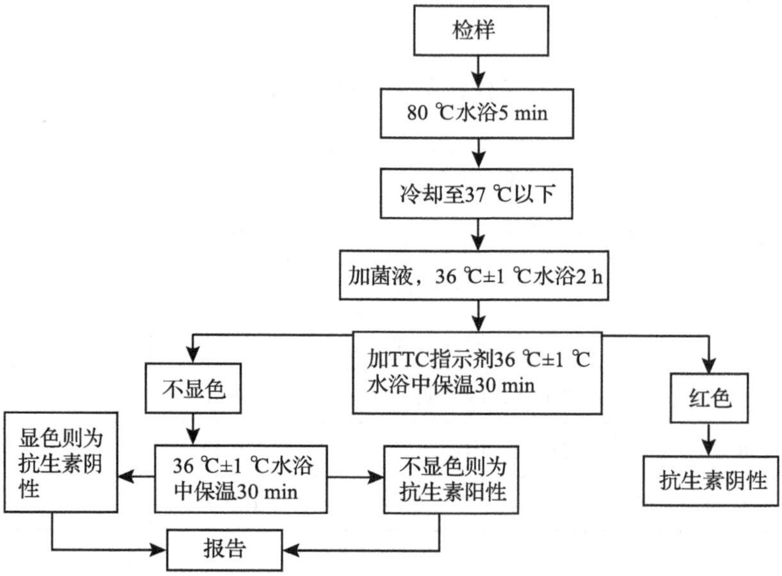

图 5-10-1　抗生素残留检验程序

步骤三：检验测定

（1）操作步骤。取乳样 9 mL，置于试管内，置 80 ℃水浴中加热 5 min。然后冷却至 37 ℃以下，加入菌液 1 mL，36 ℃ ± 1 ℃水浴锅中培养 2 h。加入 4% TTC 指示剂 0.3 mL，置 36 ℃ ± 1 ℃水浴中培养 30 min。观察牛乳颜色的变化。

（2）结果判定：加入 TTC 指示剂并于水浴中保温 30 min 后，如检样呈红色反应，说明无抗生素残留，即报告结果为阴性；如检样不显色，再继续保温 30 min 做第二次观察，如仍不显色，则说明有抗生素残留，即报告结果为阳性，反之则为阴性。显色状态判断标准如表 5-10-1 所示。

表5-10-1　显色状态判断标准

显色状态	判断
未显色者	阳性
微红色者	可疑
桃红色→红色	阴性

（3）注意事项。掌握好观察时间，第一次观察时间应在加入 TTC 后 30 min，这一时间

既不宜过短，也不宜过长，过短则显色尚未充分，过长则不仅延长了检验时间，也会错失显色高峰。检验过程中应防过多的光照。因 TTC 试剂需避光照，所以在试管内加入 TTC 试剂后的检验过程，宜在光线较暗处进行。每次取出观察时，动作要快，以防光照的干扰。

任务检测

扫描二维码答题。

项目五任务十任务检测

任务评价

工作任务完成过程评价

班级：______ 学号：______ 姓名：______ 总分：______

项目	评价方法	分数	自我评价	小组评价	教师评价
任务目标达成度	服从安排，积极主动，认真负责	10 分			
任务完成度	方法正确，内容明确	20 分			
知识掌握精准度	方法正确，内容明确	20 分			
技术操作规范度	方法正确，内容明确	30 分			
岗位需求适应度	方法正确，内容明确	20 分			
合计		100 分			

项目六 蛋与蛋制品的卫生检验

项目导读

蛋作为人类主要的动物性食品之一，可以给人体提供必需的各种的营养成分，比如蛋白质、脂肪以及维生素等。但是，不符合卫生要求的蛋类不仅会引起人类食物中毒，还可以成为禽类疾病流行的因素。因此，加强蛋类的卫生检验，是非常重要的。

知识目标

（1）掌握蛋新鲜度的检验方法与劣质蛋的鉴定和处理方法。
（2）熟悉蛋制品的加工卫生检验。
（3）了解蛋的构造与化学组成。

技能目标

掌握蛋新鲜度和蛋制品的卫生检验的具体方法。

素质目标

能完成鲜蛋和蛋制品的卫生检验，正确判定其品质。

思政目标

熟知严谨细致的工作作风，不仅能够圆满完成本职工作，还可以有助于产品质量的提高。

任务一　鲜蛋的卫生检验

任务导入

蛋的卫生质量主要依据感官指标进行判定。在实验室中经常进行的检查项目有蛋的灯光透视检验、蛋相对密度测定、荧光检验、哈夫单位测定、蛋黄指数测定等这些指标具有很强的直观性和时间操作性，在生产中用于蛋的卫生检验。

任务准备

一、蛋的形态结构

禽类的蛋均呈卵圆形。纵切面为一头稍尖一头稍钝的椭圆形，横切面为圆形。横径与长径之比称为蛋形指数。鸡蛋的蛋形指数为 71%~76%，鸭蛋为 63%~83%。商品蛋中破蛋、裂纹蛋的多少与蛋形指数有一定关系。蛋形指数越小，蛋越不耐压而易破裂。蛋的纵轴向较横轴向耐压，所以在装箱时，蛋应直立存放，以免在运输中震动和挤压而破裂。

蛋主要由蛋壳、蛋白及蛋黄三部分组成（图 6–1–1）。

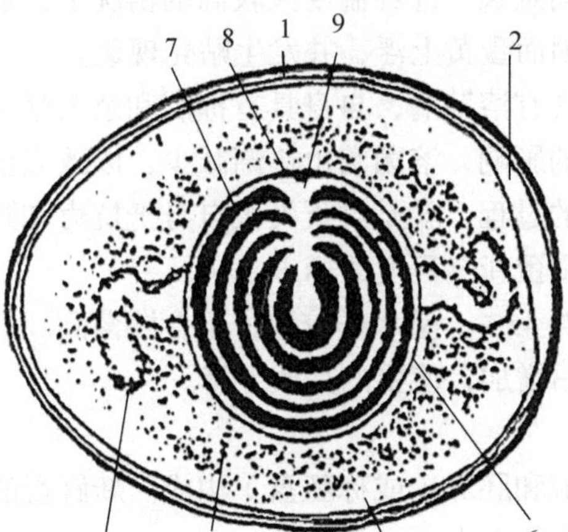

1—硬壳及壳内膜；2—气室；3—稀薄蛋白层；4—浓厚蛋白层；
5—系带；6—系带蛋白层；7—蛋黄；8—胚胎；9—白蛋黄。

图 6–1–1　蛋的构造

（一）蛋壳

蛋壳是包裹在蛋内容物外面的壳内膜、硬蛋壳和壳外膜的总称。蛋壳的颜色与禽蛋的种类和品种有关，与营养成分关系不大。鸡蛋因品种不同而呈白色或深浅不同的褐色，而鸭蛋和鹅蛋一般均呈青灰色或白色。蛋壳的厚度与家禽的种类、品种及饲养条件有关，鸡蛋平均厚度为 0.35 mm，鸭蛋壳为 0.43 mm，鹅蛋壳为 0.62 mm。鸡褐色蛋的蛋壳较厚，白色蛋的蛋壳较薄。

（1）壳外膜。在硬蛋壳表面涂布着一层胶性干燥黏液，称壳外膜。它是一种无定形、透明、可溶性的胶质蛋白，干固而呈粉末状，粘贴在蛋壳表面。它可阻止微生物的侵入和防止蛋内水分的蒸发。壳外膜是一种水溶性的胶质膜，若遇潮湿、雨淋、水洗或摩擦，将会溶解或脱落而消失，因而失去保护作用。

（2）硬蛋壳。硬蛋壳又叫石灰质硬蛋壳，是包裹在蛋内容物外面的一层硬壳，它使蛋保持着固定的形状，并保护着蛋白和蛋黄。硬蛋壳由碳酸钙（占 94%）、碳酸镁、磷酸钙、磷酸镁等无机物和少量有机物组成，质脆而不耐碰撞和挤压。

（3）壳内膜。轻轻将硬蛋壳击破，并将硬蛋壳剥去后，即可见到在硬蛋壳的里面有一层白色的半透明的网状薄膜包裹着蛋内容物，这就是壳内膜。壳内膜分为两层，外层紧贴硬蛋壳内壁，称蛋壳膜，较厚，结构致密，细菌不易通过。内层包裹着蛋白，称蛋白膜，较薄，结构疏松，细菌能自由通过。

（二）蛋白

蛋白又叫蛋清，它是由胶体构成的，是蛋白质的典型代表，约占蛋内容物的 60%。蛋白在蛋黄周围以同心层形式积累。蛋白分为浓蛋白和稀蛋白两种，共有四层结构，由外向内依次为外稀蛋白、外浓蛋白、内稀蛋白和内浓蛋白。

系带与紧裹在蛋黄外的系带层浓蛋白相连，位于蛋白的纵轴、蛋黄的两端，具有固定蛋黄的作用。当蛋存放时间延长，外界温度又较高的情况下，系带受蛋白酶的作用被溶解而失去固定卵黄的作用，因而蛋黄上浮，并发生贴壳现象。

浓蛋白呈浓稠胶状，含有溶菌酶，自身具有抑制和杀灭微生物的作用，随着蛋存放时间的延长，或受较高气温的影响，溶菌酶也逐渐减少，以致完全消失，蛋便失去了抑菌和杀菌的能力。浓蛋白变稀的过程，就是鲜蛋失去自身抵抗力和开始陈化及变质的过程。因此，浓蛋白的多少也是衡量蛋新鲜程度的标志之一。

稀蛋白约占蛋白总量的 45%，呈水样胶体，不含溶菌酶。当蛋存放较久或环境温度较高时，浓蛋白减少而稀蛋白增加，使蛋的品质下降。

（三）蛋黄

蛋黄由蛋黄膜、蛋黄液和胚珠（或称胚盘）构成。新鲜蛋的蛋黄呈球形，两端由系带牵连，所以总是被固定在蛋的中央。

（1）蛋黄膜。为一层透明而韧性很强的薄膜，紧裹着蛋黄液，所以新鲜蛋的蛋黄紧缩呈球形。蛋黄膜起着保护蛋黄和胚珠的作用，防止蛋黄与蛋白混合。打开鲜蛋，将内容物置于平板上，可见蛋黄高高隆起。随着贮存时间的延长，蛋黄膜韧性降低，弹性减弱，蛋黄在平板上的高度降低而呈扁平状。若蛋黄膜的韧性和弹性显著降低时，蛋黄内容物外溢，形成散黄蛋。如果因微生物侵入，在细菌酶的作用下使蛋白质分解和蛋黄膜破裂，则形成泻黄蛋。因此，蛋黄膜韧性的大小和完整与否，也是蛋新鲜度的标志之一。

（2）蛋黄液。蛋黄液是一种鲜黄色半透明胶状物，约占蛋总重量的 32%。蛋黄液有黄色和浅黄色两种，彼此相间，由里向外分层排列成非完全封闭式球状。在蛋黄液的中心部分为白蛋黄，形似细颈瓶状，称为淡蛋黄柱或蛋黄芯。淡蛋黄柱向外延伸至蛋黄膜下，其喇叭形的口部托着胚珠。煮熟的蛋，在蛋黄与蛋白之间有层灰绿色的物质，这是蛋白质中的硫化氢与铁化合形成的产物。

（3）胚珠或胚盘。在蛋黄表面的蛋黄芯喇叭口部有一乳白色的小点，为次级卵母细胞，未受精或完全新鲜蛋的次级卵母细胞呈圆形，叫胚珠，直径约 2.5 mm；受精卵经多次分裂后形成胚盘，直径 3.0~3.5 mm。当环境温度达 25 ℃以上时，胚胎逐渐发育增大，蛋的品质随之下降。

二、蛋在保藏时的变化

（一）蛋的污染

家禽的生殖器官与泄殖腔相邻，所以蛋在检验时常常检出具有多种细菌和霉菌，其中包括致病菌和引起人类食物中毒的病原菌。在贮藏过程中，由于温度、湿度等因素的影响，从而引起蛋的变质。

1. 微生物污染

蛋被微生物污染后，在适宜的条件下，微生物迅速生长繁殖，并释放出蛋白水解酶，使蛋白发生溶解、蛋黄破裂，黄白混合，蛋壳膜形成霉斑，蛋白变黑，并具有霉味。

2. 化学污染

蛋白质分解产生硫化氢，可使蛋白变为绿色甚至黑绿色，蛋黄也由橘黄色变为黑绿色或黑色的液状物，并发出浓厚的臭蛋气味，可以引起人体过敏反应。

（二）蛋在保藏过程中的变化

蛋在保藏过程中，由于外界温度、湿度、包装材料的状态、收购时蛋的品质和保存时间等的影响，会使蛋发生物理、生理、化学变化和腐败变质。

1. 物理变化

物理变化包括重量、气室、蛋白和蛋黄的变化。随着时间的推移，壳外膜逐渐消失，气孔暴露，蛋内水分蒸发，使蛋的重量减轻，气室扩大。蛋白层的比例发生显著变化，浓蛋白减少，稀蛋白逐渐增加，蛋的耐存性也大大降低。由于蛋黄膜的弹性下降，使蛋黄的高度明显降低，蛋黄指数减少。蛋黄指数（又称蛋黄系数）是指蛋黄高度与蛋黄横径的比值。正常鲜蛋的蛋黄指数在 0.44 以上，当蛋黄指数下降到 0.36 以下时，蛋黄膜就会破裂。

2. 生理变化

蛋在贮存期间，若贮存温度较高，则使受精蛋的胚胎周围形成血丝，发育形成雏禽；若是未受精蛋，则使未受精的胚珠出现膨胀现象（热伤蛋）。

3. 化学变化

蛋在贮存期间，pH 值不断发生变化，尤其是蛋白 pH 值变化较大。一般情况下，鲜蛋白的 pH 值为 7.8~8.0。在贮存初期，由于 CO_2 的快速蒸发，可使 pH 值上升到 8.5 左右，但随着贮存时间延长，蛋白质被蛋白酶分解，产生小分子的酸性物质，反而使 pH 值下降，可降到 7 左右。蛋黄的 pH 值也发生缓慢变化。蛋随贮存时间延长，蛋内含氨量、游离脂肪酸、可溶性磷酸都会不同程度地增加。

4. **蛋的腐败变质**

当微生物侵入蛋内生长繁殖时，释出蛋白水解酶，使蛋白逐渐水解，导致蛋白黏度消失，蛋黄的位置改变。蛋黄膜失去韧性而破裂，形成散黄蛋。而后蛋白质先被分解为氨基酸，继而形成酰胺、氨和硫化氢等，使蛋产生强烈的臭气，并形成某些有毒性的活性物质。由于氨和硫化氢不断积聚，最终引起蛋壳的爆裂。

为防止蛋的腐败变质，应采取包括保持蛋禽的健康，改善贮蛋的卫生条件，杀灭蛋壳表面及环境中的微生物，控制蛋的贮存环境的温度和湿度等综合性措施。

任务实施

步骤一：样品的采集

由于经营鲜蛋的环节多，数量大，往往来不及一一进行检验，故可采取抽样的方法进行检验。对长期冷藏的鲜蛋、化学方法贮藏的鲜蛋，在贮存过程中也应经常进行抽检，以便发现问题及时处理。

采样数量，50 件以内者，抽检 2 件；50~100 件者，抽检 4 件；101~500 件者，每增加 50 件增抽 1 件（所增不足 50 件者，按 50 件计）；500 件以上者，每增加 100 件增抽 1 件（所增不足 100 件者，按 100 件计算）。

步骤二：感官检验

主要凭借检验人员的感觉器官（视觉、听觉、触觉、嗅觉）来鉴别蛋的质量。

1. **检验方法**

依次拿出待检蛋，观察其形态、大小、色泽、蛋壳的完整性和清洁度等情况；用手指摸蛋的表面和掂重，必要时可用手握住蛋互相碰撞听其响声；还可嗅闻蛋有无异常气味，最后将蛋打破轻轻倒入平皿内，观察蛋白和蛋黄的状态。

2. **蛋新鲜度的判定**

（1）新鲜蛋。蛋壳表面常有一层粉状物，蛋壳完整而清洁，无粪污、无斑点；蛋壳无凹凸而平滑，壳壁坚实，相碰时发出清脆音而不发哑声；手感发沉。

（2）破蛋类。

①裂纹蛋（哑子蛋）。鲜蛋受压或震动使蛋壳破裂成缝而壳内膜未破，将蛋握在手中相碰发出哑声。

②硌窝蛋。鲜蛋受挤压或震动使鲜蛋蛋壳局部破裂凹陷而壳内膜未破。

③流清蛋。鲜蛋受挤压、碰撞而破损，蛋壳和壳内膜破裂而蛋白液外流。

（3）劣质蛋。外观往往在形态、色泽、清洁度、完整性等方面有一定的缺陷。例如，腐败蛋外壳常呈乌灰色；受潮发霉蛋外壳多污秽不洁，常有大理石样斑纹；经孵化或漂洗的蛋，外壳异常光滑，气孔较显露。腐败变质的蛋甚至可嗅到腐败气味。

鲜蛋的质量标准如表 6–1–1 和表 6–1–2 所示。

表6-1-1 鲜蛋感官指标

项 目	指 标
色泽	具有禽蛋固有的色泽
组织形态	蛋壳清洁、无破裂，打开后蛋黄凸起、完整、有韧性，蛋白澄清透明、稀稠分明
气味	具有产品固有的气味，无异味
杂质	无杂质，内容物不得有血块及其他鸡组织异物

表6-1-2 鲜蛋理化指标

项 目	指 标
无机砷（As）/（mg/kg）	≤ 0.05
铅（Pb）/（mg/kg）	≤ 0.2
镉（Cd）/（mg/kg）	≤ 0.05
总汞（以 Hg 计）/（mg/kg）	≤ 0.05
六六六	按 GB 2763 规定执行

步骤三：灯光透视检验

在灯光透视下，可根据蛋壳、气室高度、蛋白、蛋黄、系带和胚胎的状况，鉴别蛋的品质。

1. 检验方法

（1）照蛋检验是在暗室里或弱光的环境中进行，方法是将蛋的大头紧贴照蛋器的洞口上，使蛋的纵轴与照蛋器约呈 30° 角倾斜，先观察气室大小和内容物透光程度，然后上下左右移动，根据内容物移动来判断气室的稳定状态和蛋黄、胚盘的稳定程度以及蛋内有无污斑、黑点和游动物等。

（2）气室测量蛋在贮存过程中，由于蛋内水分不断蒸发，会使气室空间日益增大。因此，测定气室的高度，有助于判定蛋的新鲜程度。

2. 蛋新鲜度的判定

（1）最新鲜蛋。透视全蛋呈橘红色，蛋黄不显现，内容物不流动，气室高度在 4 mm 以内。

（2）新鲜蛋。透视全蛋呈红黄色，蛋黄所在处颜色稍深，蛋黄稍有转动，气室高度为 5~7 mm，系产后约 2 周以内的蛋。

（3）普通蛋。内容物呈红黄色，蛋黄阴影清楚，能够转动，且位置上移，不再居于中央。气室高度在 10 mm 以内，且能移动为产后 2~3 个月的蛋。

（4）可食蛋。因浓蛋白完全水解，蛋黄显见，易摇动，且上浮而接近蛋壳（靠蛋黄）。气室移动，高度达 10 mm 以上。

（5）次品蛋（结合将蛋打开检查）。

①热伤蛋。鲜蛋因受热时间较长，胚胎变大，但胚胎不发育（胚胎死亡或未受精）。

照蛋可见胚胎增大，但无血管。

②早期胚胎发育蛋。受精蛋因受热或孵化而使胚胎发育。照蛋时，轻者呈现鲜红色小血圈（血圈蛋），稍重者血圈扩大，并有明显的血丝（血丝蛋）。

③红贴壳蛋。蛋在贮存时未翻动或受潮所致。蛋白变稀，系带松弛。因蛋黄比重小于蛋白，蛋黄上浮，且靠边贴于蛋壳上。照蛋时见气室增大，贴壳处呈红色。打开后蛋内壁可见蛋黄粘连痕迹，蛋黄与蛋白界限分明，无异味。

④轻度黑贴壳蛋。红贴壳蛋形成日久，贴壳处变黑，照蛋时贴壳部分呈黑色阴影，其余部分仍呈深红色。打开后可见贴壳处有黄中带黑的粘连痕迹，蛋黄与蛋白界限分明，无异味。

⑤散黄蛋。蛋受剧烈震动或蛋贮存时空气不流通，受热受潮，蛋白变稀，蛋黄膜破裂。照蛋时，蛋黄不完整或呈不规则云雾状。打开后黄白相混，但无异味。

⑥轻度霉蛋。蛋壳外表稍有霉迹。照蛋时见壳膜内壁有霉点，打开后蛋液内无霉点，蛋黄、蛋白分明，无异味。

⑦绿色蛋白蛋。透视时蛋白发绿，蛋黄完整；打开后除蛋白颜色发绿外，其他与鲜蛋无异，这是由饲料原因造成的。

（6）变质蛋和孵化蛋。

①重度黑贴壳蛋。由轻度黑贴壳蛋发展而成，其粘贴着的黑色部分超过蛋黄面积1/2，蛋液有异味。

②重度霉蛋。外表霉迹明显。照蛋时见内部有较大黑点或黑斑。打开后蛋膜及蛋液内均有霉斑，蛋白液呈胶冻样霉变，并带有严重霉气味。

③泻黄蛋。蛋贮存条件不良，细菌侵入所致。引起蛋黄膜破裂而使蛋黄与蛋白相混。照蛋时蛋内透光度差，呈灰黄色。打开后蛋液呈灰黄色，变稀，有不愉快气味。

④黑腐蛋。又称老黑蛋、臭蛋，是由上述各种劣质蛋和变质蛋继续变质而成。蛋壳呈乌灰色，甚至因蛋内产生的大量硫化氢气体而膨胀破裂。照蛋时全蛋不透光，呈灰黑色。打开后蛋黄、蛋白分不清，呈暗黄色、灰绿色或黑色水样弥漫状，并有恶臭味或严重霉味。

⑤晚期胚胎发育蛋（孵化蛋）。照蛋时，在较大的胚胎周围有树枝状血丝、血点，或者已能观察到小雏的眼睛，或者已有成形的死雏。

步骤四：蛋比重的测定

蛋在贮存过程中，由于蛋内水分不断蒸发和CO_2的逸出，使蛋的气室逐渐增大，密度降低。可利用不同密度的盐水，观察蛋在其中沉浮的情况，推知蛋的比重。

1. 操作方法

先把蛋放在比重为1.073（约含食盐10%）的食盐水中，观察其沉浮情况。若沉入食盐水中，再移入比重为1.080（约含食盐11%）的食盐水中，观察其沉浮情况；若在比重为1.073的食盐水中漂浮，则移入1.060（约含食盐8%）的食盐水中，观察沉浮情况。

2. 新鲜度判定

（1）在比重为1.073的食盐水中下沉的蛋，为新鲜蛋。

（2）在比重为 1.080 的食盐水中仍下沉的蛋，为最新鲜蛋。

（3）在比重为 1.073 和 1.080 的食盐水中都不下沉的蛋，而只在比重为 1.060 食盐水中下沉的蛋，表明介于新陈之间，为次鲜蛋。

（4）如在上述 3 种食盐水中都悬浮不沉，则为陈蛋或腐败蛋。

步骤五：哈夫单位测定

哈夫单位系蛋白高度对蛋重的比例指数，哈夫单位的测定是根据蛋白的高度与蛋重之间的回归关系来计算出一个蛋的蛋白高度。以此来衡量蛋品质的好坏。哈夫单位越高，表示蛋白黏稠度越大，蛋的品质越好。

步骤六：蛋黄指数的测定

蛋黄指数代表蛋黄的强度大小，可用来判断蛋的新鲜度。蛋越新鲜，蛋黄膜包得越紧，蛋黄指数越高；反之，蛋黄指数越低。新鲜蛋的蛋黄指数一般为 0.36~0.44。

步骤七：pH 值的测定

蛋在贮存过程中，由于蛋内 CO_2 逸出，加之蛋白质在微生物和酶的作用下，产生氨和氨态化合物，使蛋内 pH 值上升。因此测定蛋白和全蛋的 pH 值，有助于蛋新鲜度的检验。

将蛋打开，取 1 份蛋白（全蛋或蛋黄）与 9 份蒸馏水混合，用酸度计测定其 pH 值。

新鲜蛋的 pH 值：蛋白 7.2~7.6，蛋黄 5.8~6.0，全蛋 6.5~6.8。

步骤八：鲜蛋的质量评定

1. 内销鲜蛋的质量评定

（1）一级蛋。鸡蛋、鸭蛋、鹅蛋均不分大小，以新鲜、清洁、干燥、无破损为主要标准（仔鸭蛋除外）。在夏季，鸡蛋虽有少量小血圈、小血筋，仍可看作一级蛋。

（2）二级蛋。质量新鲜，蛋壳上的泥污、粪污、血污面积不超过 50%。

（3）三级蛋。新鲜雨淋蛋、水湿蛋（包括洗白蛋）、仔鸭蛋（每 10 个不足 400 g 不收）和污壳面积超过 50% 的鸭蛋。

2. 出口鸡蛋的分级标准

依据蛋的重量以及蛋壳、气室、蛋白、蛋黄、胚胎的状况而分为三级（表 6–1–3）。

表6–1–3 出口鸡蛋分级标准

项目		一级蛋	二级蛋	三级蛋
蛋重	单个重	60 g 以上	50 g 以上	38 g 以上
	10 个重	不少于 600 g	500 g 以上	380 g 以上
蛋壳		清洁、坚固、完整	清洁、坚固、完整	污蛋不大于全蛋的 1/10
气室		高度 5 mm 以上者 不超过全蛋的 10%	高度 5 mm 以上者 不超过全蛋的 10%	高度 7~8 mm， 不大于全蛋的 1/4
蛋白		色清明、浓厚	色清明、较浓厚	色清明、稍稀薄
蛋黄		不显露	略明显，但仍坚固	明显而移动
胚胎		不发育	不发育	微有发育

步骤九：鲜蛋的卫生评价

（1）新鲜蛋可鲜售供食用。

（2）一类次蛋。裂纹蛋、硌窝蛋、轻度流清蛋、热伤蛋、血圈蛋、血筋蛋，应标明品质，限期销售。二类次蛋（血环蛋、严重流清蛋、红贴壳蛋、轻度黑贴壳蛋、散黄蛋、轻度霉蛋、血筋蛋）不许鲜售，可供高温制品利用。

（3）变质和劣质蛋。例如，泻黄蛋、黑腐蛋、重度霉蛋、重度黑贴壳蛋、孵化蛋、细菌性绿色蛋白蛋，均不得供食用，可作非食品工业用或作肥料。孵化蛋，原则上按上述劣质蛋处理，但有食用习惯的地区，经当地卫生部门同意后，按规定条件方可供食用。为防止由水禽蛋引起沙门氏菌食物中毒，在制作冰淇淋、奶油点心、煎蛋饼、煎荷包蛋等时，不得使用鸭蛋或鹅蛋。

（4）CO_2 保藏蛋。用浓度较高的 CO_2 保藏的鲜蛋，在销售、加工或食用之前，应先放置一定时间，使其异味散发。

（5）细菌检验。凡发现肠道致病菌、沙门氏菌、志贺氏菌的蛋不得销售。应在卫生部门监督下，供高温制品利用，但必须保证充分加热煮熟烧透，并防止生熟交叉污染。此外，也可按有关规定，制作冰蛋、干蛋制品。

任务检测

扫描二维码答题。

项目六任务一任务检测

任务评价

工作任务完成过程评价

班级：________ 学号：________ 姓名：________ 总分：________

项目	评价方法	分数	自我评价	小组评价	教师评价
任务目标达成度	服从安排，积极主动，认真负责	10分			
任务完成度	方法正确，内容明确	20分			
知识掌握精准度	方法正确，内容明确	20分			
技术操作规范度	方法正确，内容明确	30分			
岗位需求适应度	方法正确，内容明确	20分			
合计		100分			

任务二　蛋制品的卫生检验

任务导入

将鲜蛋加工成蛋制品，主要是为了延长蛋的保存时间，还可以改善风味，能满足不同消费者的需求，所以蛋制品在动物性食品加工业中占有重要的地位，主要包括冰蛋品、干蛋品和再制蛋。除冰蛋品和咸蛋在食用前需加热烹调外，其他蛋制品一般为直接食用的食品，其卫生质量直接关系着广大消费者的身体健康。因此，对蛋制品加工过程中的卫生监督和产品的卫生检验，具有十分重要的意义。

任务准备

一、再制蛋的卫生检验

再制蛋主要包括皮蛋、咸蛋和糟蛋3种，都是我国传统的禽蛋制品，不仅在国内有很大的消费市场，而且在国际市场上的销路也很广，是我国蛋制品出口的拳头产品。

（一）咸蛋的卫生检验

1. 加工卫生

咸蛋又名盐蛋、腌蛋、味蛋，咸蛋与新鲜蛋相比，其应用价值极为接近，咸蛋制作简便，费用低廉，耐贮藏，四季均可食用，尤其是夏令佳肴。煮熟后的咸蛋，蛋白细嫩，蛋黄鲜红，油润松沙，清爽可口，咸度适中，深受消费者的喜爱。江苏高邮的咸蛋，全国闻名，远销国外。咸蛋的加工方法有很多，主要有稻草灰腌制法、盐泥涂包法、盐水浸渍法。

（1）原料蛋的挑选。加工咸蛋的原料应选择蛋壳完整的新鲜蛋，只有用新鲜的原料蛋才能加工出品质优良的咸蛋。因此，加工咸蛋用的鲜蛋应经过严格检验，挑选的方法一般采用感官检验、照蛋检验和大小分级。

（2）辅料的卫生要求。咸蛋加工的主要辅料是食盐。食盐的作用是增加蛋的耐藏性，并使其具有一定的风味，因而咸蛋便由贮蛋方法变成了加工再制蛋的方法。黄泥和草木灰能使食盐在较长的时间内均匀地向蛋内渗透，并可阻止微生物向蛋内进入，也有助于防止咸蛋在贮存、运输、销售过程中的破损。加工咸蛋的食盐要求纯净，氯化钠含量高（96%以上），必须是食用盐，不能用工业盐加工咸蛋。草木灰和黄泥要求干燥，无杂质，受潮霉变和杂质多的不能使用。加工用水达到生活饮用水卫生标准。

2. 卫生检验

（1）感官检验。就是对成批的咸蛋进行感官检查，看包着的灰泥是否过于干燥，有无脱落现象，是否破损。检验咸蛋的成熟程度，也就是咸味是否适中，以决定是否还要继续腌制。

（2）光照透视检验。一般抽咸蛋样品 5% 左右，除去包着的灰、泥后灯光透视。正常的蛋可见透亮鲜明，蛋黄红色带黄，随蛋的转动而转动，蛋白清晰。

（3）摇晃检验。将咸蛋拿在手中，轻轻摇动，听到有拍水声的是成熟的蛋（因盐分渗入，蛋白呈水样所致），无振荡拍水声的是混蛋。

（4）去壳检验。抽取几枚蛋，打开蛋壳，见蛋白、蛋黄分明，蛋白水样透明，蛋黄坚实，色红或橙黄者为好蛋；略有腥气味，蛋黄不坚实的为未成熟蛋；蛋黄、蛋白不清，蛋黄发黑，有臭气的是变质咸蛋。

（5）煮熟后检验。取几枚样品蛋洗净后煮熟，良质咸蛋的蛋壳完整，烧煮的水洁净透明，切开后蛋白鲜嫩洁白，蛋黄坚实，色红或橙黄，周围有油珠；裂纹蛋有蛋白外溢凝固，烧煮水浑浊；变质蛋烧煮时炸裂，内容物全黑或黑黄，煮蛋的水浑浊而有臭气。

3. 感官质量的评定

（1）良质咸蛋。蛋壳完整，无裂纹，无发霉现象；轻摇时因蛋白稀薄流动而有轻度水荡声；灯光透视时蛋白透明而无斑点，气室小，蛋黄缩小；打开后，见蛋白稀薄，浓蛋白层消失、透明，蛋黄呈红色或淡红色，浓缩，黏度增加，但不硬固。煮熟后有香味，蛋黄呈朱砂色，富有油脂，食时有沙感，咸淡适中而无异味。

（2）次劣变质咸蛋

①泡花蛋。透视时可见内容物有水泡花，并能随蛋转动，煮熟后蛋内容物呈蜂窝状。产生的原因主要是鲜蛋检验时没能剔除水泡蛋，另外贮藏时间过长也是原因之一，这种蛋仍可食用。

②混黄蛋。混黄蛋是由于原料蛋不新鲜，盐分含量不足，加工后存放时间过长所引起的，在透视时蛋内容物模糊不清，颜色发暗，打开后蛋白呈白色和淡黄色相混粥状物。蛋黄缩小或变形，外部呈乳白色，质地稀薄，带有恶臭。混黄蛋原则上禁止食用，初期如无腥味时，可煮熟后食用。

③黑黄蛋。在加工时，鲜蛋检验不严格，以及在腌制过程中温度过高所造成。轻度黑黄蛋，灯光透视时见蛋黄发黑，蛋白尚清晰透明，打开蛋后见蛋黄黑而硬，蛋白较清晰、透明，有腐败味。这种黑黄蛋称为“清水黑黄蛋”，应充分煮熟后食用。重度黑黄蛋，蛋黄与蛋白皆呈水样，呈黄黑或黑绿色，有强烈的臭味。这种黑黄蛋称“混水黑黄蛋”，严禁食用。

此外，还有损壳咸蛋、红贴壳咸蛋、黑贴壳咸蛋等，与鲜蛋检查时的特征和处理方法相同。

（二）皮蛋的卫生检验

1. 加工卫生

皮蛋又名松花蛋、彩蛋或变蛋。皮蛋在我国深受广大消费者的喜爱。

皮蛋因加工用料及条件不同，其产品有不同的种类。按蛋黄部分的软硬来分，有硬心皮蛋（俗称湖彩蛋）和溏心皮蛋（俗称京彩蛋）；按加工用禽蛋种类不同，可分为鸭皮蛋、鸡皮蛋和鹅皮蛋；按加工用辅料的不同，可分为有铅皮蛋、无铅皮蛋、烧碱皮蛋、五香皮蛋、糖皮蛋及清凉解毒皮蛋等。皮蛋的制作方法主要有生包法、浸泡法和涂抹法三种。

（1）原料蛋的挑选。加工皮蛋的原料蛋一般选用鸭蛋，也有用鸡蛋和鹅蛋的，原料蛋质量的好坏直接关系着成品皮蛋的质量。因此，在加工皮蛋前必须对原料蛋进行认真地挑选。具体检验方法与咸蛋加工的原料蛋挑选方法相同。

（2）加工辅料。鲜蛋在辅料的作用下，通过一系列的化学反应后而成为皮蛋。加工皮蛋的辅料主要有纯碱（或生石灰，或烧碱）、食盐、红茶末、植物灰（或干黄泥）、谷壳。加工含铅皮蛋时，还有氧化铅（黄丹粉）作为重要辅料。所有辅料都必须保持清洁、卫生。氧化铅的加入量要按有关规定执行，以免皮蛋中铅超出国家卫生标准，危害人体健康。

2. 卫生检验

（1）感官检验。皮蛋主要用作拼盘凉菜食用，所以对它的外观特征、色泽及滋味有严格的要求。

先仔细观察皮蛋外观（包泥、形态）有无发霉，敲摇检验时注意颤动感及响水声。皮蛋刮泥后，观察蛋壳的完整性（注意裂纹），然后剥开蛋壳，要注意蛋体的完整性，检查有无铅斑、霉斑、异物和松花花纹。剖开后，检查蛋白的透明度、色泽、弹性、气味、滋味，检查蛋黄的形态、色泽、气味、滋味。

（2）理化检验。皮蛋的理化检验项目有pH、游离碱度、挥发性盐基氮、总碱度、铅、砷等，其测定按5009.228—2016《食品安全国家标准 食品中挥发性盐基氮的测定》操作。

（3）微生物检验。皮蛋的微生物检验项目有菌落总数、大肠菌群和致病菌（系指沙门氏菌），其检验按GB 4789.2—2022、GB 4789.3—2016、GB 4789.4—2024操作。

3. 皮蛋感官质量的评定

（1）良质皮蛋。蛋外包泥或涂料均匀洁净，蛋壳完整无霉变，敲摇时不得有响水声。剖检时，蛋体完整，蛋白呈青褐、棕褐或棕黄色半透明体，有弹性，蛋黄呈深浅不同的绿色或黄色略带溏心或凝心。具有皮蛋应有的滋味和气味，无异味。

（2）次劣皮蛋。

①损壳皮蛋。皮蛋的蛋壳出现裂纹、凹壳、破壳、脱壳等现象，食用时碱味很浓，有涩味。当只见有裂纹、凹壳、蛋壳破裂而蛋体完整时，应及时食用。一旦发现蛋壳破裂，且蛋体部分脱落者，需经烧煮后方可食用。

②烂头皮蛋（又称碱伤蛋）。蛋白不坚韧，甚至有黑水，蛋黄结成黄色蜡丸样。这种碱伤皮蛋，轻微的可食用。生包蛋中有部分蛋壳完整，蛋白呈液状，蛋黄硬结，摇晃时有拍水声的碱伤蛋不能食用。

③回气皮蛋。蛋壳多数完整，但弹性差，气室大，色泽呈青黄色，无光泽，蛋白发黏。切开后见蛋黄有黑色液体流出，有异味。严重的回气皮蛋，稍加震动就会爆裂。回气皮蛋一般不能食用。

④响水皮蛋。在摇晃时有水响的声音，灯光透视时，蛋白不凝固或凝固不好，色浅，

有的蛋黄随蛋体的转动而转动，有的黄白混杂。严重者蛋内呈黑色。轻度的响水皮蛋与其他菜烹调后可食用，严重的响水皮蛋禁止食用。

⑤黄次皮蛋。这种蛋多发于冬天，其蛋白与蛋黄凝结正常，但是整个蛋体呈黄色，色、香、味较差。这种蛋对食用无害。

⑥呆白、寡绿皮蛋。蛋白呈呆白状态的叫呆白皮蛋，蛋白色泽绿而不鲜的叫寡绿皮蛋。这种蛋一般蛋壳完整，离壳不好，不宜作较长时期的存放。

⑦变质皮蛋。气室大，剖检时可见蛋黄有黑色液体流出，甚至只残留少部分蛋白和蛋黄，散发刺鼻的臭味。严重变质蛋因产硫化氢较多，稍加震动就会有爆裂声，变质皮蛋不允许食用。

（三）糟蛋的卫生检验

1. 加工卫生

糟蛋具有蛋壳柔软、蛋质细嫩、醇香可口、回味悠长的特点，是选用新鲜鸭蛋经裂壳后，用优质糯米制成的酒糟腌渍慢泡而成的一种再制蛋，是我国具有独特风味的产品。

（1）原料蛋的卫生要求。通过照蛋检验，剔除各种次劣蛋和变质蛋，选用新鲜、大小均匀的鸭蛋为原料，一般要求每 1 000 枚鸭蛋重 65~75 kg，并且按重量分级，以便成熟时间一致。将挑选的新鲜鸭蛋用清水刷洗净，蛋壳不得留有泥沙、禽粪、杂质和其他污物。洗净后单层放置，晾干水分。

（2）辅料的卫生要求。加工糟蛋的辅料主要有糯米及其酒糟、食盐、红砂糖。糯米是制作酒糟的原料，应选用优质糯米，以当年新米最好，要求色白，颗粒饱满，气味好，无杂米粒。这样的糯米制成的酒糟，能产生较多的酸、醇、糖。糯米制成酒糟需用酒药，制糟蛋用的酒药有绍药和甜药 2 种。食盐质量应符合卫生标准。红砂糖总糖分不应低于 89%。

2. 卫生检验

（1）良质糟蛋的感官质量。蛋形态完整，蛋膜无破裂，蛋壳脱落或基本脱落；蛋白呈乳白色、浅黄色，色泽均匀，呈糊状或凝固状；蛋黄完整，呈橘红色或黄色的半凝固状；具有醇香味，无异味。

（2）次劣糟蛋。

①矾蛋。就是酒糟与蛋及蛋壳黏结在一起，如烧过的矾一样。这种糟蛋是因酒糟含醇量低或蛋坛有漏缝所致，不可食用。

②水晶蛋。蛋内全部或大部分都是水。色由白转红，蛋黄硬实，有异味，不宜食用。

③空头蛋。蛋内只有萎缩了的蛋黄，没有蛋白。这种糟蛋不宜食用。

二、冰蛋品的卫生检验

冰蛋品主要包括冰全蛋、冰蛋黄和冰蛋白三种，其区别仅所用原料不同，但加工方法完全相同。主要用于食品工业，如用于制造面包、饼干、糕点、冰激凌、糖果等。

（一）加工卫生

1. 半成品加工的卫生监督

半成品即对原料蛋进行检验、清洗、消毒、晾干，然后去壳所得的蛋液。半成品质量的好坏直接影响着成品的质量，因此，必须加强半成品加工的卫生监督。

（1）原料蛋的检验。先进行感官检验，剔除感官上不合格的劣质蛋。然后进行照蛋检验，剔除所有次劣蛋和腐败变质蛋。

（2）蛋的清洗和消毒。经检验挑选出来的新鲜蛋，在流水槽中洗净蛋壳，然后放在含1%~2% 有效氯的漂白粉液（或 0.04%~0.10% 过氧乙酸液）中浸泡 5 min，再于 45~50 ℃并加有 0.5% 硫代硫酸钠的温水中浸洗除氯。

（3）晾蛋。将消毒后的蛋送至晾蛋室晾干，晾蛋室的所有工具均应清洁无菌。

（4）去蛋壳。去蛋壳有手工打蛋和机械去蛋壳 2 种方法。手工打蛋时，操作人员应严格遵守卫生制度，防止人为污染蛋液。去蛋壳后所得的全蛋液或蛋白液、蛋黄液即为半成品，可分别加工为冰全蛋、冰蛋白、冰蛋黄。

2. 成品加工的卫生监督

（1）搅拌过滤。对半成品蛋液，工厂均采用搅拌器搅拌均匀，再通过 0.1~0.5 cm^2 的筛网，滤净蛋液内的蛋壳碎片、壳内膜等杂质。

（2）预冷。及时预冷可以阻止细菌繁殖，保证产品质量，并缩短速冻时间。预冷在冷却罐内进行，罐内装有蛇形管，蛇形管内通以 −8 ℃的冷盐水不停地循环，使罐内的蛋液很快就降温至 4 ℃左右。

（3）装听（桶）。蛋液冷却至 4 ℃时即可装听（桶），一般有 5 kg、10 kg、20 kg 装 3 种，装听（桶）后即可送入速冻间冷冻。

（4）速冻。将装有蛋液的听或桶送至速冻间冷冻排管上，听（桶）之间要留有一定的间隙，以利冷气流通。速冻间温度要保持在 −20 ℃以下，冷冻 36 h 后，将听（桶）倒置，使其四角冻结充实，防止膨胀，并可缩短冷冻时间。冷冻时间不超过 72 h，听（桶）内中心温度达 −18~−15 ℃时，速冻即可完成。

（5）冷藏。将速冻后的听（桶）用纸箱包装，然后送到冷藏库冷藏。冷藏库的温度需保持在 −15 ℃以下。

（二）卫生检验

冰蛋品的卫生检验包括感官检验、理化检验和微生物检验。理化检验要进行水分、脂肪含量、游离脂肪酸和汞含量的测定，按 GB 5009.3—2016《食品安全国家标准　食品中水分的测定》、GB 5009.168—2016《食品安全国家标准　食品中脂肪酸的测定》和 GB 5009.17—2021《食品安全国家标准　食品中总汞及有机汞的测定》操作。微生物检验要进行菌落总数、大肠菌群和致病菌（指沙门氏菌）的检验，按 GB 4789.2—2022、GB 4789.3—2016 和 GB 4789.4—2024 操作。

三、干蛋品的卫生检验

干蛋品是将蛋液中大部分水分除去而成的蛋制品，主要包括干蛋粉（全蛋粉、蛋白粉、蛋黄粉）和干蛋白（蛋白片）。

（一）加工卫生

干蛋品的加工工艺包括半成品和成品的加工。其中半成品加工方法与冰蛋品相同，不再赘述。现将干蛋品加工工艺中成品加工的卫生监督介绍如下。

1. 干蛋粉加工的卫生监督

干蛋粉的加工可采用压力喷雾或离心喷雾法进行喷雾干燥，即先将蛋液经过搅拌过滤，除去蛋壳及杂质，并使蛋液均匀，然后喷入干燥塔内，形成微粒与热空气相遇，瞬时即可除去水分，落入底部形成蛋粉，最后经晾粉、过筛即为成品。但生产蛋白粉时，需将蛋白液进行发酵，以除去其中的碳水化合物及其他杂质，发酵方法可参照下述干蛋白的加工。

2. 干蛋白加工的卫生监督

（1）发酵。加工干蛋白时，对半成品需进行发酵。发酵的目的是除去混入蛋白中的蛋黄、胚盘、黏液质、碳水化合物及其他杂质，使干燥时便于脱水，增加成品的溶解度，提高打擦度，防止成品色泽变深等。

（2）中和。蛋白液经发酵后呈酸性，在烘制干燥过程中会产生气泡，酸度高也不耐贮藏，因此，需用氨水中和到 pH 值达 7.0~7.2。

（3）烘干。用浅盘水浴干燥（也称流水烘架）。将经过发酵、中和后的蛋白液注入烘盘中，每盘约 2 kg。为了使水分迅速蒸发，在蛋白不凝固的情况下，尽量提高温度。水流的前后温度差不应超过 1 ℃，盘内温度从 51 ℃开始，逐渐提高，要求在 4~6 h 内达 53~54 ℃，直至第一次揭片。在烘干过程中，必须将液面上的泡沫和油层杂质刮去，即在浇盘后 2 h 刮去泡沫，9 h 后刮去油层和杂质。蛋白液经 12~24 h 的蒸发后，逐渐凝结成一层薄片，再经 2~3 h 薄片变厚，至其中心厚度达 1.5~2.0 mm 时，即可揭第一次蛋白片；再经 1~2 h，揭第二次，依次类推，直至清盘为止。

（4）热晾和拣选。烘干后的蛋白片，还有很多水分（24% 左右），必须平铺在布盘上，放在温度为 40~45 ℃的温室内热晾 4~5 h，至蛋白片发碎裂声，水分降至 15% 左右时，进行拣选。拣选是将大片捏成约 1 cm 长的小块，并将碎屑、厚块、潮块等拣出，分别处理。

（5）焐藏和包装。拣选后的大片，称重后倒入木箱，上盖白布或木盖，放置 48~72 h，使水分均匀，这个过程就称为焐藏。最后检验水分和打擦度，合格后即可包装。

（二）卫生检验

干蛋品的卫生检验包括感官检验、理化检验和微生物学检验。理化检验应测定水分含量、脂肪含量、游离脂肪酸含量、汞含量和溶解度指数，对鸡蛋白片还应测定水溶物含量和总酸度。干蛋品的微生物检验需测定菌落总数、大肠菌群和检测致病菌（主要指沙门氏菌）。具体检验方法参见国家标准检验方法（GB 4789.2—2022 和 GB 4789.3—2016）。

四、蛋制品的卫生标准

（1）感官指标。蛋制品的感官指标如表 6–2–1 所示。

表6-2-1　蛋制品的感官指标

品种	指标
巴氏杀菌冰鸡全蛋	坚洁均匀，呈黄色或淡黄色，具有冰鸡全蛋的正常气味，无异味，无杂质
冰鸡蛋黄	坚洁均匀，呈黄色，具有冰鸡蛋黄的正常气味，无异味，无杂质
冰鸡蛋白	坚洁均匀，白色或乳白色，具有冰鸡蛋白的正常气味，无异味，无杂质
巴氏杀菌鸡全蛋粉	呈粉末状或极易松散的块状，均匀淡黄色，具有鸡全蛋粉的正常气味，无异味，无杂质
鸡蛋黄粉	呈粉末状或极易松散块状，均匀黄色，具有鸡蛋黄粉的正常气味，无异味，无杂质
鸡蛋白片	呈晶片状，均匀浅黄色，具有鸡蛋白片的正常气味，无异味，无杂质
皮蛋（松花蛋）	外包泥或涂料均匀洁净，蛋壳完整，无霉变，敲摇时无水响声，剖检时蛋体完整，蛋白呈青褐、棕褐或棕黄色，呈半透明状，有弹性，一般有松花花纹。蛋黄呈深浅不同的墨绿色或黄色，略带溏心或凝心，具有皮蛋应有的滋味和气味，无异味
咸蛋	外壳包泥（灰）等涂料洁净均匀，去泥后蛋壳完整，无霉变，灯光透视时可见蛋黄阴影，剖检时蛋白液化，澄清，蛋黄呈橘红色或黄色环状凝胶体。具有咸蛋正常气味，无异味
糟蛋	蛋形完整，蛋膜无破裂，蛋壳脱落或不脱落。蛋白呈乳白色、浅黄色，色泽均匀一致，呈糊状或凝固状。蛋黄完整，呈黄色或橘红色，呈半凝固状，具有糟蛋正常的醇香味，无异味

（2）理化指标。蛋制品的理化指标见表6-2-2、表6-2-3。

表6-2-2　冰蛋品和干蛋品理化指标

项　目	指　标					
	巴氏杀菌冰鸡全蛋	冰鸡蛋黄	冰鸡蛋白	巴氏杀菌鸡全蛋粉	鸡蛋黄粉	鸡蛋白片
水分/%	≤ 76	≤ 55	≤ 88.5	≤ 4.5	≤ 4.0	≤ 16
脂肪/%	≥ 10	≥ 26	—	≥ 42	≥ 60	—
游离脂肪酸/%	≤ 4	≤ 4	—	≤ 4.5	≤ 4.5	—
酸度/%	—	—	—	—	—	≤ 1.2
汞（以Hg计）/（mg/kg）	≤ 0.03	≤ 0.03	≤ 0.03	≤ 0.03	≤ 0.03	≤ 0.03

表6-2-3　再制蛋理化指标

项　目	指　标				
	咸蛋	糟蛋	皮蛋		
			传统工艺生产溏心皮蛋	其他工艺生产溏心皮蛋	硬心皮蛋及其他皮蛋
汞（以 Hg 计）/（mg/kg）	≤ 0.03	≤ 0.03	—	—	—
铅（以 Pb 计）/（mg/kg）	—	≤ 1.0	≤ 2.0	≤ 0.5	≤ 0.5
铜（以 Cu 计）/（mg/kg）	—	—	—	≤ 10	—
锌（以 Zn 计）/（mg/kg）	—	—	—	≤ 20	—
砷（以 As 计）/（mg/kg）	≤ 0.5	≤ 0.5	≤ 0.5	≤ 0.5	≤ 0.5
pH 值（1 ： 15 稀释）	—	—	≥ 9.5	9.5	≥ 9.5
食盐（以 NaCl 计）/%	≥ 2.0	—	—	—	—
挥发性盐基蛋 /（mg/100 g）	≤ 10	—	—	—	—

（3）微生物指标。蛋制品的微生物指标见表 6-2-4。

表6-2-4　蛋制品的微生物指标

项　目	指　标								
	巴氏杀菌冰鸡全蛋	冰鸡蛋黄	冰鸡蛋白	巴氏杀菌鸡全蛋粉	鸡蛋黄粉	鸡蛋白片	咸蛋	糟蛋	皮蛋
菌落总数 /（个 /g）	≤ 5 000	≤ 1×10^6	≤ 1×10^6	≤ 10 000	≤ 50 000	—	—	≤ 100	≤ 500
大肠菌群 /（MPN/100 g）	≤ 1 000	≤ 1.1×10^6	≤ 1.1×10^6	≤ 90	≤ 40	—	—	≤ 30	≤ 30
致病菌（系指沙门氏菌）	不得检出								

任务实施

步骤一：再制蛋的卫生检验

____。

步骤二：冰蛋的卫生检验

____。

步骤三：干蛋品卫生检验

____。

任务检测

扫描二维码答题。

项目六任务二任务检测

任务评价

工作任务完成过程评价

班级：________　学号：________　姓名：________　总分：________

项目	评价方法	分数	自我评价	小组评价	教师评价
任务目标达成度	服从安排，积极主动，认真负责	10分			
任务完成度	方法正确，内容明确	20分			
知识掌握精准度	方法正确，内容明确	20分			
技术操作规范度	方法正确，内容明确	30分			
岗位需求适应度	方法正确，内容明确	20分			
合计		100分			

任务三　蛋的卫生检验

任务导入

掌握鲜蛋的常用检验方法及卫生评价。

任务准备

湿盘、镊子、照蛋器、气室测量规尺、蛋质分析仪、游标卡尺、表面皿、标本缸、食盐、鲜蛋、破蛋和次劣质蛋。

任务实施

1. 感官检查

通过眼看、手摸、耳听、鼻嗅等综合判断蛋的感官性状。

2. 灯光透视检验法

通过灯光透视，可以确定气室的大小、蛋白、蛋黄、系带、胚胎、蛋内和蛋壳的状态及透光程度。

（1）检验方法。在暗室中将蛋的大头紧贴照蛋器洞口上观察。详见项目十二任务一。

（2）气室测定。蛋在存放过程中，由于温度、湿度等因素的影响，蛋内水分不断蒸发，使气室日益增大。因此，测定气室高度，有助于判断蛋的新鲜程度。

气室的测量是用特制的气室测量规尺测量。气室测量规尺是一个刻有平行刻线的半圆形切口的透明塑料板。测量时，先将气室测量规尺固定在照蛋孔上缘，将蛋的大头向上正直地嵌入半圆形切口内，使蛋的顶点与规尺上的零线重合，检验者的视线应和蛋的顶点取平，然后读取气室左右两端落在规尺上的刻度数（即气室左右两边的高度）。

计算公式：

$$\text{气室高度}=\frac{\text{气室左边的高度}+\text{气室右边的高度}}{2}$$

（3）判定标准。特级鲜蛋高度为 3 mm 以内；一级鲜蛋高度为 4~5 mm；二级鲜蛋高度为 10 mm 以内；三级鲜蛋高度为 11 mm 以上，但不超过蛋长轴的 1/3；陈旧蛋高度超过蛋长轴的 1/3。

3. 蛋黄指数测定

蛋黄指数是指蛋黄高度与蛋黄宽度的比值，比值越大，蛋越新鲜。蛋黄的品质及变化可作为蛋的品质及鲜度的指标。蛋黄指数代表蛋黄膜的强度大小，可用来判断蛋的新鲜度。

将被测蛋小心破壳，再将破壳蛋内容物轻轻倒入蛋质分析仪的水平玻璃测试台上。然后用蛋质分析仪的垂直测微器量取蛋最高点的高度（单位：cm），用卡尺小心量取蛋黄最宽处的宽度（即横径，单位：cm）。测量时小心不要弄破蛋黄膜。

计算公式：

$$\text{蛋黄指数}=\frac{\text{蛋黄高度（cm）}}{\text{蛋黄宽度（cm）}}$$

判定标准：新鲜蛋为 0.44 以上，次鲜蛋为 0.25~0.44，陈旧蛋为 0.25 以下。

4. 哈夫单位测定

（1）哈夫单位。哈夫单位是表示蛋白品质的一种单位，用以衡量鲜蛋品质的好坏。哈夫单位愈高，表示蛋白黏度愈大，蛋白品质愈好。哈夫单位是根据浓蛋白高度与蛋重回归关系而计算的，哈夫单位与确定蛋白品质与蛋白高度的对数有直接的关系。

（2）方法。先将蛋称重，然后把蛋打开倒在水平的玻璃台上。用蛋质分析仪的垂直测微器测定浓蛋白最宽部位的高度，这个部位大约距蛋黄 1 cm，优质蛋的蛋黄周围几乎紧贴着浓蛋白。测定时将垂直测微器的轴慢慢地下降到和蛋白表面接触，读取读数，精确到 0.1 mm，依次选取 3 个点，测出 3 个高度值，取其平均数为蛋白高度。

（3）计算公式如下。

$$HU=100\times\log(H-1.7W^{0.37}+7.57)$$

式中：HU——哈夫单位；

H——浓蛋白高度（mm）；

W——蛋的质量（g）。

（4）判定标准。哈夫单位的指标范围从 30~100，“30” 表示质量差，“100” 为最高指标。特级为哈夫单位 72 以上，甲级为哈夫单位 60~72，乙级为哈夫单位 30~60。

任务检测

扫描二维码答题。

项目六任务三任务检测

任务评价

工作任务完成过程评价

班级：＿＿＿＿＿＿　学号：＿＿＿＿＿＿　姓名：＿＿＿＿＿＿　总分：＿＿＿＿＿＿

项目	评价方法	分数	自我评价	小组评价	教师评价
任务目标达成度	服从安排，积极主动，认真负责	10 分			
任务完成度	方法正确，内容明确	20 分			
知识掌握精准度	方法正确，内容明确	20 分			
技术操作规范度	方法正确，内容明确	30 分			
岗位需求适应度	方法正确，内容明确	20 分			
合计		100 分			

项目七 水产品的卫生检验

项目导读

水产品（鱼、虾、蟹及其制品）是动物性食品重要组成部分，为人类提供优质蛋白、维生素、矿物质以及脂肪中的不饱和脂肪酸等生命物质。随着经济的发展和人民生活水平的不断提高，水产品作为人们餐桌上的重要食物来源之一，其质量安全问题受到广泛关注。为保障饮食安全，开展水产品卫生检验尤为重要。

知识目标

（1）掌握鱼新鲜度的检验方法。
（2）熟悉鱼制品和有毒水产品的检验方法。
（3）了解鱼在保藏时的变化以及鱼与鱼制品加工的卫生要求。

技能目标

掌握鱼新鲜度和鱼制品检验的具体方法。

素质目标

能完成鱼新鲜度和其他水产品的检验，正确判断水产品的品质。

思政目标

牢固树立绿水青山就是金山银山绿色发展理念。

任务一　鱼的检验与处理

任务导入

在渔业生产、水产加工、餐饮服务以及家庭烹饪等领域，确保鱼的品质安全和适宜加工处理至关重要。通过对鱼进行科学的检验与合理的处理，既能保障消费者的健康，又能提升鱼产品的食用价值和经济效益。

任务准备

一、鱼的解剖结构

鱼类是一类具有适应水生环境的变温动物。鱼的体形随种类的不同而不同，一般呈梭形或纺锤形，两侧扁平，有侧线，分为头、躯干和尾三部分。具有体表披鳞，以鳃呼吸，用鳍作为运动器官，凭上下颌摄食，变温等特性。鱼的主要解剖结构如图 7–1–1 所示。

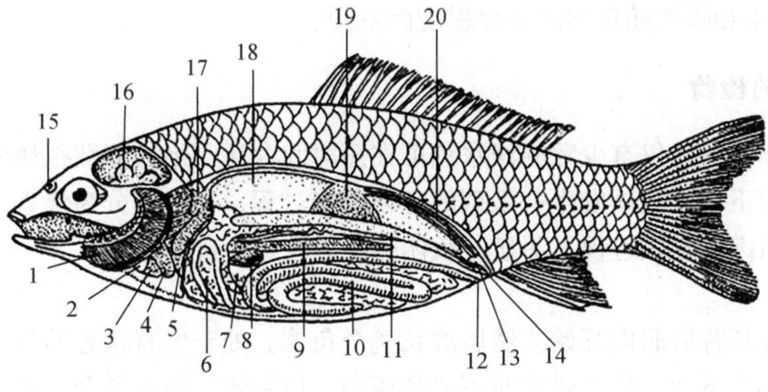

1—鳃；2—动脉球；3—心室；4—心房；5—静脉窦；6—肝胰脏；7—胃；8—胆囊；9—脾；10—肠；11—精巢；12—肛门；13—膀胱；14—泄殖孔；15—外鼻孔；16—脑；17—头肾；18—鳔；19—肾脏；20—输尿管。

图 7–1–1　鲤鱼内脏解剖结构示意图

（一）皮肤

多数鱼类的体表披覆有一层由真皮产生呈覆瓦状排列的鳞片，这些鳞片与鱼体结合牢固，不易剥离，起到保护鱼体的作用。

（二）呼吸器官

鱼类的呼吸器官除肺鱼外是由含有丰富毛细血管的鳃构成。鳃位于鳃盖下的鳃腔里，每一鳃腔具有四片鳃弧，鳃弧又由无数梳状排列的鳃丝构成，鱼就是通过鳃丝的毛细血管来完成气体交换的。

（三）循环器官

鱼的循环器官主要是心脏和血管。心脏位于头与躯干交界处附近的腹腔中，由单一心房和单一心室组成。从心室延伸出鳃动脉干，由鳃动脉干分出若干微血管，经入鳃动脉进入鳃弧，在这里完成气体交换，之后又于鳃汇集成出鳃动脉，又分出背主动脉，沿着脊柱向下分出微血管到达身体各部和各器官组织，再由静脉汇集成前后主静脉（在背主动脉两侧），进入静脉窦及心室，如此就构成了鱼的血液循环。

（四）消化器官

鱼类的消化器官是由消化管及消化腺两部分组成，包括口、咽、食道、胃、肠、肝、胆、胰等。肠管的色泽、粗细、长短随鱼的种类而异。鲤鱼的肠管呈玫瑰色，鲑鱼的肠管呈淡红色，其他鱼的肠管呈白色，但在保藏时变为红色。鱼的肝脏占据腹腔大部分。在肝脏向胃的一面，有一个小袋形的胆囊，一般呈绿色。鱼在腐败时，胆汁外渗，污染周围组织，俗称“印胆”或“走胆”。

（五）排泄器官

鱼的排泄器官包括肾脏、输尿管和膀胱。肾脏紧贴在脊柱的下面，是两条黑红色长带，肾脏的后部两侧有两条输尿管通向膀胱，膀胱向外开口于肛门和生殖孔之间。

（六）生殖器官

鱼类的生殖器官主要是性腺。雄鱼是精囊，也称“鱼白”，雌鱼为卵巢，也称“鱼子”。性腺的大小和颜色随鱼类的发育程度而不同。

二、鲜鱼的检验

鱼类在被捕获后，仅有少数的淡水鱼可在短时间存活，绝大多数很快死亡。鱼类在酶和微生物的作用下，其机体发生一系列的理化反应过程，一般可分为僵直、自溶及腐败三个阶段，由于鱼肉的成熟过程不明显，鱼体解僵后就开始自溶与腐败。

1. 僵直

鱼的僵直先从背后肌肉开始，然后波及整个鱼体。处于僵直状态的鱼，用手握住鱼头时，鱼尾一般不会下弯，指压肌肉时不显现压迹，口紧闭，鳃盖紧合。鱼体僵直一般发生在死后十几分钟至 4~5 h。僵直持续时间短的在十几分钟，长的可持续数天之久。鱼体僵直进行的速度，因鱼的种类、大小、捕捞方法、放置温度及处理方式等条件而异。鱼体的温度越低，死后僵直发生越慢，僵直保持的时间越长，振动、翻弄、挤压等处理渔获物，容易引起僵直过早消失。在夏季，僵直期一般不超过数小时；冬季或死后速冻藏时，可维持数天。处于僵直阶段的鱼肉 pH 值 5.0~6.0，不利于致腐微生物生长繁殖，因此，僵直期的鱼体鲜度是良好的。

2. 自溶

鱼体在僵直的后期，由于以蛋白酶为主的自溶酶类的作用，蛋白被逐渐分解，使肌肉组织软化而失去固有的弹性，进入自溶阶段。肌肉组织变软，失去弹性。自溶作用不同于腐败分解，此时蛋白分解产物主要是蛋白胨、多肽和氨基酸，而不是终产物。但由于鱼体组织中氨基酸等营养物质增多，处于自溶阶段的鱼类，肌肉组织的 pH 值一般在 7 以上，有利于致腐菌的生长繁殖。以上因素会加速鱼体的腐败进程，降低耐藏性，故处在自溶过程中的鱼类鲜度已开始下降，不易保存，应立即食用。决定自溶阶段快慢的主要因素是温度，温度越高自溶作用越快。另外鱼的种类对自溶速度也有影响，如红色肌肉的鱼类易发生自溶。

3. 腐败

与其他肉类相比，鱼肉具有含水量多，死后一般呈碱性的特点，故易发生腐败而不易贮藏。鱼体腐败变质是腐败细菌在鱼体内生长繁殖，将鱼体组织分解的结果，正是由于分解产物氨、胺类、酚类及吲哚等存在，不仅降低了鱼肉的品质，同时也影响消费者的健康。

腐败细菌的繁殖、分解过程几乎是与僵直、自溶过程同时发生和进行的，但在僵直和自溶初期，细菌的繁殖和含氮物的分解比较缓慢；到自溶后期，细菌繁殖与分解作用加快。当细菌繁殖到一定数量，低级分解产物增加到一定程度，鱼体即产生明显的腐败气味。首先鱼类在垂死时，从皮肤腺体中分泌出较多的黏液，覆盖在整个体表，而进入僵直过程。新鲜鱼的黏液透明，随着微生物对黏液分解作用的加强，而逐渐变浑浊并有臭味。其次使皮肤与内脏腐败分解。因为鱼多数死于窒息，鳃部往往具有充血现象，加之鳃盖上的黏液分泌物，不仅沾染细菌机会多，也为细菌繁殖提供了有利条件，故鱼鳃细菌的繁殖常较鱼体其他部位更早、更快，是腐败初期的标志之一。随着腐败分解的进行，鱼鳃由鲜红变成褐色以致土灰色。由于眼球是由富含血管的结缔组织与结膜固着于眼眶，也是细菌最容易繁殖的环境之一，当眼球周围组织被细菌分解时，眼球便下陷，且变得浑浊无光泽，有时虹膜及眼眶被血红蛋白染红。鱼鳞松弛易脱落也是鱼体腐败的特征，这是由于体表的细菌在分解体表黏液之后，沿鳞片侵入皮肤，使皮肤与鳞片相连的结缔组织分解的结果。当肠内细菌大量繁殖并产生气体时，腹部便膨胀起来，肛门、肠管脱出，此时如将鱼体置于水中则自动上浮。当脊椎旁大血管组织被分解破坏，周围组织则因血液成分外渗而变红。由于体表与腹腔的细菌进一步向鱼体深部入侵，肌肉组织最后也被分解，而变得松弛并与鱼骨分离，此时鱼体已严重腐败。

影响鱼体死后变化和鲜度质量的因素是复杂的，主要是鱼的种类、捕获时的气候以及捕获后的保存条件。

任务实施

步骤一：鲜鱼的检验

鲜鱼的检验方法。观察眼角膜透明度、眼球凸陷状况，眼球周围是否有发红现象。揭开鳃盖，观察鳃片色泽及黏液性状，并嗅其气味。用手掌拖住鱼体上举，观察是否挺直、水平或下垂；然后用手指按压鱼体背侧肌肉最厚处，触其硬度和弹性；观察鱼鳞的色泽、完整状况，以及是否易剥离；观察黏液、性状及气味；注意肛门周围有无污染，肛门是否突出；直接嗅闻鱼体表面、鳃、肌肉或内脏的气味，也可以竹签刺入肌肉深层，拔出后立即嗅闻；用剪刀从腹部一侧切开体表，使全部内脏暴露，检查内脏有无溶解吸收及胆汁印染现象；然后横断脊椎，观察有无脊柱旁红染现象。

新鲜的海水鱼类（除海水软骨鱼外）表面的鳞片完整或较完整，不易脱落，体表黏液透明无异臭味，具有固有色泽；鳃丝较清晰，呈鲜红或暗红色，黏液不浑浊，无异臭味；眼球饱满，角膜透明或稍混浊；肌肉组织有弹性，切面有光泽，肌纤维清晰。头足类海产品，体背部及腹部呈青白色或微红色，鱿鱼可呈紫色点；去皮后，肌肉呈白色，鱿鱼允许有微红色；具有固有气味或海水味，无异味。淡水鱼的体表有光泽，鳞片较完整不易脱落，黏液无浑浊，肌肉组织致密有弹性；鳃丝清晰，色鲜红或暗红，无异臭味；眼球饱满，角膜透明或稍有混浊，紧缩或稍有突出。

腐败鱼肌肉组织柔软且松弛，指压痕迹不能恢复；做鱼体僵直度检查时，头尾两侧明显下垂。眼球深陷，角膜混浊无光。体表黏液浑浊，鱼鳞固着不良，易脱落。鳃呈暗褐色或灰色，黏液浑浊使鳃丝粘连，并有明显的腐败臭味。腹部多膨胀，肛门发紫、外凸。严重者，肌肉碎裂，鱼骨脱离。

鱼类新鲜度感官质量指标如表 7–1–1 所示。

表7–1–1　鱼类新鲜度感官质量指标

项目	等级		
	新鲜鱼	次鲜鱼	不新鲜鱼
眼睛	眼睛饱满，角膜光亮透明	眼球平坦或稍有凹陷，角膜暗淡或混浊	眼球凹陷，角膜混浊或发糊
鳃	鳃盖紧闭，鳃丝鲜红，黏液透明，无异味	鳃盖较松，鳃丝呈紫红色或暗红色，腥味较重	鳃盖松弛，鳃丝粘连，呈淡红或灰红色，有显著的腥臭味
体表	具有鲜鱼固有的鲜明体色与光泽，黏液透明	体色较暗淡，光泽差，黏液透明度较差	体色暗淡无光，黏液浑浊
鳞	鳞片完整，不易剥离	鳞片不完整，较易剥离	鳞片不完整，松弛，易剥离
肌肉	肌肉坚实富有弹性，肌纤维清晰有光泽	肌肉紧密、有弹性，压陷能很快平复，肌纤维光泽差	肌肉松弛，弹性差，肌纤维无光泽，有异味，但无臭味，骨肉易分离

步骤二：冰冻鱼的检验

1. 冰冻鱼的变化

鱼体腐败的主要原因是微生物和酶的作用，低温可抑制微生物的生长，降低酶的活性。因此，将鱼进行冻结或冷藏，已成为鱼类保鲜常用的一种方法。但是，冰冻鱼在低温冷藏期间，体内仍然会发生一些变化，质量也会随着时间的延长而逐渐下降。

鱼体在冰冻过程中，由于低温使其中的水分形成冰晶，冻结速度越快，形成的冰晶越小，硬度和质量也就越好。如果温度升高后再降低，冰晶的体积会逐渐增大，而且小冰晶会向大冰晶转移，从而使鱼组织受到损伤。这类鱼在解冻时，会造成水分大量流失，促使鱼体发生干缩，外形和风味出现不良变化，降低鱼的质量。另外，冰冻鱼在长期存放过程中，脂肪也会在细菌脂肪分解酶的作用下分解，形成丁酸、乙酸和辛酸等具有特殊气味和滋味的脂肪酸，还可形成一些碳链较短的酮酸和甲基酮等，使鱼出现酸败。同时，鱼体脂肪因氧化作用使不饱和脂肪酸转化成氧化物，进而分解，生成醛和醛酸，产生异味。这种现象在多脂鱼类中尤为突出。

综上所述，对鱼进行冻结时，除了要求原料新鲜、快速冻结外，还应建造专用冷库，避免库温波动，空气流速为 0.04~0.08 m/s。这样，既可减少干缩、防止氧化，又可保持鱼的新鲜度和色泽。

2. 冰冻鱼的检验

冰冻鱼的检验方法。冰冻鱼的感官检查方法和感官指标基本与鲜鱼相同，检查前先使其在温水中自然解冻，然后检查冰冻鱼解冻后的感官特征。

活着直接冰冻的鱼，鱼鳍展平张开，鱼体仍保持临死前挣扎的弯曲状态；眼睛明亮，眼球突出充满眼眶；鳞片上覆有冻结的透明黏液层，皮肤色泽明显。

死后冰冻的鱼，鱼鳍紧贴鱼体，鱼体挺直，眼不突出。

窒息致死后冰冻的鱼，口及鳃张开，皮肤颜色稍暗。

腐败后冰冻的鱼，无活鱼冰冻后的特征，可用小刀或竹签穿刺鱼肉或腹腔，嗅其腐败臭味；或切取部分鱼鳃，浸入热水后嗅察。

此外，对冰冻较久的鱼，应检查头部和体表有无哈喇味，有无黄色或褐色锈斑。因为长期存放的鱼，脂肪有可能被氧化。

步骤三：咸鱼的检验

1. 咸鱼的变化

咸鱼是用食盐作为加工和保藏手段的鱼制品。食盐是一种吸水性很强的物质，进入鱼体后，当鱼体内卤水中的食盐浓度增大到一定程度时，可使菌体受到脱水作用而难以发育。但食盐的脱水作用有一定的限度，经盐腌的鱼制品，组织内仍有一定量的水分；另外，食盐并无杀菌作用，因此咸鱼也存在腐败变质的问题，特别在气温高、卫生条件差、原料新鲜度差或原料处理不当、食盐品质差以及用盐量和用盐方法不当的情况下，都容易造成咸鱼在加工贮藏中发生腐败变质。这种情况常发生在鱼体内部，食盐不容易渗透或用盐不均匀的部位；或因卫生条件不好，鱼体血污未洗净以及鱼体可溶性含氮物渗出到卤水里，结果使卤水发生腐败。

咸鱼贮运不当，会出现发红和油酵等变质现象。前者是嗜盐菌类（最常见的是黏制沙雷菌）在鱼体繁殖产生红色素——灵杆菌素的结果，后者是油脂氧化的结果，两者都是咸鱼品质降低的表现。

2. 咸鱼的检验

咸鱼的检验方法。先视检咸鱼体表有无因脂肪氧化而形成的黄色或褐色锈斑，以及在鳃内、鳍下、肛门和腹腔等处有无虫蚀现象，再用手触检鱼体有无发黏和腐烂现象。然后横断鱼体，观察肌肉颜色、肌肉与骨骼结合状况；并用手指按压，检查肉质的坚实程度；同时嗅查有无腐败或其他异味。必要时进行煮沸实验，品尝其固有气味和滋味。

咸鲳鱼体表青灰色或带有黄色，无霉斑，肌肉坚实，无异臭味；咸鳗鱼体表微黄或黄色，无霉斑，肌肉坚实，无异味；咸带鱼体表灰白色或带有黄色，肌肉坚实不发黏，不离骨，无异臭味；咸鳓鱼体表银白色或带微黄色，有光泽，肌肉坚实不离骨，无异臭味；咸鲅鱼，头背部蓝黑色，腹部灰白色，体表干燥，不发黏，无霉点白斑，肌肉致密，表层和深层均无异臭；咸黄鱼体表白色或微黄色，肌肉坚实，无霉斑、无异臭味；干明太鱼，鱼体完整，体表灰黑或黄黑相间，无霉变、无虫蛀、无异味。

不同新鲜度咸鱼的感官指标如表 7-1-2 所示。

表7-1-2 不同新鲜度咸鱼的感官指标

项目	良质咸鱼	次质咸鱼	劣质咸鱼
色泽	色泽新鲜，具有光泽	色泽不鲜明或暗淡	体表发黄或变红
体表	体表完整，无破肚及骨肉分离现象，体形平展，无残鳞、无污物	鱼体基本完整，但可有少部分变成红色或轻度变质，有少量残鳞或污物	体表不完整，骨肉分离，残鳞及污物较多，有霉变现象
肌肉	肉质致密结实，有弹性	肉质稍软，弹性差	肉质疏松易散
气味	具有咸鱼所特有的风味，咸度适中	可有轻度腥臭味	具有明显腐败臭味

步骤四：干鱼的检验

1. 干鱼的变化

干鱼是利用天然或人工热源加温以及真空冷冻升华，除去鱼体中的部分水分以延长保藏期的制品。其水分含量比咸鱼要少得多，依品种而异。一般盐干品的水分含量在 40% 左右，淡干品在 20% 左右，故淡干品比盐干品容易保藏。

干鱼在保藏过程中可能发生的变化，主要是霉变、发红哈喇及虫害。霉变的发生多与最初干度不足或吸水回潮有关。特别是一些小型鱼虾干制品，因其体型小，表面积大，在潮湿空气中吸湿很快。含盐的制品，更易回潮。干度不足或回潮的干鱼，易发生霉变或腐败变质。干鱼发红是由于产生红色素的嗜盐菌引起的，严重时形成有氨臭的红色黏块。干鱼哈喇是鱼体脂肪被氧化的结果。另外干鱼在贮藏时，往往还存在害虫。

2. 干鱼的检验

观察鱼体是否完整，体表色泽是否正常，有无霉变、发红、脂肪氧化、虫蛀及异味。内脏是否除尽，腹腔是否干燥，肌纤维是否清晰，有无干鱼固有的气味。

不同新鲜度干鱼的感官指标如表 7-1-3 所示。

表7-1-3 不同新鲜度干鱼的感官指标

项目	良质干鱼	次质干鱼	劣质干鱼
色泽	外表洁净有光泽，表面无盐霜，鱼体呈白色或色淡	外表光泽度差，色泽稍暗	体表暗淡色污，无光泽，发红或呈灰白、黄褐、浑黄色
气味	具有干鱼的正常气味	可有轻微的异味	有酸味、脂肪酸败或腐败臭味
组织状态	鱼体完整，干度足，肉质韧性好，切割刀口处平滑无裂纹、破碎和残缺现象	鱼体外观基本完整，但肉质韧性较差	肉质疏松，有裂纹、破碎或残缺，水分含量高

步骤五：鱼类的理化检验

根据鱼肉腐败分解产物的种类和数量可判定鱼类的新鲜度。目前能较好地反映新鲜度变化规律而且与感官指标比较一致的方法是测定挥发性盐基氮。鱼的其他理化检验项目还包括组胺、无机砷、铅、镉、甲基汞、多氯联苯等的测定等。

步骤六：鱼类的细菌检验

鱼类的细菌检验受环境条件的影响较大，且检测时，一般只在需要细菌学指标时进行，通常不作为生产上检测新鲜度的依据。

步骤七：鱼类的寄生虫检验

常见的鱼类寄生虫病有 50 多种，主要为原虫病和蠕虫病等，虫体寄生于鳃、体表、肌肉和内脏。一般有些寄生虫只有大量寄生时才会引起鱼类发病，甚至死亡，而有些寄生虫则危害不明显。在所有鱼类寄生虫病中，尤其以华支睾吸虫病、猫后睾吸虫病、阔节裂头蚴病、异形吸虫病、横川后殖吸虫病和球虫病等可感染人。

在鱼的卫生检验中，若用肉眼观察难判别，必要时可取其病原体所在的组织，滴入适量的 0.85% 食盐水，直接压片镜检（鳃丝主要采用水浸片法）。也可用含 1% 胃蛋白酶或 1% 稀盐酸生理盐水，于 37 ℃下消化病料组织 24 h 左右，经过筛离心后，取其沉淀镜检。当发现圆形或卵圆形带吸盘或吸沟的小囊状体即可确诊。

步骤八：鱼与鱼制品的卫生评价

良质新鲜鱼与鱼制品符合国家规定的感官、理化及细菌指标，通过检验后，根据其卫生质量作出相应的卫生处理。

（1）新鲜鱼，不受限制食用。

（2）次鲜鱼，通常应立即销售食用（以高温烹调为宜）。

（3）腐败变质鱼，禁止食用。变质严重者，也不能作为饲料。

（4）变质咸鱼，缺陷轻微者，经卫生处理后可提供食用。但有下列变化者，不得食用。

①由于腐败变质产生明显的臭味或异味时。

②脂肪氧化蔓延至深层时。

③严重的“锈斑”或“变红”（赤变）侵入肌肉深部时。

④虫蛀已侵入皮下或腹腔时。

⑤凡皮青肉红的肉类（鲣鱼、鲐鱼等）要特别注意检查质量鲜度。这类鱼分解产生大量组胺，发现鱼体软化者则不能销售，防止食后引起中毒。

⑥凡因化学物质致死的鱼不得供食用。

⑦黄鳝应鲜活出售。凡已死亡者不得销售或加工。

任务检测

扫描二维码答题。

项目七任务一任务检测

任务评价

工作任务完成过程评价

班级：__________ 学号：__________ 姓名：__________ 总分：__________

项目	评价方法	分数	自我评价	小组评价	教师评价
任务目标达成度	服从安排，积极主动，认真负责	10分			
任务完成度	方法正确，内容明确	20分			
知识掌握精准度	方法正确，内容明确	20分			
技术操作规范度	方法正确，内容明确	30分			
岗位需求适应度	方法正确，内容明确	20分			
合计		100分			

任务二　有毒鱼类的鉴别

任务导入

有许多鱼类含有生理毒素（经常性或一时性的），能使食用者发生中毒，毒性剧烈者可引起死亡。产于我国的有毒鱼类有170余种，可分为毒鱼类和刺毒鱼类。

任务准备

一、毒鱼类

毒鱼的肌肉或内脏器官含有毒素，包括肉毒鱼类、鲀毒鱼类、鲀毒鱼类、血毒鱼类、肝毒鱼类、含高组胺鱼类、胆毒鱼类。

（1）肉毒鱼类。主要生活在热带海域，肌肉和内脏含有雪卡毒素。这类鱼的外形和一般食用鱼几乎没有什么差异，从外形不易鉴别，需要有经验者辨认。肉有强毒或猛毒的有点线鳃棘鲈、侧亚鲈、黄边裸胸鲈、大眼鲹等。

（2）豚毒鱼类。有毒河鲀鱼类的内脏含有河鲀毒素，其一般形态特征为：体形椭圆，不侧扁，体表无鳞而常有小刺，头粗圆，后部逐渐狭小，类似前粗后细的棒槌，小口，唇发达；有气囊，遇敌害时能使腹部鼓胀如球样；有尾柄，背鳍与臀鳍对生并位于近尾部；无腹鳍，背面黑灰色或杂似其他颜色的条纹（斑块），满生棘刺，腹部多为乳白色。

（3）卵毒鱼类。卵毒鱼类的卵中含有卵毒素，这类毒素是一种脂蛋白，有的不耐热，有的耐热，煮食后仍可发生中毒。我国的卵毒鱼类产于西北及西南高原地区，主要有青海湖裸鲤、软刺裸裂尻鱼等。

（4）血毒鱼类。这类鱼血液中含有血毒素。仅见于鳗鲡和黄鳝。在大量生饮鱼血时，轻者恶心、呕吐、腹泻、多涎和皮疹，严重的可因呼吸困难而死亡。

（5）肝毒鱼类。肝毒鱼类的肝脏中含有大量的维生素 A、维生素 D 和脂肪，进食后易引起维生素过多症。此外，肝油中还含有鱼油毒、痉挛毒和麻痹毒。我国常见的肝毒鱼类有蓝点马鲛。

（6）胆毒鱼类。胆毒鱼类的胆汁中含有胆汁毒素，中毒的原因主要是吞服生鱼胆。胆汁毒素可导致肝、肾功能衰竭，还会造成神经系统和心血管病变。胆毒鱼类典型代表为草鱼、青鱼、鲤鱼和鲢鱼。

（7）含高组胺鱼类。主要见于青皮红肉的一些鱼类，如青花鱼、金枪鱼、沙丁鱼等。当鱼死亡后，受到富含组氨酸脱羧酶的细菌污染，极易发生腐败，体内组氨酸脱羧产生组胺，人大量食用后可导致过敏性食物中毒现象。

二、刺毒鱼类

刺毒鱼类体内有毒棘和毒腺，包括虎鲨类、角鲨类、工鲶类等，这类毒鱼能螫伤人体，引起中毒。有些鱼类死后，其棘刺的毒力可保持数小时，烹饪时也应注意。

上述毒鱼中，虽然具毒，但其含毒部位不同，故并不意味着所有的毒鱼都不能食用。只是肉毒鱼类与几种河鲀的肌肉有毒不宜食用，其他毒鱼仅某些器官或组织有毒，鱼肉并不影响人们食用。它们当中有些甚至是重要的经济鱼类或上等食用鱼类。如卵毒鱼类中的青海湖裸鲤，胆毒鱼类中的草鱼、青鱼、鳙鱼、鲢鱼，血毒鱼类中的鳗鲡，肝毒鱼类中的蓝点马鲛，含组胺高的鲐鱼等，只要处理得当，弃去有毒脏器或破坏其毒素，都是营养价值很高的食用鱼类。

三、毒鱼类的利用和中毒的预防

首先，应进行科普，开展识别毒鱼及预防中毒等知识的宣传教育。

其次，加强对水产品的管理，严禁鲀鱼类上市，不得擅自处理和乱扔毒鱼及其有毒的脏器。

对卵毒、胆毒、血毒鱼类，只要不吃有毒的鱼卵、不乱吞食鱼胆治病、不吃生鳗和不生饮鳗血，就可避免中毒。对含组胺高的鱼类，要选择新鲜者食用，变质者废弃。组胺为碱性物质，烧煮时加入醋、雪里蕻或山楂等能减少鱼肉中组胺的含量，可避免过敏性食物中毒。如需大量加工食用时，应在有条件的地方集中加工。加工前必须先取出内脏、皮、头等含毒部位，洗净血污，鱼肉经盐腌、晒干后，完全无毒方可出售。

任务实施

步骤一：人员分组与材料准备

____。

步骤二：进行相关检查

____。

步骤三：任务总结

____。

任务检测

扫描二维码答题。

项目七任务二任务检测

任务评价

工作任务完成过程评价

班级：__________ 学号：__________ 姓名：__________ 总分：__________

项目	评价方法	分数	自我评价	小组评价	教师评价
任务目标达成度	服从安排，积极主动，认真负责	10 分			
任务完成度	方法正确，内容明确	20 分			
知识掌握精准度	方法正确，内容明确	20 分			
技术操作规范度	方法正确，内容明确	30 分			
岗位需求适应度	方法正确，内容明确	20 分			
合计		100 分			

任务三　鱼的新鲜度检验

任务导入

掌握鱼新鲜度的感官检查和常用检验方法以及卫生评定。

任务准备

酸度计、复合 pH 玻璃电极、搪瓷盘、剪刀、竹签、滤纸、天平、砝码、小广口瓶、胶塞、吸管、玻璃棒、小钩、待检鱼样品若干、10% 硫酸溶液、10% 醋酸铅碱性溶液、爱贝尔试液（取 25% 密度为 1.12 g/mL 的盐酸 1 份，无水乙醚 1 份，96% 乙醇 3 份混合而成）等。

任务实施

步骤一：感官检验

观察鱼的体表状态、挺直度、眼睛、鱼鳃、内脏、肌肉及气味等状况。鱼新鲜度感官检验的特征见项目六任务一。

步骤二：pH 值的测定

运用酸度计测定鱼样本的 pH 值。

1. 肉浸液制备

除去鱼肉样中的鱼皮、鱼刺，切碎，称取 10 g，置于 250 mL 锥形瓶中，加 100 mL 中性蒸馏水，不时振摇，浸渍 15 min 后过滤，滤液待检。

2. 样品测定

通电→预热→温度补偿→调零→安装电极→定位→检测滤液→读数→水洗电极→关闭电源。

3. 判定标准

新鲜鱼：pH 值为 6.5~6.8。次鲜鱼：pH 值为 6.9~7.0。变质鱼：pH 值为 7.1 以上。

步骤三：硫化氢的测定

1. 样品制备

称取检样鱼肉 20 g，装入小广口瓶内，加入 10% 硫酸 40 mL，取大于瓶口的方形或圆形滤纸一张，在滤纸中央滴 10% 醋酸铅碱性液 1~2 滴，然后将有液滴的一面向下放在瓶口上并用橡皮圈扎好。15 min 后取下滤纸，观察其颜色有无变化。

2. 判定标准

新鲜鱼：滴乙酸铅碱性液处，颜色无变化，为阴性反应（–）。

次鲜鱼：在接近滴液边缘处，呈现微褐色或褐色痕迹，为疑似反应（±）或弱阳性反应（+）。

腐败鱼：滴液处全是褐色，边缘处颜色较深，为阳性反应（++）；全部呈深褐色，为强阳性反应（+++）。

步骤四：氨的测定

1. 样品制备

取蚕豆大小的一块鱼肉，挂在一端附有胶塞另一端带钩的玻璃棒上，用吸管吸取爱贝尔试液 2 mL，注入试管内并稍加振摇，把带胶塞的玻璃棒放入试管内（注意切勿碰管壁），直到检样距液面 1~2 cm 处，迅速拧紧胶塞，然后立即在黑色背景下观察试管中样品周围的变化情况。

2. 判定标准

新鲜鱼：无白色云雾出现，为阴性反应（–）。

次新鱼：在取出检样离开试管的瞬间有少许白色云雾出现，但立即消散，为弱阳性反应（+）；检样放入试管后，经数秒钟后，才出现明显的云雾状，为阳性反应（++）。

变质鱼：检样放入试管后，立即出现云雾，为强阳性反应（+++）。

任务检测

扫描二维码答题。

项目七任务三任务检测

任务评价

工作任务完成过程评价

班级：________ 学号：________ 姓名：________ 总分：________

项目	评价方法	分数	自我评价	小组评价	教师评价
任务目标达成度	服从安排，积极主动，认真负责	10分			
任务完成度	方法正确，内容明确	20分			
知识掌握精准度	方法正确，内容明确	20分			
技术操作规范度	方法正确，内容明确	30分			
岗位需求适应度	方法正确，内容明确	20分			
合计		100分			

项目八 蜂蜜的质量监督与检验

项目导读

蜂蜜是由蜜蜂采集植物的花蜜、分泌物或蜜露，与自身分泌物结合后，经充分酿造而成的天然甜物质。蜂蜜在通常情况下呈黏稠流体状，储存时间较长或温度较低时，可形成部分或全部结晶。蜂蜜含有多种糖，主要是果糖和葡萄糖。此外，含有有机酸、酶和源于蜜蜂采集的固体颗粒物（如植物花粉等）。蜂蜜的气味和色泽随蜜源的不同而有差异，如有水白色、琥珀色或深色（暗褐色）等。

单一花种蜂蜜：蜜蜂主要采集一种蜜源植物的花蜜或分泌物酿造的蜂蜜。

多花种（混合）蜂蜜：蜜蜂采集两种或两种以上蜜源植物的花蜜或分泌物酿造的蜂蜜，以及两种或两种以上单一植物蜂蜜的混合物。

知识目标

（1）熟悉蜂蜜的质量标准。

（2）了解市场蜂蜜出售的卫生要求。

（3）掌握蜂蜜新鲜度的感官检验方法及卫生评价指标。

技能目标

掌握新鲜蜂蜜的检验方法。

素质目标

能够进行蜂蜜的市场检验，正确判定其品质。

思政目标

通过介绍蜂蜜的生产加工，明白小身材、大本领的意义。

任务导入

蜂蜜的市场检验以感官检验为主。必要时取样送实验室进行理化检验和细菌学检验。理化检验重点检验铅、锌、四环素。细菌学检验重点检验菌落总数、大肠菌群、霉菌计数、沙门氏菌、志贺氏菌、金黄色葡萄球菌、嗜渗酵母计数，具体内容见 GB 14963—2011《食品安全国家标准　蜂蜜》。

任务准备

一、感官要求

根据 GB 14963—2011《食品安全国家标准　蜂蜜》，蜂蜜的描述可以通过感觉器官感知的特性，主要从色泽、气味、滋味、状态和杂质五个方面进行。

1. 色泽

根据蜜源品种不同，常见的蜂蜜颜色有水白色（几乎无色）、白色、特浅琥珀色、浅琥珀色、琥珀色及深色（暗褐色）。例如，刺槐蜂蜜是水白色或白色，荔枝蜂蜜是浅琥珀色，油菜蜂蜜是琥珀色等。

2. 气味

蜜源植物花的气味是鉴别蜂蜜品种的重要手段。单一花种蜂蜜有该种蜜源植物花的气味，没有酸或酒的挥发性气味和其他异味。气味的浓郁或淡薄与蜂蜜的成熟程度、储存时间和温度有关。酸或酒的气味往往是发酵的结果，其他异味多是采集、储存过程混入其他杂质的结果。

3. 滋味

根据蜜源品种不同，蜂蜜滋味分为甜、甜润或甜腻。甜味是蜂蜜的基本滋味，某些品种有微苦、涩等刺激味道。感官鉴别甜味的程度，可以推断其甜物质的含量。低浓度时，果糖、蔗糖、葡萄糖的甜度是不同的。但随着浓度提高，甜度差别减小。

4. 状态

常温下呈黏稠流体状或部分及全部结晶，没有发酵症状。

5. 杂质

不含蜜蜂肢体、幼虫、蜡屑及其他肉眼可见杂物。

蜂蜜的黏稠程度是由蜂蜜中所含的碳水化合物以及胶体物质决定的，不同的糖黏度不同，如葡萄糖和果糖的黏度比蔗糖低，所以含蔗糖高的蜂蜜黏度较大。蜂蜜中所含糖的溶解度不同，形成结晶的程度也不同，果糖溶解度最高、蔗糖次之，葡萄糖最低。因此，葡萄糖含量高的蜂蜜最容易结晶，果糖含量高的蜂蜜难以结晶，蜂蜜的结晶一般沉淀在蜂蜜底部，蔗糖的晶体可以很大，葡萄糖的晶体比较细小。结晶的蜂蜜，其液态部分水分含量增加，往往容易发酵，一般肉眼见到的发酵症状是发酵形成的气泡和泡沫，以及蜂蜜结晶的漂浮状态，蜂蜜结晶会缩短保质期。

二、理化要求

蜂蜜的理化要求见表 8-1-1。

表8-1-1　蜂蜜的理化要求

项　目	指　标
果糖和葡萄糖含量 /（g/100 g）	≥ 60
蔗糖含量 /（g/100 g）	≤ 5
桉树蜂蜜、柑橘蜂蜜、紫苜蓿蜂蜜	≤ 10
其他蜂蜜	≤ 5
锌 /（mg/kg）	≤ 25

三、监督检验卫生要求

应符合 GB 14963—2011《食品安全国家标准　蜂蜜》标准和法律、法规、规章及有关标准要求。

不得添加或混入任何淀粉类、糖类、代糖类物质。不得添加或混入任何防腐剂、澄清剂、增稠剂等异物。如果在蜂蜜中添加其他物质，不应以“蜂蜜”或“蜜”作为产品名称或名称主词。

采用过滤工艺除去了花粉的蜂蜜应称为“过滤蜂蜜”；如果蜂蜜呈现某种颜色，可以在“蜂蜜”前加上表示色泽的形容词，如白色蜂蜜；如果蜂蜜主要产自一种植物或花，可以在“蜂蜜”前加上这种植物或花的名称；为了表明物理状态，可采用“液态蜂蜜”“结晶蜂蜜”名称；如果蜂蜜是由一种蜜蜂酿造，可以在产品名称前加上这种蜜蜂的名称，写在括号内，如（东北黑蜂）蜂蜜。

不应使用化学或生化处理方法改变蜂蜜的结晶变化。加热处理时温度不能过高，防止蜂蜜基本成分发生变化，造成质量损害。

四、卫生评价

蜂蜜的色、香、味等可以满足食用者的心理需要，蜂蜜的主要成分能满足食用者的生理需要，这些都是蜂蜜的适用性，蜂蜜的质量等级和蜂蜜的感官要求、理化参数都是蜂蜜产品重要的标准化对象。

任务实施

步骤一：材料设备

蜂蜜、不锈钢管（长约 115 cm，直径约 2.5 cm）、搪瓷桶（或杯）、不锈钢制单套管、500 mL 磨砂具塞广口玻璃瓶、食品检验速测箱、记录本。

步骤二：取样数量

以不超过 25 t 为一个单位。100 件以下，抽取 10% 但不得少于 5 件；101~500 件，增加部分抽取 5%；501~1 000 件，增加部分抽取 4%；1 000 件以上，增加部分抽取 2%；每件抽取样品不少于 100 g。在同一取样单位中，如果生产批次不同应按生产批号分别取样。

步骤三：检验方法（GB 14963—2011）

按报告单所列的品名、包装、标志、件数、质量等核查批次相符后，取样并逐件开启。将取样管缓缓放入中部或 2/3 的部位吸取样品，倾入混样器，混合均匀后装入清洁干燥的样品瓶内，并标明报验号、报验单位、商品名称、批号、报验数量、取样日期和取样人。如遇蜂蜜结晶时，则用单套杆或取样管插到底，抽取样品，混匀。

1. 试样制备

未结晶的样品将其用力搅拌均匀。有结晶析出的样品，可将样品瓶盖塞紧后，置于不超过 60 ℃的水浴中温热，待样品全部融化后，搅匀，迅速冷却至室温以备检验用。

2. 感官检验

（1）看颜色。真蜂蜜中因含有一些蛋白质、生物酶、矿物质和花粉等成分，所以看起来不是很清亮，呈白色、淡黄色或琥珀色，以浅淡色为佳。假蜂蜜由于是用白糖熬成或用糖浆冒充，故色泽鲜艳，一般呈浅黄或深黄色。

蜂蜜具有应有的色泽。按色泽深浅分为水白色、特白色、白色、特浅琥珀色、琥珀色、深色等。用卜方特比色计比色，按表 8-1-2 进行分级。

表8-1-2 卜方特比色计比色分级范围

色泽名称	卜方特比色计色值 /mm	色值名称	卜方特比色计色值 /mm
水白色	8 以下	浅琥珀色	85 以下
特白色	16 以下	琥珀色	114 以下
白色	34 以下	深色	140 以下
特浅琥珀色	50 以下		

测定方法：将不含气泡的试样倒入卜方特比色槽内，以卜方特比色计进行比色读取色值后，按分级范围表确定色泽。

（2）看形状。将试样放入透明容器，观察透明度、结晶和杂质；轻微倾斜容器，然后用洁净的玻璃棒搅动试样，观察其流动性和黏稠度。真蜂蜜呈黏稠液体，挑起可见柔性长丝，不断流。假蜂蜜有悬浮物或沉淀，黏度小，挑起时呈滴状下落，有断流。在暴晒后真蜂蜜变稀薄，而假蜂蜜无变化或更黏稠。若蜂蜜极稀，容易流动，则可能是掺了水的。

（3）看标签。有一些蜂蜜产品的配料表中注明蔗糖、白糖、果葡糖浆等成分，而纯正的蜂蜜产品不允许加入这些物质。

（4）闻气味。用玻璃棒挑起试样，鼻嗅或口尝试样，鉴别发酵征兆。仔细闻，真蜂蜜，气味纯正、自然，有淡淡的植物味的花香；而假蜂蜜闻起来有刺鼻异味或水果糖味。

（5）品尝。亲口尝，真蜂蜜香甜可口，有黏稠糊嘴感，有轻微的淡酸味，后味悠长，品尝结晶块时牙咬即酥，含之即化。假蜂蜜仔细品尝有苦涩味或化学品怪味，无芳香味，结晶块咀嚼如砂糖，声脆响亮。

（6）热水溶。将一勺蜂蜜放入杯中，再加 3~5 倍热水使之溶解，静置 3~4 h，如无沉淀发生则为真蜂蜜。

任务检测

扫描二维码答题。

项目八任务检测

任务评价

工作任务完成过程评价

班级：________ 学号：________ 姓名：________ 总分：________

项目	评价方法	分数	自我评价	小组评价	教师评价
任务目标达成度	服从安排，积极主动，认真负责	10 分			
任务完成度	方法正确，内容明确	20 分			
知识掌握精准度	方法正确，内容明确	20 分			
技术操作规范度	方法正确，内容明确	30 分			
岗位需求适应度	方法正确，内容明确	20 分			
合计		100 分			

项目九 屠宰加工副产品的卫生检验

项目导读

屠宰加工副产品是专指除了屠宰畜禽胴体之外的一些产品，如头、蹄爪、尾、内脏、脂肪、血液、腺体及皮毛等。每种副产品都有一定的用途和经济价值。根据其用途可分为食用副产品、医疗用副产品、工业用副产品三类。由于这些副产品都来源于屠宰畜禽，必须进行严格的检验，才能保证生产出品质合格的制品。

知识目标

（1）掌握肠衣与皮毛的卫生检验与处理。
（2）熟悉肠衣的加工卫生。
（3）了解食用副产品的加工卫生与检验，以及动物生化制剂原料采集的卫生要求。

技能目标

掌握各种屠宰副产品的检验方法。

素质目标

能够进行各种屠宰副产品的检验，正确判定其品质。

思政目标

通过掌握屠宰加工副产品的检验方法，明白物尽其用、人尽其才的道理。

任务一　食用副产品的卫生检验

任务导入

同学们提前复习动物病理以及畜禽屠宰加工流程的相关内容，上课进行提问讨论。

任务准备

◎ 知识准备

一、食用副产品的加工卫生

食用副产品即为畜禽可食用的生鲜副产品，包括头、蹄爪（腕、跗关节以下的带皮部分）、尾、心、肝、肺、肾、胃、肠、膀胱、公畜外生殖器、骨、血液及可食用的碎肉等。食用副产品种类众多，大大丰富了动物食品消费市场，但在其加工、贮存、销售过程必须进行严格的检验，确保来源于健康畜禽，符合卫生要求的产品在宰后 2~3 h 内及时进行加工，加工时要严格遵守卫生法规。

食用副产品需放血充分，头、蹄、尾、耳、唇等带毛的副产品，在加工时应除净残毛、角、壳及其他污物，并用水清洗干净。食用内脏均具备一定的感官特征，新鲜胃为白色、淡黄色或灰白色，黏膜平滑，组织结实；肠为乳白色，黏膜洁白、平滑，厚薄均匀有弹性；正常肝脏呈红褐色或红棕色，表面光滑，肝小叶纹理清楚，结实而有弹性；肾脏褐红色，组织结实而有弹性；心脏红色或淡红色，脂肪乳白色，心肌结实有弹性；肺脏呈粉红色，光滑而富有弹性。牛、羊的真胃、瘤胃、网胃、瓣胃，猪的胃等，在加工时应先剥离浆膜上的脂肪组织，切割十二指肠及食管，洗净胃部污物，在胃壁切一小口，翻转倒出胃内容物，用洗胃机或长流水洗净，剔下黏膜层作为生化制剂原料，再用水清除胃内污物及黏液。大肠翻到内容物后用水洗净，并剪去肠头毛圈。禽类肌胃加工时，剔下类角质膜用于制药，其余洗净后利用。无毛、无黏膜、无骨的产品，如肝、肾、心、肺、脾脏和乳房等，加工时应分离脂肪组织，剔除膈韧带、膈膜、血管、气管胆囊粗输管及输尿管等，并用清水洗净血污。有些特殊的食用副产品，如鹅或鸭的肥肝等，要先将除去头、颈、翅和蹼的屠体在 0~4 ℃预冷 10~18 h，再小心切开腹部取出肝脏。上述加工后的食用副产品，应置于 –1~4 ℃温度下冷却贮存，最后可作为灌肠、罐头或其他制品的生产原料，或直接将新鲜制品送往市场销售。若要长期贮存，须经冷冻、干燥或盐腌处理。刮下的黏膜可与污物脂肪等一起送化制车间化制，条件允许时也可用作提取肝素等生化制剂的原料。

二、食用副产品的卫生检验

来自屠宰加工间的副产品，虽然经过了卫生检验，但在副产品整理间内，仍需经常实施卫生监督和检验。在副产品中仍有可能存在初检时未发现的病变，因此，在每个工作点附近应设置挂架或检验台，放置副产品供检验人员检查。凡是水肿、出血、充血、淤血、溃疡、脓肿和发炎的组织，以及具有增生、肿瘤、寄生虫损害、萎缩、变性、坏死等变化的废弃组织与器官，均全部化制。经过初步加工的畜禽食用副产品应满足一定的感官和卫生指标要求。所有未经初步加工或因加工质量差，产品受到毛、粪、污物污染，以及有异味的食用副产品，不得发出利用，以免病菌污染而引起食物中毒或食肉传染。

◎ 工具准备

检验刀、检验钩等。

◎ 材料准备

防护服、口罩、帽子、手套、胶鞋等；动物内脏，例如心、肝、脾、肺、肾等。

◎ 人员准备

人员分组，每组 5 人。明确职责分工。

任务角色	任务内容
组长：	任务：
组员 1：	任务：
组员 2：	任务：
组员 3：	任务：
组员 4：	任务：

任务筹划

（一）内容筹划

教师联系屠宰场或者内脏加工车间或者实验室等，学生进行各种动物内脏的检查。

（二）方法筹划

各种动物内脏的检查。

（三）流程筹划

动物内脏从表面检查开始到内部检查。

任务实施

步骤一：人员分组

____。

步骤二：任务分配

____。

步骤三：进行检验

____。

步骤四：结果汇总

____。

步骤五：结果分析

____。

步骤六：小结

____。

任务检测

扫描二维码答题。

项目九任务一任务检测

任务评价

工作任务完成过程评价

班级：__________　学号：__________　姓名：__________　总分：__________

项目	评价方法	分数	自我评价	小组评价	教师评价
任务目标达成度	服从安排，积极主动，认真负责	10分			
任务完成度	方法正确，内容明确	20分			
知识掌握精准度	方法正确，内容明确	20分			
技术操作规范度	方法正确，内容明确	30分			
岗位需求适应度	方法正确，内容明确	20分			
合计		100分			

任务二 动物生化制剂原料的卫生检验

任务导入

同学们提前复习兽用生物制品相关内容，上课进行提问讨论。

任务准备

◎ 知识准备

一、动物生化制剂原料

动物生化制剂，是指由动物脏器、腺体、组织、体液、分泌物、胎盘、毛、皮、角、蹄壳中制取的供医疗或工业用的制品。所用的组织和脏器即为动物生化制剂原料。

动物宰杀后可收集的生化制剂原料有松果腺、脑垂体、甲状腺、胸腺、肾上腺、胰腺、卵巢、睾丸、胎盘、脊髓、胚胎、心脏、胆囊、血液、脾脏、腮腺、颌下腺、舌下腺、胃、肠、脑、眼球、鹿茸、骨骼等。选择动物生化制剂原料时，应注意动物的品种及原料所在的部位，动物所处的生长期，以及动物原料的丰富程度及综合利用前景。

二、动物生化制剂原料采集的卫生要求

动物生化制剂原料的采集、提取过程要避免紫外线、辐射、高温高压、强酸强碱、重金属元素、微生物污染等物理的、化学的、生物的因素的影响，采取恰当的制备工艺及技术，确保有效成分的分子结构及空间结构不被破坏。这就要求原料采集的卫生要做好三个方面工作。

（一）迅速采集

生化制剂原料易变质腐败，特别是内分泌腺所含的激素极不稳定，死亡不久就失去了活力，故采集腺体应与屠体解体取出脏器同时进行。为了使有效成分不被破坏，必须在短时间内取出。脑垂体、胰腺、松果腺和肾上腺采集和固定不得迟于宰后 45 min，其他腺体和脏器也不得迟于宰后 2 h。

（二）剔除病变屠体

脏器生化制剂原料必须来自健康动物体，不得由传染病患动物屠体上取得。凡有腐败分解、钙化、化脓、硬化、囊肿、坏死、出血、变性、异味或污染的，都不得作为制药原料采集。要由专门人员用完全洁净的手和器械采取，尽可能不伤及腺体表面。采集好的原料应无病理变化。

（三）妥善保存

动物生化制剂原料根据不同的材料以及不同的目的，采取不同的方法，对于大多数原料，一般采用 –40 ℃快速冻结后于 –20 ℃保存；有些特殊的材料需用有机溶剂脱水或浸泡在有机溶剂中，如垂体取出后放入丙酮中，24 h 换丙酮一次，换三次后用丙酮浸没，保存于 –4 ℃冷库中；有些材料在提取时只能用新鲜材料，如用胰脏提取胰蛋白酶原时，经过冷冻保存后的胰脏无法得到胰蛋白酶原的结晶。对于保存价值很大的腺体可于 –40~–30 ℃冷冻，并真空升华干燥。对于价值低廉的原料亦可采用食盐或硫酸铵腌制后阴干保存，此法简便易行，但对于原料的部分有效成分有破坏。

◎ 工具准备

采血器、解剖刀、解剖剪、镊子等。

◎ 材料准备

防护服、口罩、帽子、手套、胶鞋等；活动物，例如禽类、家兔、羊、猪等。

◎ 人员准备

人员分组，每组 5 人。明确职责分工。

任务角色	任务内容
组长：	任务：
组员 1：	任务：
组员 2：	任务：
组员 3：	任务：
组员 4：	任务：

任务筹划

（一）内容筹划

教师联系屠宰场或者动物养殖场或者实验室等，学生进行各种动物血液、脏器等的采集。

（二）方法筹划

各种动物血液、内脏、腺体的采集。

（三）流程筹划

动物血液、内脏、腺体的正确采集。

任务实施

步骤一：人员分组

____。

步骤二：任务分配

____。

步骤三：进行采集

____。

步骤四：材料汇总

____。

步骤五：结果分析

____。

步骤六：总结

____。

任务检测

扫描二维码答题。

项目九任务二任务检测

任务评价

工作任务完成过程评价

班级：__________ 学号：__________ 姓名：__________ 总分：__________

项目	评价方法	分数	自我评价	小组评价	教师评价
任务目标达成度	服从安排，积极主动，认真负责	10 分			
任务完成度	方法正确，内容明确	20 分			
知识掌握精准度	方法正确，内容明确	20 分			
技术操作规范度	方法正确，内容明确	30 分			
岗位需求适应度	方法正确，内容明确	20 分			
合计		100 分			

任务三　肠衣的卫生检验

任务导入

同学们提前复习动物解剖和兽用生物制品相关内容，上课进行提问讨论。

任务准备

◎ 知识准备

一、肠衣的卫生指标

动物屠宰后的新鲜肠管，经加工除去内外各种不需要的组织，剩下一层半透明的薄膜（猪肠和羊肠为黏膜下层），称为肠衣。按来源不同可分为猪肠衣、羊肠衣、牛肠衣等。其中猪小肠肠壁稍厚，油脂一般，结实透明，适宜制作各种腊肠、灌肠。按肠衣的成品种类可分为腌渍肠衣和干制肠衣。腌渍肠衣富有韧性和弹性，品质较佳，而干制肠衣较薄，充塞承受力差。肠衣除了可以用来灌制香肠、灌肠等食品，还用于制作体育用具、乐器及外科手术用缝合线等。

肠制品主要用作灌肠的肠衣，是食品的一部分，故必须严格执行卫生检验与监督。国家标准规定，合格的肠衣应来源于安全非疫区的健康动物，并经官方批准的屠宰场屠宰，宰前宰后检疫须合格；采用符合国家食品卫生要求的加工操作。肠衣的检验以感官检查为主，注意其色泽、气味、坚韧性等。良质的肠衣呈乳白色，其次为淡黄色或灰白色，不应有霉败腐臭气味，薄而坚韧，透明均匀。凡有缺陷的肠衣，应列为次品或劣品，根据不同情况处理。肠衣的感官指标见表 9–3–1。

表9–3–1　肠衣的感官指标

指标	良质	次质	变质
色泽	呈淡红色及乳白色	淡黄色、灰白色或青灰色	黄色、紫色、黑色
气味	无腐败或臭味	稍有氨味或霉味	腐臭味
质地	坚韧、无杂质及筋络	韧性稍差，略带筋络	松软、厚薄不均，有明显筋络和杂质
伤痕	无任何伤痕	有轻微的蚀痕及少量砂眼或硬孔	有明显的破洞、啮痕及蚀痕等

二、肠衣加工卫生与检验

（一）肠衣的加工工艺

盐渍肠衣的一般加工流程是肠衣原料验收→鲜肠浸漂冲洗→刮制→灌水检查→量码→上盐→肠衣半成品包装（光肠）→半成品原料验收→贮存/运输→浸洗→解把/分选/定级→量码→检验→上盐→滤卤→缠把→装桶→贮存→运输。

干制肠衣一般为肠衣原料验收→鲜肠浸漂冲洗→剥油→浸液（碱液脱出油脂）→漂洗→上盐→浸漂冲洗→吹气→干燥→压平→装箱贮存→运输。

（二）肠衣的加工卫生

1. 严格验收原肠

供屠宰的动物在饲养过程中，可能存在某些疫病及致病菌，而导致肠原料的生物污染；或由于饲养中用药不当，未严格遵守休药期等不良操作，导致肠衣残药超标。所以屠宰厂应严格进行宰前和宰后检验，保证原肠质量合格。肠衣的加工单位应要求肠衣原料的供应方，提供产地检疫监督机构出具的检疫证明，要对肠衣原料进行感官检验，选用合格供方并定期（如半年一次）对原料进行抽检，确保原料的生物和理化指标合格。

2. 辅料及环境的清洁卫生

原料、半成品、成品和与产品有接触的物品（包括水和冰）应符合安全、卫生要求。生产用自来水或自备深井水等水源的卫生应符合规定；腌制料需来自正规渠道，其各指标应符合规定，使用前还应人工筛检可能存在的金属等杂质；接触产品的器具、手套和内外包装材料等必须清洁、卫生和安全；确保产品免受交叉污染；应保证操作人员的清洗消毒和保持洗手间设施清洁；还要防止润滑油、燃油、清洗消毒用品、冷凝水及其他化学、物理和生物等污染物对产品造成安全危害；要保证与产品接触人员的健康，及时清除鼠害、虫害。

3. 注意产品卫生的关键步骤

生产过程中每一步都要防止带入污染，而上盐、半成品原料验收及干燥对产品卫生安全性影响更大一些。无论是盐渍肠衣还是干渍肠衣都需上盐，所用的盐均为符合规定的肠衣用盐，用量要充分，上盐要均匀，保证达到抑制致病菌生长的浓度并腌渍充分。盐渍肠衣要进行半成品原料验收，以防止使用抗生素药物残留超标的半成品。干制肠衣要对水洗好的盐渍肠衣进行干燥，应于通风干燥处晾干，或放在干燥室中干燥（29~35 ℃），环境应清洁卫生，防止微生物、化学物质等污染。

三、肠衣的不良变化与卫生处理

（一）腐败

主要是盐渍不当或温度过高引起肠管变黑、发臭、黏腻、易撕断，应做工业用或化制。

（二）污染

即肠壁黏附肠内容物。轻度污染的去污后利用；重度污染而不能去除污垢的，做工业用或化制。

（三）褐斑

肠蛋白质与铁盐或钙盐可形成不溶性的化合物，呈现褐色，使肠管无弹性，缩窄而有粗糙的岛屿样组织，用水不能洗去。嗜盐菌能参与褐斑的形成。轻度褐斑的肠衣用 2% 稀盐酸或醋酸处理，再用苏打水洗剂除去褐斑后利用，重度的不能用于食用。

（四）盐红（红斑）

肠在 12~35 ℃环境中保存 10 d 以上，在未浸泡的肠段上有的会出现红色或玫瑰色斑点。这是嗜卤素肉色球菌和一些色杆菌所引起的。使肠带有大蒜气味。此种红斑，容易除掉，其病原体对人体无害，可以利用。

（五）霉败

干燥肠衣上生霉。如没有显著感官变化，去除霉变部位，其余部位利用。

（六）靛点

肠衣表面产生黑色或深蓝色斑点，应剔除变质部分。

（七）肠脂肪败坏

盐腌猪大肠的肠壁中含有 15%~20% 的脂肪，去脂不良的盐腌牛肠内含有 3%~5% 的脂肪。在不良保藏条件下，肠脂肪在空气、光照、高温和微生物的作用下迅速分解（酸败），并放出特殊不良气味。去脂不良的干肠制品的脂肪分解更快。如用肠脂肪败坏的肠衣制作腊肠，则会因败坏脂肪的融化而使肠馅变为不能食用。

（八）虫蚀

红带皮蠹（即火腿鲣节虫）和蠹鱼及其幼虫，在温暖季节，常钻入干肠制品。被昆虫穿孔及其分泌物污染过的干肠制品部分，不能用于腊肠生产。为了预防昆虫对干肠制品的损害，可用灭害灵（即除虫菊）处理仓库和干燥室的墙壁、地面、天花板以及肠产品的包装。

肠原料和肠制品在任何运输条件下，均应附送检验合格证明书。备有合格证明书的肠产品，用于生产时仍应重复检查。

◎ 工具准备

采血器、解剖刀、解剖剪、镊子等。

◎ 材料准备

防护服、口罩、帽子、手套、胶鞋等，动物新鲜的小肠、大肠，医用肠线等。

◎ 人员准备

人员分组，每组 5 人。明确职责分工。

任务角色	任务内容
组长：	任务：
组员 1：	任务：
组员 2：	任务：
组员 3：	任务：
组员 4：	任务：

任务筹划

（一）内容筹划

教师联系内脏整理车间或者实验室等，学生进行医用肠线，各种动物大肠、小肠等的采集与检查。

（二）方法筹划

各种动物大肠、小肠等的采集与检查。

（三）流程筹划

医用肠线检查、各种动物大肠和小肠等的采集与检查。

任务实施

步骤一：人员分组

____。

步骤二：任务分配

____。

步骤三：进行采集与检查

____。

步骤四：材料汇总

____。

步骤五：结果分析

____。

步骤六：小结

____。

任务检测

扫描二维码答题。

项目九任务三任务检测

任务评价

工作任务完成过程评价

班级：＿＿＿＿＿　学号：＿＿＿＿＿　姓名：＿＿＿＿＿　总分：＿＿＿＿＿

项目	评价方法	分数	自我评价	小组评价	教师评价
任务目标达成度	服从安排，积极主动，认真负责	10 分			
任务完成度	方法正确，内容明确	20 分			
知识掌握精准度	方法正确，内容明确	20 分			
技术操作规范度	方法正确，内容明确	30 分			
岗位需求适应度	方法正确，内容明确	20 分			
合计		100 分			

任务四　皮毛的卫生检验

任务导入

同学们提前复习畜牧学技术相关内容，上课进行提问讨论。

任务准备

◎ 知识准备

屠宰畜禽的皮毛用途很多，用量也很大，既可以作为服装业的用料（皮革、羽绒、毛线、裘皮等），又可以作为食品、生化制品、饲料的原料，生产出诸如明胶、混合氨基酸粉、高蛋白饲料等产品。在实际生产中需要对皮和毛进行严格的卫生检验，以防腐败变质与病菌传播。

一、皮张的加工卫生与检验

（一）皮张的加工卫生

家畜屠宰后剥下的鲜皮称为“生皮”，经初步整理晾干后的生皮就是“板皮”，再经脱毛鞣制而成的产品称“革”，而带毛鞣制的产品称为“毛皮”。皮在温室下很容易腐败。故而，从屠宰车间出来的皮张要进行初步加工，清理除去皮上的污物，还要采取一定的防腐处理，通常采用干燥法、盐腌法、盐干法、酸盐法和冷冻法。

（1）干燥法。适用于北方干燥地区，通过自然干燥的方法除去皮中的水分。干燥时以皮肉面向外搭在木架上晾干为好，切忌在烈日下暴晒，以免皮张干燥不均和分层。

（2）盐腌法。适用于南方潮湿地区，通过盐的高渗作用，使皮张脱水。盐腌时除注意正确执行技术操作外，还应注意盐的质量。不得用适于葡萄球菌、链球菌、八叠球菌等微生物繁殖的钙盐，最好加入占盐重 3% 的纯碱或 2% 的硅氟酸钠。后者效果显著，但有一定的毒性，用时要特别注意。此外，加工时盐水应清洁，不得用废盐和含卤的盐，最好用熬制盐。

（3）盐干法。将经过盐腌后的生皮再进行干燥。这种方式的生皮称为“盐干皮”。这种方法可使生皮质量减轻 50% 左右，防腐力强，贮藏时间大为延长。并有效地避免了生皮干燥时发生硬化等缺陷。

（4）酸盐法。将食盐、氯化铵和铝明矾按一定比例配合成的混合物，撒在皮毛的肉面并稍加揉搓，然后毛面向外折叠成方形，堆积一周左右。

（5）冷冻法。鲜皮最简单的防腐法，适用于北方地区。但冷冻可使皮张脆硬易断，运输不便，容易风干，不宜长期贮存或长途运输。

（二）皮张的卫生检验

从事皮张鉴定的检验人员须掌握健皮、死皮和有缺陷皮张的特征。此外应熟悉传染病动物及死亡动物皮张的特征。

1. 健皮（正常皮张）

健皮是健康动物的生皮，肉面呈淡黄色（上等肥度）、黄白色（中等肥度）或淡蓝色（瘦弱动物）。盐渍法保存的生皮，颜色与鲜皮一致，致密，弹性好，背皮厚度适中且均匀一致，无外伤、血管痕、虻眼、癣癞、腐烂、割破、虫蚀、疮疤等缺陷。剥下数小时内打卷的皮张，干燥后其肉面变暗，此现象也见于日光干燥皮。

2. 死皮

由死亡动物尸体上剥下来的皮张称为“死皮”。死皮的特征是肉面呈暗红色，且往往带有较多的肉和脂肪。常因血液坠积而使皮张肉面的半部呈蓝紫色，皮下血管充血呈树枝状。

3. 皮张的缺陷

可分生前形成、屠宰加工和保存时形成三种情况。

（1）动物生前形成的缺陷。常见的有烙印伤、针孔、虻眼、癣癞、疮疤、疔伤、痘伤、淤血、疥、刺挂伤。

（2）屠宰加工时形成的缺陷。主要为刀伤、漏档及肉脂残留。

（3）皮张保存时形成的缺陷。主要有腐烂、烫伤、虫蚀、霉烂、冻板、油烂（胶板）、花盐板、受闷脱毛、陈板。

二、毛类的加工卫生与检验

动物的毛发、角、蹄、羽毛等是皮的附属物，含有很高浓度（55%~87%）的角蛋白。由于角蛋白的稳定性、机械强度及弹性好，同时必需氨基酸浓度适宜，是优质的全价蛋白质，可以科学合理地利用皮肤附属物。例如，利用猪鬃生产刷子、饲料，用牲畜毛提取氨基酸，用羽毛制作羽绒服或加工膨化饲料，鹿茸是名贵的中药材等。其中以畜类的毛和禽类羽毛的用量最大。

（一）猪鬃

猪体上的毛统称为鬃毛，而位于猪颈部和脊部的刚性毛称为猪鬃。

猪鬃的初加工工艺：原料猪鬃→剃毛→浸渍→捣松→水梳→烘干→缠板→蒸伸→梳剔→分级→揉整→捆把→搭配→检查→摩根→包装。

猪鬃收集来之后要按毛色分类，并剔除其中的腹毛、尾毛、霉毛、草棍及灰尘。将原料润湿，发酵 24 h，使肉皮软化，取出以木板捣松肉皮，使猪毛和肉皮分开，再用水洗净猪毛，并以铁梳将绒毛等碎屑梳除，并再次洗净。接着入竹筛以适当方式干燥成“毛铺”，再将毛铺缠在木板上于蒸锅内蒸煮，使弯条蒸直，并起到除腥杀菌的作用。再经梳剔、分级、揉整、捆把。此时进行三次检查，初检看有无脱落的毛梢，并剪齐梢尘；复检看毛束中有无霉毛、白毛、花毛、黑毛及油毛等，并剔除之；清灰清边，查看是否捆紧或再翻梳去“清灰”，再去除不足尺码的鬃称为“清边”。经摆齐猪鬃根部，把凸出毛剪去或燎去，再磨平即得成品。

（二）毛

包括羊毛、驼毛、马毛和牛毛（特别是牦牛毛），是很有价值的轻工业原料。牲畜的产毛量和品质，决定于动物的年龄、品种、营养状况、气候及饲养管理条件等。

毛的来源可分为两种：一种是按季节从动物体剪下的毛，如羊毛；另一种是屠宰加工时从屠体和皮张上煺下的毛，如猪毛、马毛和牛毛等。从动物体上剪下的毛，应注意检疫和消毒，以免疫病的传染。同时也应注意毛的清洁和分级。在屠宰场所获得的毛，多是从宰后屠体浸烫煺毛时煺下的毛。这种毛经过加工、清洗和消毒，也可以作为良好的轻工业原料。

（三）羽毛

羽毛质轻软且富有弹性，本身蛋白质含量高，是重要的轻工业原料。其用途一般有三个：第一，作为填充用品，主要使用柔软、轻松、防寒的鸭鹅羽绒；第二，工业用，主要用鹅的翎毛做羽毛扇、羽毛球等；第三，饲料用，用高温处理羽毛，粉碎后可以得到高蛋白饲料。

羽毛应采自健康的家禽，屠宰时为了防止羽毛被血污染应采用口腔放血法。拔毛方式有干法和湿法两种，干法拔毛是杀死家禽后，等血液流净但还保持一定体温时立即拔毛；湿法拔毛是屠宰完，血放净后入热水浸湿禽体，使家禽皮肤组织松弛，再将羽毛迅速拔下。干拔的羽毛质量较佳，湿拔的羽毛需经干燥。此外应使用除灰机将干燥羽毛中的泥土、灰尘除去，用分毛机将绒毛、片毛、薄毛和硬梗分开后再进行贮藏。

鉴定羽毛品质时，应注意是否混入血毛、食毛虫、杂毛、虱和其他杂质，也要注意有无霉变、腐败和分解现象。

◎ 工具准备

解剖刀、解剖剪、镊子、计数器等。

◎ 材料准备

防护服、口罩、帽子、手套、胶鞋等，动物的皮毛等。

◎ 人员准备

人员分组，每组 5 人。明确职责分工。

任务角色	任务内容
组长：	任务：
组员 1：	任务：
组员 2：	任务：
组员 3：	任务：
组员 4：	任务：

任务筹划

（一）内容筹划

教师联系屠宰场或者动物养殖场或者实验室等，学生进行各种动物皮毛等的采集与检查。

（二）方法筹划

各种动物皮毛采集与检查。

（三）流程筹划

各种动物皮毛的正确采集与相关检查。

任务实施

步骤一：人员分组

____。

步骤二：任务分配

____。

步骤三：进行采集和检查

____。

步骤四：材料汇总

____。

步骤五：结果分析

____。

步骤六：小结

____。

任务检测

扫描二维码答题。

项目九任务四任务检测

任务评价

工作任务完成过程评价

班级：____________　学号：____________　姓名：____________　总分：____________

项目	评价方法	分数	自我评价	小组评价	教师评价
任务目标达成度	服从安排，积极主动，认真负责	10 分			
任务完成度	方法正确，内容明确	20 分			
知识掌握精准度	方法正确，内容明确	20 分			
技术操作规范度	方法正确，内容明确	30 分			
岗位需求适应度	方法正确，内容明确	20 分			
合计		100 分			

项目十 食品微生物检验

项目导读

肉与肉制品、蛋与蛋制品、乳与乳制品、水产品及其制品等都不同程度地受到各种微生物的污染。即便加工的原料特别新鲜，但由于原料积压，加工场地卫生条件差，消毒、灭菌、防菌不严等原因，环境中的病原微生物也会污染食品。如生产人员是沙门氏菌或痢疾杆菌携带者或结核病患者，病菌污染了食品，通过食品将病菌散布得更为广泛。如果检疫不严格，不慎使用患病动物的肉，生产出来的食品也就带有病菌、病毒。这些污染的微生物主要是腐生菌，其次是病原微生物。

知识目标

（1）熟悉实验室规则及微生物实验室基本要求。

（2）熟悉培养基的种类；知道细菌培养生长所需的条件，并掌握培养基制备的原则和制备的程序。

（3）熟悉细菌的分离培养技术，掌握划线分离培养的基本要领和方法。

（4）熟悉微生物实验室常用的仪器构造及其使用方法，知道各仪器的使用对象。熟悉常用玻璃器皿的名称及规格，掌握实验室常用的灭菌方法。

（5）熟悉金黄色葡萄球菌的特点，掌握金黄色葡萄球菌检验的食品卫生学意义。熟悉病毒的特点，掌握病毒检验的食品卫生学意义。

（6）熟悉动物性食品的微生物检验程序。

技能目标

（1）会进行各种培养基的制备，掌握常用培养基（普通肉汤、普通琼脂）的制备方法。

（2）掌握微生物检验用玻璃器皿的正确消毒、洗涤和包扎技术。

（3）掌握斜面移植法的方法并会进行细菌菌种的保存。

（4）熟练掌握高压蒸汽灭菌器、生化培养箱、不锈钢电热蒸馏水器、超静工作台、普通光学显微镜的使用及保养技术。

（5）通过参观实验室及对实验规则的学习，培养微生物实验室检验员的基本职业素养。

（6）掌握样品的处理技术，会进行肉、蛋、乳、水产品及其制品样品微生物检验前处理。

素质目标

能进行各种动物性食品的微生物指标的检测，正确判定其品质。

思政目标

通过动物性食品微生物指标检测学习，能够树立严谨、细致、规范的工作态度。

任务一 微生物指标检验岗前知识培训

任务导入

同学们提前查阅微生物指标检验岗前知识培训相关内容，上课进行提问讨论。

任务准备

一、动物性食品中的病原微生物

1. 肉与肉制品中的病原微生物

健康畜禽的肉、血液、脏器组织一般是无菌的，但是随着加工、运输和保藏过程的进行，污染的微生物会越来越多，越到最后的工序细菌污染越严重。每克肉可以检出亿万个细菌，少者也有几万个细菌。肉品表面存在的细菌数远远多于深部组织存在的细菌数，细菌由肉的表面侵入深部组织通常很慢也很少，但深部肌肉组织一旦受到破坏，微生物就能很快地侵入肉的深部。肉食品上的菌丛，主要是肠道细菌。

肉保存不当时易发生腐败，肉的腐败首先是由肉表面开始的需氧性腐败，逐渐扩散至深部的厌氧性腐败。引起需氧性腐败的细菌，主要是革兰氏阴性菌，如产气杆菌、大肠埃希菌、阴沟杆菌、变形杆菌等。引起厌氧性腐败的细菌主要有腐败梭菌、产芽孢梭状杆菌和溶组织杆菌等。有时，需氧和厌氧性腐败菌并存。鲜肉或一些肉制品，如腊肉、香肠、火腿、板鸭等若储存过久或储存在较湿的环境中，会引起霉菌的大量繁殖，肉面上常见的霉菌有曲霉、根霉、毛霉等。肉与肉制品上的霉菌，有的有引起腐败变质作用，有的能产生毒性物质，如黄曲霉菌、杂色曲霉等。

污染畜禽肉的微生物既有非病原性微生物又有病原微生物，其中最易污染的是病菌、病毒。畜禽肉上污染的病菌、病毒，主要是由于病畜病禽与健康畜禽混合屠宰加工而直接受到污染，或者是由于环境消毒不严，使病菌、病毒通过空气灰尘而污染到其他畜禽肉。家畜家禽的传染病很多都是人畜共患的传染病，能通过肉食品传染给人，危害较大，如炭疽病、结核病、布鲁氏菌病、钩端螺旋体病、口蹄疫等。自然界分布最广泛的肠道致病菌主要是沙门氏菌，它能引起人类、家畜家禽、野生禽兽等不同程度的沙门氏菌病，并在人、畜、禽之间循环污染。

肉上的大部分微生物，都是不耐浓盐和高温的，在经过浓盐或高温处理后，都会死亡。但少数微生物会形成芽孢或孢子，如肉毒杆菌的芽孢体不会受到高浓度盐或高温的影响，可以在腊肉、火腿、香肠中长期存活。

2. 蛋与蛋制品中的病原微生物

刚产出来的禽蛋，蛋壳上一般是不带菌的。但当禽的排卵器官有疾病时，往往就会使蛋壳污染到病原微生物。蛋在产出后，由于环境中到处存在着各种各样的微生物，所以很容易使其受到污染。禽蛋存放过程中，存放时间越长，污染到蛋壳上的微生物就越容易侵入蛋内部，引起腐败变质。这些微生物主要有大肠埃希菌、变形杆菌、荧光杆菌、马铃薯杆菌、绿脓杆菌、各种球菌，还有一些霉菌（如芽枝霉、分枝孢霉、毛霉、青霉）和酵母菌等。

当家禽传染有某种疾病时，所产的蛋内就可能带有该种疾病的病原体。常见的是沙门氏菌属细菌，主要有肠炎沙门氏菌、鸭沙门氏菌、鸡伤寒沙门氏菌、鼠伤寒沙门氏菌、副伤寒沙门氏菌、雏鸡白痢沙门氏菌、汤卜逊沙门氏菌、塞夫顿堡沙门氏菌等。禽蛋里的沙门氏菌，已经被检出的有 40 多个血清型。此外，患新城疫的鸡所产的蛋内会有鸡新城疫病毒，患鸭瘟的鸭所产的蛋内也会有鸭瘟病毒。

蛋在加工成蛋制品如冰蛋、干蛋品的过程中也可能有微生物污染，这可能是蛋本身带有的，也可能是加工过程中污染的。因此，常采用巴氏消毒法来达到灭菌的目的。

3. 乳与乳制品中的病原微生物

乳中的营养成分较高，微生物易于繁殖。乳中的微生物可能来自环境，也可能是乳汁本身所含有的。环境中的微生物污染乳汁主要是由于乳房表面、挤乳者的手、工具、容器以及饲养乳畜的卫生条件差而引起的。如果乳房内有微生物存在，乳汁中也就不可避免地有微生物存在，最常见的是葡萄球菌和链球菌，棒状杆菌和乳杆菌也有可能存在。这些菌群能分解乳汁中的各种营养成分，还有一些肠道杆菌，能使乳液产酸、产气。乳制品中的炼乳，常常因微生物引起腐败变质。

除细菌外，酵母菌和霉菌在乳液中经常可以被检出。

因为乳液中可能会带有各种病原微生物，为防止人通过乳液受到感染，所以鲜乳在出售前必须经巴氏消毒处理。而刚从牛体内挤出的鲜乳必须经过煮沸后才能饮用。

4. 罐头类食品中的病原微生物

微生物也能污染各种肉类罐头，可能是生产罐头的原料处理不当、装罐前微生物污染严重、杀菌的温度和时间不足、罐听密封不严等，而使罐头内留有微生物，在适宜的条件下大量繁殖导致罐头的腐败变质现象。这些微生物大多是非病原微生物，其中以细菌为主，其次为真菌，也有少数病原菌。一般情况下，肉在装罐前都要经过高温灭菌，所以罐头内通常是无菌的。

5. 水产品及其制品的病原微生物

鲜鱼，除体表、鳃以及消化道内含有一定数量和一些固定的微生物外，其他组织内是无菌的。鱼经过运输、贮藏或加工后，鱼体上的微生物数量和种类会增加，若卫生条件较好，微生物的污染就少，否则微生物就会大量增加。

污染鲜鱼的微生物以腐生菌为主，主要有假单胞菌属、无色杆菌属、黄杆菌属和摩氏杆菌属等。河流中一些特定的细菌，可以污染生活在其中的水产品，如淡水河流中的鱼类往往会有致病菌，如沙门氏菌、志贺氏菌、产碱杆菌、短杆菌属等细菌。在霍乱疫区、口蹄疫疫区，河流中的鱼类也会有霍乱弧菌、口蹄疫病毒。特定细菌会污染海水中的海产鱼，如嗜盐类细菌。这些细菌分解鲜鱼组织中的蛋白质、脂肪，使组织产生吲哚、粪臭素、硫醇、硫化氢等。海产品在海水中还能被致病性嗜盐菌污染，海水中的水深性色素细菌还能在鱼变质的过程中产生颜色。

水产品经过盐制后，仍有大量适应盐制环境，能够引起鱼赤变的微生物存在，主要是嗜盐菌中的玫瑰小球菌、盐地赛杆菌、盐地假单胞菌、红皮假单胞菌、盐杆菌属等，这些细菌在含有食盐 18%~25% 的基质中，仍能良好地生长。

二、微生物引起的食品腐败变质

食品变质是指食品的色、香、味和营养物质，发生了从量变到质变的变化，导致食品质量的降低。腐败是指变质食品进一步发生变化而成为完全不能食用的废品，总的过程叫作食品腐败变质。引起食品腐败变质的原因很多，主要有微生物学、化学、物理和生物化学因素等，其中以微生物引起的腐败变质为主。

食品变质的内因主要是动物性食品中含有结构极易被破坏和变化的有机物、水分、有机微生物酶，极易被氧化的不饱和脂肪酸等不稳定物质；外因是光、热及外界介质和微生物作用。引起食品腐败变质的微生物称为腐生微生物，以非病原性细菌为主，特称之为腐生细菌，其次为霉菌和酵母等。自然界中的微生物主要是在食品加工、贮藏和流通环节中，通过水、空气、土壤、用具、器皿、动物和人而污染食品。

三、食品病原微生物检验的重要意义

为了保证食品在生产、加工、运输、储存和销售环节中不被病原微生物污染，对工厂的各个重要加工阶段和最后出厂的成品，进行微生物学监督与检验是十分必要的。可以通过严格控制屠宰畜禽的健康和原料的新鲜度，改善不合理的加工工艺，在加工过程中搞好卫生消毒工作等措施，控制微生物对食品的污染。这样不仅是对消费者负责，也可避免造成经济损失。

因食品被污染或因腐败变质引起人畜严重病害的事例不少。曾经的阿根廷沙门氏菌，由被污染的鱼粉带入荷兰、英国、美国等国，并迅速在家畜、家禽之间传播。自其传入起，分离出来的菌株也日益增多。英国 1974 年发现 15 万例志贺氏菌病例，美国某地区两年内约有 15 000 人死于志贺氏菌病。1972 年，在斯德哥尔摩召开的联合国人类环境保护会议，表明了人们对食品病原微生物污染不断增加的关切。类似的报告在世界保健总会也有通过，世界卫生组织（WHO）也加强了在这方面的活动。

我国十分重视食品病原微生物的检验和研究，为了控制病原微生物的扩散传播，制定了相应的法律、法规和标准，乳与乳制品厂、蛋与蛋制品厂、鱼与鱼制品厂等设置了检验实验室，国家还设有专门针对食品病原微生物进行检验与研究的机构，以保障人们的健康与畜牧业的良性发展。

四、食品卫生细菌学检验的意义

食品卫生细菌学检验可以正确而客观地揭示环境或食品的卫生情况，从而做出确切的卫生评价，并为各项卫生管理工作及某些传染病的防疫措施提供科学依据。

食品卫生细菌学检验中，最常用的指标除了细菌总数外还有大肠菌群以及致病菌。细菌总数是指 1 g 或 1 mL 检样，经过适当的技术处理后，在一定条件下培养，所得细菌菌落数，再换算成 1 g 或 1 mL 检样中含有的细菌总数。细菌总数主要作为判定食品或饮水被细菌污染程度的标志。大肠菌群是指一群在 37 ℃经 24 h 培养后，能分解乳糖，产酸、产气，需氧或兼性厌氧等革兰氏阴性无芽孢杆菌，它包括大肠埃希菌属、枸橼酸杆菌属、克雷伯菌属和肠杆菌属。大肠菌群主要来源于人畜的粪便，故以它作为指标来表示食品被粪便污染的程度，大肠菌群越多，受粪便污染的程度越大，也就是肠道中病原菌随粪便侵入食品的可能性越大。大肠菌群检验对评价食品及饮水等的卫生质量，具有广泛的卫生学意义。

（一）食品细菌菌相的食品卫生学意义

食品细菌菌相是指共存于食品中的细菌种类及其相对数量的构成，其中相对数量较大的细菌称为优势菌种。食品在细菌作用下可发生的变化程度和特征，取决于菌相特别是优势菌种，检测食品菌相可对食品变化作出估计。

例如，在常温下放置的猪肉、牛肉、羊肉、鲜鱼等食品，开始以需氧的芽孢杆菌属、假单胞菌属、微球菌属等的污染为主，随着这些细菌的大量繁殖食品开始腐败变质时，数量增多的是肠杆菌科中的各属细菌。随着腐败变质进程的发展，较大比例的细菌便是变形杆菌类各属细菌。再如，冷冻食品鲜冻初期，主要受到黄杆菌属、假单胞菌属、嗜冷微球菌等嗜冷菌的污染，随着鲜冻至中末期，肠杆菌科各属细菌和球菌类等渐次增殖。

食品在不同的环境条件下，会受到不同细菌菌相污染，这是影响食品变质的主要因素。食品变质后性状会发生改变，如产生刺激气味、异常颜色、酸臭味道、组织松弛、黏液污秽等。同时，由于食品上存在的细菌各不相同，各种食品可发生倾向性的成分分解，维生素、无机盐等大量破坏和流失。在食品卫生中更应重视的一个问题是食品菌相中的非致病菌可能产生相对致病性。食品中细菌菌相的分析研究，对于食品卫生具有一定意义。

（二）食品中细菌数量及其食品卫生学意义

食品细菌数量的检验有两种表示方法：一是将食品经过适当处理（溶解和稀释）后，在显微镜下直接对细菌细胞进行计数，包括各种活菌，也包括尚未消失的死菌，结果称为细菌总数；二是在严格规定有样品处理、培养基及其 pH 值、培养温度与时间、计数方法等的条件下，经培养后使适应这些条件的每一个活菌形成肉眼可见的菌落，进行计数，其结果称为该食品的菌落总数。第二种方法更能正确地反映出食品污染了存活的细菌总数。因此，我国和其他一些国家对食品细菌数量检验均采用此法，食品中的细菌数量，通常指每克或每毫升或每平方厘米面积食品上的细菌数目，并不考虑细菌的种类。

食品细菌数量对食品卫生质量的影响比菌相更为明显。食品中污染的细菌数量达到每克 100 万 ~1 000 万个时，可以引起食物中毒。据报道，细菌数为每平方米 1×10^5 个的牛肉，可在 0 ℃下保存 7 d，而细菌数为每平方厘米 1×10^2 个牛肉，在同样温度条件下，可保存 18 d。食品中的细菌数量至少有如下两方面的卫生学意义。

（1）作为食品被污染程度的指标。我国及国外的食品卫生标准中以食品菌落的总数来控制食品污染的允许限量。

（2）利用食品中细菌数量作为评定食品腐败变质的指标，即可用来预测食品耐贮存的程度和期限。

（三）大肠菌群及其食品卫生学意义

大肠菌群来自温血动物和人的肠道，包括肠杆菌科中的大肠埃希菌属、克雷伯菌属、柠檬酸杆菌属等，以大肠埃希菌属为主。这些菌属中的细菌，在 35~37 ℃下能发酵乳糖，产酸、产气，是革兰氏阴性杆菌，需氧与兼性厌氧，不形成芽孢。但大肠埃希菌属与本群其他细菌具有明显区别，埃希菌属生化试验靛基质阳性，甲基红试验阳性，VP 试验阴性，柠檬酸利用试验阴性。

大肠菌群中除典型大肠杆菌外，还包括枸橼酸杆菌、产气克雷伯菌和阴沟肠杆菌，都是直接或间接地来自人和温血动物的粪便。如果食品中检出大肠菌群，则表示食品受到人和温血动物的粪便污染，如有典型大肠杆菌，说明粪便是近期污染，其他菌属可能为粪便的陈旧污染。作为食品粪便污染的指示细菌一般应该符合以下要求。

一是在肠道中数量较多，易于检出；二是仅来自肠道，即有来源特异性；三是在外界环境中有足够的抵抗力，并能存活较长的时间；四是食品细菌学检验方法，敏感简易。大肠菌群比较符合这些要求，所以是较为理想的粪便污染指示菌。但对低温菌占优势的水产品及其他冷血动物，如用大肠菌群作为食品粪便污染的指示细菌就不一定适用，因为大肠菌群是嗜温菌，5 ℃以下不能生长繁殖。食品中不可能完全不存在大肠菌群，主要是食品污染大肠菌群的多少，即食品被粪便污染的程度，我国和其他一些国家都采用大肠菌群最近似值（MPN）表示，即相当于 100 g 或 100 mL 食品中的大肠菌群的最可能数来表示。

五、食品微生物检验方法的研究进展

随着人们生活水平的不断提高，食品安全问题越来越受到人们的重视，微生物对食品的污染问题也备受关注。随着世界食品的开发、生产、销售产业的迅速发展以及人们生活水平的不断提高，研究和建立食品微生物快速检测方法以加强我们对食品卫生安全的监测，也越来越受到各国科学家的重视。最关键的是及时、准确地检测出食品中含有的微生物。传统检测方法的准确性、灵敏性均较高，但这种方法涉及的试验较多，操作烦琐、效率低。近些年来，微生物的快速检测以及自动化研究进展飞速发展，主要包括微生物学、分子化学、生物化学、生物物理学、免疫学和血清学等方面及这些学科的结合应用。现今临床通常使用分子生物学方法中的核酸探针检测法、基因芯片检测法和聚合酶链式反应（PCR）技术检测法。

任务筹划

师生共同解决问题：肉上的微生物，在经过浓盐或高温处理后，是否都会死亡。

任务实施

步骤一：查阅资料

____________________。

步骤二：小组讨论

____________________。

步骤三：小结

____________________。

任务检测

扫描二维码答题。

项目十任务一任务检测

任务评价

工作任务完成过程评价

班级：__________ 组别：__________ 姓名：__________

项目	评分标准	分数	自我评价	小组评价	教师评价
训练态度	服从安排，积极主动，认真负责	10 分			
查阅资料	方法正确，内容明确	30 分			

（续表）

项目	评分标准	分数	自我评价	小组评价	教师评价
任务完成度	方法正确，内容明确	10 分			
知识掌握精准度	方法正确，内容明确	20 分			
撰写报告	内容翔实，结构完整	30 分			
合计		100 分			

任务二　实验室规则及要求

任务导入

请思考，如何做一名合格的食品微生物实验室检验员？

任务准备

一、实验室规则

（一）防止病原微生物的携带和扩散

（1）进入实验室应穿实验服，如在试验过程中沾上带有微生物的液体和其他试剂或进行了烈性细菌试验，应将实验服脱下于高压蒸汽灭菌器内灭菌或浸于消毒药水中过夜后，再进行洗涤。

（2）含有液体培养物的试管应竖列在试管架上，不可平放在桌子上，以防管中液体流出而造成污染，一旦细菌培养物或病料污染桌面或地面时，应敷以浓消毒药覆盖过夜。

（3）实验室中禁止饮食，不得用嘴湿润标签等物，也勿用手或他物与面部接触。

（4）操作危险材料时，勿谈话或思考其他问题，以免分散注意力而发生意外。

（5）试验过程中，若发生试验人员吸入细菌、划破皮肤等意外事故时，应立即自行处理，必要时到医院就医。

（6）微生物实验室内的菌种或毒种不得带出实验室，若必须带出时，应严格按规章制度由专门管理人员办理。

（7）试验完毕后，最好先用消毒药水或肥皂洗手，后用清水冲洗。

（二）实验室部分仪器使用注意事项

节约使用试验所用药品、试剂、染色剂、镜油、擦镜纸等，避免浪费。仪器使用时要按操作规程进行，用后擦拭干净放到指定位置，以避免不必要的损耗和意外。吸管、试管置于试管架上时，要轻放到试管架底部再松手，以免试管底部破损。平皿放置时，一般皿底在上皿盖在下，以免拿时皿底掉下摔破。金属器皿煮沸消毒或高压消毒后，应立即擦干，防止生锈。

（三）标记要明确，结果记录要及时

试验所用的各种试剂、染料、培养物、动物等，需标记明确。如果使用物品需经高压消毒的，其标签应用深色铅笔或记号笔书写，防止消毒后字迹变得模糊不清。

每项试验的操作结果、观察的现象以及试验数据都应有及时、详细、清楚的记录。

（四）实验室安全隐患

实验室内一切易燃物品应远离火源。在使用酒精灯时，不可将酒精灯倾斜向另一酒精灯引火，以免发生爆炸。进入实验室应先了解水、电、气闸所在之处。离开实验室时，一定要将室内检查一遍，将水、电、气关好，门窗锁好。使用电气仪器时，绝不可用湿手触及电闸和电气开关，严防触电。实验室应备有测电笔等常用检测工具，要定期检查，凡是漏电的设备，一律不能使用。

（五）清洁与秩序

每日开始工作前，地面清扫洒水，清洁桌面。工作时，各种试验操作应严格按操作规程和要求进行。工作完毕后，应将实验室中各物放回原处或指定地点，对实验室整理、清洁，检查无误后离开。

二、微生物实验室的一些基本要求

（一）无菌操作要求

无菌是不含有活的微生物的意思。用物理或化学方法，防止微生物进入机体或物体的操作，叫无菌技术或无菌操作。为了防止试验操作过程中人为污染样品或由于操作不当而引起致病菌的散布，以保证工作人员的安全，食品微生物实验室工作人员必须有严格的无菌操作观念。

（1）进行试验时，必须穿戴经紫外线消毒后的专用工作服和鞋帽，并将手用75%乙醇棉球擦干净。

（2）接种所用的吸管、培养基必须经消毒灭菌，打开包装未使用完的器皿，放置后不能再次使用。包装中的吸管尖部不能外露，使用时不得触及试管壁或平皿边缘。

（3）必须在酒精灯前进行接种细菌操作，接种细菌用的试管管口、瓶口在打开后及关闭前，应于火焰上通过1~2次，以杀死可能从空中落入的杂菌或其他污染物。

（4）打开瓶塞或试管塞时，应将棉塞夹于手指间适当的位置，不得任意放置别处。

（5）金属用具应高压灭菌或用95%乙醇烧灼后使用，接种环和接种针在接种细菌前，应经火焰烧灼全部金属丝，必要时还要烧到环与杆的连接处。接种结核菌和烈性菌的接种环应在沸水中煮沸5 min，再经火焰烧灼。

（二）无菌操作间使用要求

（1）无菌操作间内应设有相应的缓冲间及推拉门，并要有与外界相通的窗户，一般都是用密封的双层玻璃制成，窗户上必须留有小窗，用于传递物品。窗户和小窗平时都不得随意打开。

（2）无菌操作间内应保持清洁，不得存放与试验无关的物品。

（3）工作后应清洁打扫，然后用消毒液或紫外灯消毒，照射时间不少于 30 min。操作人员不得直接在紫外线下操作，以免引起损伤。紫外灯管每隔一段时间需用乙醇棉球轻轻擦拭，除去上面灰尘和油垢，以减少紫外线穿透的影响。

（4）一旦进入无菌间进行操作，不得随意出入，如需要传递物品，可通过小窗进行。

（5）无菌操作间内若要安装空调，则应装有相应的过滤装置。

（三）病原微生物污物处理要求

微生物实验室所用的试验器材、培养物、菌种及使用过的器皿等未经消毒处理，一律不得带出实验室。

（1）被微生物污染的材料及废弃物应放在严密的容器或铁丝筐内，并集中存放在指定的地点，待统一进行高压灭菌后再进行洗涤；试验用过的动物脏器、血液、尸体等应消毒后焚烧或掩埋。

（2）培养过微生物的培养皿或者试管，必须经 121 ℃ 30 min 高压灭菌后方可清洗。

（3）吸过含有微生物培养液的吸管、染色的玻片，应放入 5% 煤酚皂溶液或石炭酸溶液中浸泡 24 h，消毒液要高于浸泡的吸管或玻片的高度，或者经 121 ℃ 30 min 高压灭菌后再清洗。

（4）在涂片染色过程中冲洗过玻片的液体，应放置数天后再直接冲入下水道，烈性菌的冲洗液应经高压灭菌后方可倒入下水道。

（5）打碎的培养物，立即用 5% 煤酚皂溶液或石炭酸溶液喷洒和浸泡被污染部位，24 h 后再擦拭干净。

（四）灭菌处理要求

（1）灭菌物品取出后应检查包装的完整性，如发现包扎纸破裂、包装有水分浸入、棉塞脱掉等现象，此物品不可作为无菌物品使用。若培养基或其他试剂灭菌后色泽异常，也不应使用。

（2）取出的物品掉落在地面、误放不洁之处或沾有水液，均视为受到污染，不可作为无菌物品使用。

（3）取出的合格灭菌物品，不得与未灭菌物品混放，应存放于贮藏室或防尘柜内。

（4）凡属合格物品，应标有灭菌日期及有效期限。每批物品灭菌处理完成后，还应记录好灭菌品名、数量、温度、时间、操作者等。

（五）样品采集及处理要求

（1）所采集的检验样品一定要具有代表性，应在采样时详细调查该批食品的原料、加工、运输、贮藏条件、周围环境卫生状况等。

（2）采样时应在无菌条件下操作，即容器及所用剪、刀、匙用具必须灭菌，但应注意不得用煤酚皂、新洁尔灭（苯扎溴铵）、乙醇等消毒液灭菌，以避免杀死样品中的微生物。此外，还要防止环境中的微生物可能造成的污染。

（3）采样的数量及方法应按标准检验的要求和方法进行采集，并要保证采样的随机性。

（4）采集的样品要尽快送到食品微生物检验室，一般应不超过 3 h。环境温度较高或路途较远的情况下应进行冷藏。不需冷冻的样品应放在 1~5 ℃环境中送检，可以用冰盒送检。需要冷冻的样品，则需放在 0 ℃以下的环境中送检，可以用泡沫塑料隔热箱。但应注意，样品的送检及存放都不得使用任何防腐剂。

（5）检验室收到样品后，应登记样品名称、送检单位、数量、日期、编号等，之后应立即进行检验。如果检验的条件不具备，应置于 4 ℃冰箱存放。但如果发现有下列情况之一者，应拒绝检验。

①样品失去代表性的，如经过特殊高压、煮沸或其他方法杀菌者。

②样品失去原有食品形状者，如瓶、袋装食品已开启者，熟肉及其制品等已折碎不完整者，但食物中毒样品除外。

③不按规定进行采样者，如采样数量不足者。

（6）样品检验时，根据其不同性状，可适当进行处理。

①对于液体样品，接种时应充分混合均匀，按量吸取后再进行操作。

②对于固体样品，可以用灭菌刀、灭菌剪分别从不同部位取样共 25 g，剪碎或研磨后置于 225 mL 灭菌生理盐水或其他溶液，混匀并按量吸取接种。

③对于瓶、袋装食品应在无菌条件下开启，并根据性状选择适当方法处理后再接种。

任务筹划

教师带领学生参观微生物实验室。

任务实施

步骤一：准备工作

各小组做好进入微生物实验室之前的准备。

步骤二：参观实验室

以小组为单位参观微生物实验室。

步骤三：实验室操作

以小组为单位进行细菌培养液的吸取、含有细菌培养液试管的处理等操作。

步骤四：小结与报告

写出你所参观的微生物实验室在防止细菌散布或在处理有毒有害物品等方面，还需要哪些改进。

任务检测

扫描二维码答题。

项目十任务二任务检测

任务评价

工作任务完成过程评价

班级：＿＿＿＿＿＿＿＿　组别：＿＿＿＿＿＿＿＿　姓名：＿＿＿＿＿＿＿＿

项目	评分标准	分数	自我评价	小组评价	教师评价
训练态度	服从安排，积极主动，认真负责	20分			
参观微生物实验室	准备充分	20分			
细菌培养液的吸取	操作规范	30分			
撰写报告	内容翔实，结构完整	30分			
合计		100分			

任务三　微生物检验用玻璃器皿的准备

任务导入

同学们提前了解微生物检验常用玻璃器皿的正确消毒流程。

任务准备

一、消毒与灭菌

（一）基本概念

1. 灭菌

杀灭物品中所有微生物（包括病原微生物和非病原微生物）的繁殖体和芽孢的方法叫作灭菌。

2. 消毒

杀死物品中病原微生物的方法叫作消毒。消毒与灭菌的区别是消毒只是杀死病原微生物，但不包括非病原微生物。具有消毒作用的药物称消毒剂。一般消毒剂在常用浓度下只对细菌的繁殖体有效，而对细菌芽孢无效。

3. 防腐

防止或抑制微生物生长繁殖的方法叫作防腐。用于防腐的药物称防腐剂。某些药物在低浓度时起防腐作用，但在高浓度时就可能有消毒作用。

（二）灭菌方法

灭菌方法通常可分为物理灭菌法和化学灭菌法。

1. **物理灭菌法**

物理灭菌法主要有光、热及机械灭菌等方法，可按不同需要选择采用。一般供细菌学检验用的玻璃器皿及器械常借热力灭菌。对于遇热易破坏的液体培养基可用机械过滤除去细菌。热力灭菌方法主要有干热灭菌法和湿热灭菌法。

（1）干热灭菌法。常用的干热灭菌法有火焚、火焰灭菌及干燥灭菌法。

①火焚法。适用于被污染的纸张、试验动物脏器、尸体等无经济价值的物品。

②火焰灭菌法。将耐燃烧物品直接在火焰上灼烧数次进行灭菌的方法，主要适用于接种环、金属器械等的灭菌。

③干燥灭菌法。利用干热空气进行灭菌的方法，需在烤箱中进行，一般加热至100~170 ℃，经 2~3 h 即可达到灭菌目的。本法适用于各种玻璃器皿、瓷器、金属制品及某些粉剂等的灭菌。

（2）湿热灭菌法。常用的湿热灭菌法有煮沸消毒法、高压蒸汽灭菌法、巴氏消毒法、流通蒸汽消毒法及间歇灭菌法。

①煮沸消毒法。用煮沸消毒器或铝锅等煮沸 20 min 进行消毒。细菌的繁殖体煮沸15 min 即可被杀死，芽孢则需煮沸 1~2 h。如在水中加入 2%~5% 石炭酸，5~10 min 可杀死芽孢；如加入 1% 碳酸氢钠，可提高其沸点并促进杀死芽孢，同时可以防止金属器材生锈。本法适用于许多医用器械（如剪、镊子、手术刀、胶管、注射器等）的消毒。

②高压蒸汽灭菌法。在 15 磅蒸汽压（0.102 9 MPa 温度可达 121 ℃）下持续 20~30 min 即可杀死所有的微生物及其芽孢，高压蒸汽灭菌法是应用最广、效果最好的灭菌法。此法适用于耐高温又不怕水蒸气的物品灭菌，如普通培养基、生理盐水、耐热药品、金属器材、玻璃制品和敷料等。

③巴氏消毒法。将液体食品在较低的温度下消毒，这样既可杀死液体中致病菌及其繁殖体，又不破坏液体物质中原有的营养成分。牛奶或酒类物质常采用此法灭菌。具体方法有三种：第一种方法是以 61.1~ 62.8 ℃，消毒 30 min；第二种方法是以 71.7 ℃，消毒 15~30 s；第三种方法是以 132 ℃，消毒 1~2 s。现多用第二种方法。

④流通蒸汽消毒法。将要灭菌的物品放入阿诺氏灭菌器或普通蒸笼，通过蒸汽的流通进行灭菌，其温度接近于 100 ℃。细菌的繁殖体用此法经 15~30 min 可杀灭，但芽孢不被杀死。

⑤间歇灭菌法。用阿诺氏灭菌器或用蒸笼加热约 100 ℃维持 30 min，连续 3 d 每日进行一次，目的是将细菌的繁殖体杀死，而留有未能杀死的芽孢。将被灭菌物品取出放在室温或 37 ℃恒温箱内过夜，可使未能杀死的芽孢生成繁殖体。然后连续 3 d 每日进行一次灭菌，可将芽孢生成的繁殖体全部杀灭。若为了杀菌更彻底，可继续用同样的方法，再将灭菌物品在适宜的温度下放置一夜后连续 3 d 每日进行一次灭菌。必要时，加热温度可低于 100 ℃，如用 75 ℃，而延长每次加热的时间至 30~60 min 或增多加热次数，也可收到同样的效果。例如，含血清的培养基不能加热至 100 ℃以上，为了消灭其中的细菌芽孢，可采用温度维持在 75 ℃的间歇灭菌法。

（3）过滤。凡不能耐受温度或化学药物灭菌的药液、毒素、血清等，可使用滤菌器过滤的方法将细菌除去。

（4）紫外线。细菌检验室常用紫外灯来进行室内空气消毒。经照射 30 min 后，即可成为无菌区域，但在消毒照射时，工作人员应佩戴保护眼镜。需要注意的是：微生物的菌龄、分布密度、紫外灯照射时间及距离不同，紫外消毒对各种微生物的致死作用不同。

2. 化学灭菌法

使用化学药物进行灭菌的方法叫作化学灭菌法。能抑制细菌繁殖的化学药物称抑菌剂。能杀灭病原微生物的化学药物称消毒剂。消毒剂对细菌和机体都有毒性，故只能用于体表或物品的消毒。理想的消毒剂应为杀菌力强，价格低，能长期保存，无腐蚀性，对机体毒性或刺激性较小的药物。有时同一化学药物，在低浓度时能抑菌，在高浓度时则可杀菌，甚至低浓度时反而会刺激细菌的生长。

二、常用玻璃器皿的种类及用途

微生物检验室所用玻璃器皿，应以能耐受高热、高压、所含游离碱较低的中性硬质玻璃制成，不致影响培养基等的酸碱度。

1. 试管

要求管壁坚厚，管直而口平。常用试管有下列数种。

75（试管长）mm × 10（管口直径）mm 者，适于做康氏试验。

85 mm × 15 mm 者，较前者粗短，最适于做凝集试验。

100 mm × 13 mm 者，适于做生化试验、凝集试验及华氏血清试验等。

120 mm × 16 mm 者，适于做斜面培养基等。

150 mm × 16 mm 者，较前者稍长，适于做培养基。

200 mm × 25 mm 者，用以盛较多量琼脂培养基。

2. 培养皿

常用培养皿的大小有 50 mm（皿底直径）× 10 mm（皿底高度）、75 mm × 10 mm、90 mm × 10 mm、100 mm × 10 mm 等数种。

培养皿主要用于培养基的制备及细菌的分离培养。培养皿盖与底的大小应适合，不宜过紧或过松。培养皿盖除用玻璃制作外，一般不用不上釉的陶制皿盖，因为它能吸收培养基表面水分，但这种皿盖较利于细菌标本的分离接种。

3. 三角烧瓶

三角烧瓶容量有 50 mL、100 mL、150 mL、200 mL、250 mL、300 mL、500 mL、1 000 mL 等多种规格，底大口小，便于加塞和平稳放置，多用于贮藏培养基和生理盐水等溶液。

4. 刻度吸管

刻度吸管简称吸管，常用的吸管容量有 1 mL、2 mL、5 mL、10 mL 等多种规格，其壁上有精细刻度，用于准确吸取少量液体。做某些血清学试验也常用 0.1 mL、0.2 mL、0.25 mL、0.5 mL 等容量吸管。

5. 试剂瓶

试剂瓶有广口和小口之分，容量为 30~1 000 mL。在应用时，可以视所需剂量选用不同大小的试剂瓶。此外，试剂瓶还有棕色和无色两种，棕色试剂瓶主要用于盛储避光试剂。

6. 玻璃缸

缸内可常盛放石炭酸或甲酚皂溶液等消毒剂，主要用于消毒用过的载玻片、盖玻片、吸管等，还可以暂时盛放细菌染色后的染液。

7. 玻璃棒

玻璃棒直径 3~5 mm 不等，主要用于搅拌液体或做标本支架用。

8. 玻璃珠

玻璃珠直径一般有 3~4 mm 或 5~6 mm，常用中性硬质玻璃制成。主要用于血液脱纤维或打碎组织、样品和菌落等。

9. 滴瓶

滴瓶容量有 30 mL 或 60 mL，有橡皮帽瓶式、玻塞式等几种滴瓶，根据颜色又分为棕色和无色两种，主要用于储存染色液用。

10. 玻璃漏斗

漏斗口径常用规格为 60~150 mm 不等，分短颈和长颈两种，主要用于分装溶液和过滤液体。

11. 载玻片、凹玻片及盖玻片

载玻片供制作涂片等用；凹玻片供制作悬滴标本和血清学检验用；盖玻片为极薄的玻片，用于覆盖载玻片和凹玻片上的标本。

12. 发酵管

常用的发酵管是将杜汉氏小玻璃管倒置于含糖液的培养基试管内，主要用于测定细菌对糖类的发酵情况。

13. 注射器及大小针头

有 1~20 mL 注射器，注射针头有 4、5、8、12 号等多种规格，主要供做动物试验和其他检验工作用。

14. 量筒、量杯

量筒、量杯为试验常用器具，大小不一，主要用于测量所用液体的体积，但使用时不宜装入温度很高的液体，以防底座破裂。

任务筹划

教师带领学生进行微生物检验中玻璃器皿的准备。

任务实施

步骤一：材料准备

培养皿、吸管、试管、三角瓶、棉线、纱布、棉花、牛皮纸、报纸、高压蒸汽灭菌器、刷子、去污粉和相应洗涤液。

步骤二：玻璃器皿的清洗

1. 新购的玻璃器皿的洗涤

将器皿置于2%盐酸溶液中浸泡数小时，以除去游离的碱性物质，然后用流水冲洗干净，倒置于洗涤架上晾干即可。

2. 常用旧玻璃器皿的洗涤

常用三角瓶、培养皿、试管等可在洗衣粉溶液或肥皂水中煮沸20~30 min，待稍冷后，用毛刷洗去灰尘、油污、无机盐等物质，然后用自来水冲洗干净，洗刷干净的玻璃器皿烘干备用。如果器皿要盛高纯度的化学药品或者做较精确的试验，用自来水冲洗干净后，最后用蒸馏水洗2~3次。

3. 载玻片及盖玻片的洗涤法

用过的载玻片先放入含有5%石炭酸，或2%~3%甲酚皂溶液，或0.1%升汞等消毒溶中浸泡24~48 h后，再用洗衣粉溶液或肥皂水煮沸20~30 min。待稍冷后，逐个洗刷并用自来水冲洗干净，最后浸泡于95%乙醇中备用。使用前，可用干净纱布擦去乙醇，并经火焰微热，使残余乙醇挥发。

4. 带菌玻璃器皿的洗涤

凡是带有细菌的各种玻璃器皿，必须经过高温灭菌或消毒后才能进行刷洗。

带菌培养皿、试管、三角瓶等，做完试验后放入高压蒸汽灭菌器内121 ℃灭菌20~30 min后取出，并趁热倒出容器内的培养物，再用热的洗涤剂溶液洗刷干净。

带菌的吸管、滴管、毛细吸管，使用后立即放入盛有3%~5%甲酚皂溶液或5%石炭酸等消毒液的玻璃缸内消毒24 h，然后取出用洗涤剂溶液煮沸20~30 min后清洗，最后用蒸馏水冲洗。

5. 含油脂带菌器材的清洗

单独高压灭菌，先用高压蒸汽灭菌器灭菌（121 ℃，20~30 min），然后取出趁热倒去污物后，倒放在铺有吸水纸的篮子里，并同篮子一同放入100 ℃烤箱内烘烤0.5 h，取出后用5%的碳酸氢钠溶液煮两次，再用肥皂水刷洗干净，最后用蒸馏水冲洗。

步骤三：玻璃器材的晾干或烘干

对于不急用的玻璃器材，一般可放在实验室中自然晾干。

急用的玻璃器材，可放入托盘或其他合适的器材内，如试管可放在试管架或试管框内，再放入烘箱内烘干，大件的器材可直接放入烘箱中烘干。

步骤四：器皿的包扎

为保证灭菌后的器皿仍保持无菌状态，须在灭菌前进行包扎。

1. 培养皿

培养皿洗净烘干后每5~6个套叠在一起，用牢固的纸卷成一筒。

2. 吸管

烘干的吸管在灭菌前可在口的一头塞入少许脱脂棉花，以防造成污染，之后可进行包扎。方法是每支吸管用一条4~5 cm的纸条，以30°~50°角从吸管的尖端螺旋卷起，另一端用剩余的纸条打成一结，以防散开，然后标上容量。若吸管较多，可10支吸管包扎成一束进行灭菌。使用时，可从中间拧断纸条，抽出吸管即可。

3. 试管和三角瓶

试管和三角瓶都要做棉塞，棉塞可将空气中的微生物过滤在器皿外面。棉塞要用棉花制作，松紧适宜，过紧不易塞入且易挤破管口，过松易掉落和污染；长度以不小于管口直径的 2 倍为宜；棉塞约 2/3 塞进管口。包扎时试管一般以 10 支包扎为一捆，在棉花部分外包裹油纸或牛皮纸，再用绳扎紧。三角瓶加棉塞后单个在棉花部分用油纸包扎。目前，国内已开始采用塑料试管塞，可根据所用试管的规格和试验要求来选择合适的塑料试管塞。

步骤五：器皿的灭菌

包扎好的试管、培养皿、三角瓶等玻璃器皿，放入干燥灭菌器内 160 ℃灭菌 2 h 或放入高压蒸汽灭菌器内 121 ℃灭菌 20~30 min。

步骤六：实训报告

写出你所准备的玻璃器皿的清洗、包扎、灭菌过程及实习体会，并分析试验过程中的不成功之处。

任务检测

扫描二维码答题。

项目十任务三任务检测

任务评价

工作任务完成过程评价

班级：________ 组别：________ 姓名：________

项目	评分标准	分数	自我评价	小组评价	教师评价
训练态度	服从安排，积极主动，认真负责	10 分			
材料准备	准备充分	10 分			
玻璃器皿的清洗	操作规范	10 分			
玻璃器材的晾干或烘干	操作规范	10 分			
器皿的包扎	操作规范	15 分			
器皿的灭菌	操作规范	15 分			
撰写报告	内容翔实，结构完整	30 分			
合计		100 分			

任务四　微生物实验室常用仪器的使用和维护

任务导入

同学们提前查阅微生物实验室常用仪器的使用和维护的相关内容，上课进行提问讨论。

任务准备

一、普通光学显微镜

普通光学显微镜是微生物检验工作中常用的贵重精密仪器之一，所以对它的使用和保护必须十分熟悉。

普通光学显微镜主要由以下部分构成。

1. 光学部分

（1）目镜。装在镜筒上端，刻有放大倍数，常用的有5×（放大倍数）、10×及15×。为了指示物像，镜中可自装黑色细丝一条，作为指针。

（2）物镜。位于镜筒下端，为普通光学显微镜最主要的光学装置。一般装有三个接物镜，分别为低倍镜（10×）、高倍镜（40×）和油镜（100×）。各接物镜的放大倍数也可由外形辨认，接物镜放大倍数越大，镜头长度越长；反之，镜头长度越短。另外油镜上一般均刻有白线圈作为标志或者有“oil”字样。

（3）集光器。位于载物台下方可上下移动，起到调节和集中光线的作用。

（4）反光镜。装在普通光学显微镜下方，有平、凹两面，通过自由转动可将最佳光线反射至集光器。不过现用的插电显微镜，通电后可直接调节光亮度。

2. 机械部分

（1）镜筒。为一金属圆筒，位于普通光学显微镜前方，光线可从中通过。

（2）镜臂。在镜筒后面，为普通光学显微镜的握持部。

（3）镜座。用以支持全镜，是普通光学显微镜的底部。

（4）回转盘。位于镜筒下端，上有3~4个圆孔，接物镜装在其上。转动回转盘用以调换各接物镜。

（5）调节准焦螺旋。分粗细两种，在镜筒后方两侧。粗螺旋用于镜筒较大距离的升降；细螺旋位于粗螺旋的外侧，用以调节镜筒做极小距离的升降。

（6）载物台。位于镜筒下方，呈方形，用以放置被检物体。中央有孔，可以透光。载物台上装有弹簧夹可固定被检标本。弹簧夹连接推进器；捻动其上螺旋，能使标本前后左右移动。

（7）光圈。在集光器下方，可以完成各种程度的开闭，借以调节射入集光器的光量多少。

（8）次台。位于载物台下方，可上下移动，其上安装有集光器的光圈。

二、培养箱

培养箱也称恒温箱，是用于微生物培养的主要仪器。

三、电动离心机

离心机种类很多，有小型倾斜电动离心机、大型电动离心机、低温电动离心机、高速电动离心机等。前两种转速均在 5 000 r/min 以下，后两者可达 10 000 r/min 以上。离心的主要目的是使浑浊的液体标本离心沉淀，从而分离出试验所需要的成分，如血液中血清的分离。

四、水浴箱

水浴箱为血清学试验常用仪器。其为金属制成的长方形箱体，箱内盛以温水，箱底装有电热丝并配有自动调节温度装置。为使箱内水分加热后水蒸气上升所凝结之水沿斜面流下，水浴箱盖皆呈斜面。箱内水至少应两周更换一次，并注意洗刷清洁箱内沉积物。

五、干热灭菌器

（一）构造

干热灭菌器也称烤箱。其构造与培养箱基本相同，不同之处在于烤箱底层下的电热量大，关闭箱门通电后，箱内空气的温度可升至 200 ℃以上。烤箱主要用于玻璃器皿的烘干或灭菌。

（二）使用干热灭菌器时的注意事项

（1）需要灭菌的玻璃器皿，必须洗净后再行灭菌。

（2）箱内需灭菌的器皿不宜放得过挤，且不得与内层底板直接接触。

（3）箱内温度在 160 ℃，维持 2 h 即可达到灭菌目的。为了保证器皿外包裹的纸张、棉塞不被烤焦，箱内温度不宜超过 170 ℃。

（4）灭菌完毕后不得立即开门取物，应先断开电源，待箱内温度自动下降至 50 ℃以下，再开门取物，否则玻璃器材可能因骤冷而爆裂。

（5）玻璃器皿要烘干时，箱内温度应在 120 ℃持续 30 min，同时要打开箱顶部气孔，以利于水蒸气散出。若装有鼓风设备可加速干燥。

六、高压蒸汽灭菌器

高压蒸汽灭菌器有手提式、直立式和横卧式多种，各种灭菌器的构造和灭菌原理基本相同。其由双层金属圆筒和金属厚盖组成，双层金属圆筒分内筒和外筒，内筒放需要灭菌的物品，外筒坚厚，水加于两筒之间。两筒上方有金属厚盖，盖上装有螺旋、压力表、放气阀、安全阀等，螺旋借以紧闭盖门，使蒸汽不能外溢；压力表显示内部的压力；放气阀用以调节灭菌器内蒸汽压力与温度；安全阀用于保障安全。

高压蒸汽灭菌器主要用于培养基、试管、生理盐水、废弃的培养物以及耐高热物品，如药品、纱布、敷料、手术器械、隔离衣等的灭菌，是应用最广、效果最好的灭菌方法。

任务筹划

微生物实验室常用仪器的使用和维护。

任务实施

步骤一：材料设备

高压蒸汽灭菌器、生化培养箱、干燥箱、普通光学显微镜、细菌标本片、香柏油、二甲苯、擦镜纸等。

步骤二：常用仪器使用

（一）高压蒸汽灭菌器

1. 操作步骤

（1）加水。每次灭菌前都要加水，水位以刚刚浸到灭菌器内的底板支架为准。

（2）放物品。将需要灭菌的物品包扎好后，放入灭菌器内筛板上，但要注意物品不宜放得过挤。

（3）加盖。灭菌器加盖，上紧螺旋，使盖与桶体密合，但螺旋不宜旋得太紧，以免损坏橡胶密封垫圈。应注意加盖时螺旋要对称拧紧。

（4）加热排放冷空气。开通电源，电源指示灯亮起，电热管开始工作。刚开始加热时应将放气阀打开，以排放灭菌器内的冷空气，待有较急的蒸汽喷出时，冷空气排放完全，此时可关闭放气阀，锅内的压力开始上升。

（5）灭菌。当灭菌器内蒸汽压力（温度）升至所需灭菌压力（温度）值时，开始计时并维持 20~30 min。在灭菌期间将压力（温度）稳定在灭菌压力（温度）值，待灭菌时间到达后，关闭电源，但此时不能马上打开锅盖，待锅内压力自然冷却至“0”或降至 5 磅（0.034 3 MPa）时打开放气阀，缓慢放气至压力为“0”时方可打开盖子取出物品。

（6）结束。打开盖子小心取出物品，擦拭干净后放回原处，灭菌完毕。

2. 维护与保养

灭菌前一定要注意检查水位，金属锅盖要对称拧紧。注意灭菌前冷空气要充分排净。为节省时间，可提前 20~30 min 预热灭菌锅。等压力降至“0”时，再打开盖子，取物品时注意不要被蒸汽烫伤（可戴上线手套）。

灭菌锅要定期排污。

（二）生化培养箱

1. 使用说明

培养架上放置需要培养的物品。物品之间应保持适当间隔，利于空气的对流循环。开通外电源，打开培养箱电源开关，电源指示灯、测量值、设定值都正常显示。

设定培养温度。设定培养温度时应按厂家使用说明书进行。工作完毕后，切断电源即可。

2. 维护与保养

培养箱应放置在清洁整齐、干燥通风的工作间内。使用前，各控制开关均应处于非工作状态。存放有易挥发性化学溶剂、低浓度爆炸气体、低着火点气体的物品以及有毒物品不宜放入培养箱。按操作规程和操作要求使用培养箱，可延长培养箱的寿命。除试验需要，应保持箱内温度稳定，避免频繁开启箱门，并防止灰尘、污物进入。低温使用时，为防止污染应尽量避免在工作腔壁上凝结水珠。

3. 恒温培养箱使用与维护

箱内不应放入过热或过冷的物品，取放物品时，应随手关闭箱门，以维持恒温。箱内可放入装水容器，以维持箱内湿度和减少培养物中的水分蒸发。培养箱各层金属架上不应放置过重物品，以免金属架被压弯滑脱，防止物品损坏。最底层温度较高，培养物不宜与之直接接触。定期用3%甲酚皂溶液涂布消毒，后用清水抹布擦净。培养箱供细菌培养等用，不得用来烘干衣帽等其他用途。

（三）电热蒸馏水器

1. 操作步骤

打开自来水龙头注水，直到水位达到蒸馏水器上玻璃小孔的位置。打开电源开关，仪器进入加热状态。等仪器内的水快要沸腾时，再次打开自来水龙头，开始蒸馏。

2. 注意事项

蒸馏水器开启后，要有专人负责，并要经常观察蒸馏水器内水位和自来水是否断流。避免因自来水水流太小或停水引起干烧。仪器长时间不用时应把蒸馏水器内的水放掉，并要定期清洗蒸馏水器内腔的水垢，延长机器的使用寿命。

（四）超净工作台

1. 操作步骤

（1）打开紫外灯杀菌半小时。关闭紫外灯，打开照明灯和鼓风机。用75%乙醇擦拭双手。点燃酒精灯，开始试验操作。

（2）试验完毕后，关闭照明灯和鼓风机电源，清理超净工作台，将废物缸中的垃圾弃去。

2. 注意事项

（1）超净工作台的透明罩为有机玻璃，不得用乙醇或其他有机溶剂进行擦拭。

（2）使用超净台时要先关紫外灯。如使用普通紫外灯，会产生大量臭氧，使用时应注意。

（3）超净工作台内切勿放置与试验无关的物品。

（五）普通光学显微镜

1. 操作步骤

（1）显微镜的放置。将显微镜置于平整的试验台上，镜座距试验台边缘约10 cm。镜检时姿势要端正。

（2）光源调节。打开电源开关，调节安装在镜座内的光源灯的照明亮度。若是使用反光镜采集光源，应根据光源的强度及所用物镜的放大倍数选用凹面或凸面反光镜，并自由转动反光镜调节视野内的光线亮度，使其均匀、适宜。

（3）目镜调节。根据使用者的个人情况，双筒显微镜的目镜间距可以适当调节。一般左目镜上还配有屈光度调节环，可适应两眼视力有差异的不同观察者。

（4）集光器数值孔径的调节。正确使用聚光镜才能提高镜检的效果。聚光镜的主要参数是数值孔径，它有一定的可变范围，一般聚光镜边框上的数字代表它的最大数值孔径。为适应不同物镜的需要，可调节聚光镜下面可变光栅的开放程度，以得到各种不同的数值孔径。

（5）镜检。在目镜倍数保持不变的情况下，使用不同放大倍数的物镜会得到不同的分辨率及放大率。作为初学者在使用显微镜观察标本时，应遵守从低倍镜到高倍镜再到油镜的观察程序，因为在低倍镜下，所观察的物像的视野相对大，易发现目标及确定检查的位置。

①低倍镜观察。将染色标本玻片置于载物台上并用标本夹夹住，移动推进器使所要观察的对象处在物镜的正下方。转用10倍的物镜进行观察，先用粗准焦螺旋慢慢升起镜筒，使标本在视野中初步聚焦，再使用细准焦螺旋调节使物像清晰。通过移动推进器慢慢移动玻片，并找到合适的视野，仔细观察。

②高倍镜观察。将低倍镜下找到的观察目标移至视野中心后，再转用高倍的物镜并调节微调节器使物像清晰。通过移动推进器慢慢移动玻片，并找到合适的视野，仔细观察。在转用高倍的物镜进行观察时，可对聚光器光圈及视野亮度进行适当调节。

③油镜观察。将高倍镜下找到的观察目标移至视野中心后，用粗准焦螺旋将镜筒升高，在待观察的视野区域加滴香柏油。然后转用油镜进行观察，首先从侧面注视，用粗准焦螺旋将镜筒小心地降下，使油镜镜头浸在油中，并几乎与标本接触时止，但用粗准焦螺旋下降镜筒时用力不可过大，否则不仅会因为油镜镜头压到标本而压碎玻片，还会损坏镜头。然后调节照明使视野的亮度合适，将聚光器升至最高位置并开足光圈，用粗准焦螺旋将镜筒徐徐上升，直至视野中出现物像，并用细准焦螺旋使其清晰为止。

显微镜使用后的处理。显微镜用毕后，上升镜筒，取下载玻片并用擦镜纸将标本片上的油吸干净。再用擦镜纸擦去镜头上的油，之后蘸取少许二甲苯擦去镜头上的残留油迹，然后用擦镜纸擦去残留的二甲苯。镜头上的油擦拭干净后，将显微镜的各部分还原，即物镜转成“八”字形，再向下旋，反光镜垂直于镜座，同时降下聚光镜以免接物镜与聚光镜发生碰撞。最后用绸布清洁显微镜的金属部件并套上镜套，放回原处。

2. 维护与保养

（1）透镜的清洁。用柔软纱布清除灰尘，若有不易除去的污迹如油脂，可以用干净的软棉布、镜头纸蘸上无水乙醇与乙醚的混合液轻轻地擦去。纯乙醇和二甲苯均易燃烧，在将电源开关打开时，要特别当心着火，并要切记不得用二甲苯清洗双目镜筒底部的入射透镜和目镜筒内的棱镜表面。

（2）油漆或塑料表面的清洁。仪器的油漆或塑料表面避免用任何有机溶液（如乙醇、乙醚、稀释液等）清洗。塑料表面只能用软布蘸上清水来清洁。

（3）收纳。显微镜用毕或不用时，用防尘罩盖好并贮放在干燥的地方以免生霉，之后将物镜和目镜保存在干燥的容器中，并放干燥剂。

步骤三：撰写实训报告

根据试验操作的过程与结果，完成实训报告的撰写。

任务检测

扫描二维码答题。

项目十任务四任务检测

任务评价

工作任务完成过程评价

班级：＿＿＿＿＿＿＿＿ 组别：＿＿＿＿＿＿＿＿ 姓名：＿＿＿＿＿＿＿＿

项目	评分标准	分数	自我评价	小组评价	教师评价
训练态度	服从安排，积极主动，认真负责	10 分			
材料准备	方法正确，内容明确	15 分			
样品的稀释	方法正确，内容明确	15 分			
乳糖发酵试验	方法正确，内容明确	15 分			
分离培养	方法正确，内容明确	15 分			
证实试验	方法正确，内容明确	15 分			
报告	操作方法正确	15 分			
合计		100 分			

任务五　培养基的制备

任务导入

同学们提前查阅培养基制备相关内容，上课进行提问讨论。

任务准备

一、细菌培养（生长）条件

1. 营养物质

营养物质是细菌在生长过程中不可缺少的，主要有碳源、氮源、无机盐、生长素以及水分等。

2. 酸碱度

酸碱度对细菌的生长繁殖影响很大。大多数病原菌最适宜的 pH 值为 7.2~7.6，个别嗜碱性细菌如霍乱弧菌在 pH 值 8.4~9.2 环境中生长，结核分枝杆菌则在 pH 值为 6.5~6.8 环境中有较好的生长。有时在制备培养基时，营养物中要加入缓冲剂磷酸氢二钠和磷酸二氢钾等，因为许多细菌在培养过程中因分解糖类而产酸，影响了本身的生长。

3. 温度

大多数病原菌适应了人的体温，其最适宜的生长温度为 37 ℃。低温能使细菌的生长减慢或相对静止，高温则有抑制或杀灭细菌的作用。

4. 气体

有的细菌（如牛布鲁氏菌）在初分离时，必须在培养环境中增加 5%~10% 的二氧化碳才能生长。

5. 湿度和渗透压

细菌生长需要一定的湿度和渗透压，干燥环境可使细菌生长受阻。

6. 光线

日光与紫外线均有杀菌力，因此，细菌培养物应放在暗处进行培养。

二、培养基及其种类

以人工的方法将细菌所需要的各种营养物质，按一定的比例合理地配合在一起所形成的营养基质称为培养基。培养基能为细菌生长繁殖提供必要而充分的营养，如水分、碳源、氮源、无机盐和维生素等。不同的细菌有不同的营养要求，所需要培养基的种类也不同。培养基按其作用，可分为基础培养基、营养培养基、选择培养基、鉴定培养基及厌氧培养基等；按其物理性状，可分为固体、半固体及液体培养基；按其组成成分，可分为非合成、半合成及合成培养基。

1. 基础培养基

含有细菌需要的最基本的营养成分，如肉汤培养基、营养琼脂培养基等。在肉汤培养基中加入 0.1%~0.5% 的琼脂粉，则为半固体培养基；加入 2%~3% 琼脂粉，即为固体培养基。固体培养基融化后分装在试管中可制成斜面，叫琼脂斜面；分装在平皿内则制成平板，叫琼脂平板。

2. 营养培养基

在基础培养基中加入葡萄糖、血液、血清或酵母浸膏等营养物质制成的培养基，如血平板、血清肉汤等，此种培养基可供营养要求较高的细菌生长。

3. 鉴定培养基

用于鉴定细菌之用。即利用各种细菌分解糖、蛋白质的能力及其代谢产物不同，在培养基中加入某种特殊营养物质或指示剂，以便于观察细菌生长过程中发生的变化，例如，糖发酵管、醋酸铅培养基等。

4. 选择培养基

不同种类细菌对各种化学物质的敏感性不同。例如，在培养基中加入胆酸盐可抑制革兰氏阳性菌的生长，而有利于革兰氏阴性的肠道致病菌生长。

5. 厌氧培养基

专性厌氧菌在有氧条件下不能生长。利用物理或化学方法除去培养环境中的氧，以保证厌氧状态，或降低培养基中的氧化还原电势。一般方法是在液体培养基的表面加盖液体石蜡或凡士林，或在培养基中加入碎肉块可制成供厌氧菌生长的培养基。

此外，干燥培养基，使用时按一定比例加入适量的水分即可，具有节省制备时间、携带方便等优点。

三、培养基制备要求

培养基为细菌的生长繁殖提供了较好的条件和较适宜的环境，制备的培养基质量好坏将直接影响微生物的生长情况。培养基制备要求如下。

（1）培养基制备时所用成分应根据配方按量称取，溶于蒸馏水。培养基制备前应对相应的试剂药品进行质量检验。

（2）测定调节 pH 值。培养基的 pH 值要符合细菌生长所需，pH 值应为 7.2~7.6，否则会影响微生物的生长，从而影响结果的观察。培养基的 pH 值在热或冷的情况下有差异，pH 值的测定要在培养基冷却至室温时进行。高压灭菌可使培养基的 pH 值降低或升高，故不宜灭菌压力过高或次数太多。指示剂、去氧胆酸钠、琼脂等一般在调完 pH 值后再加入。

（3）培养基应澄清透明，便于观察细菌的生长情况。培养基加热煮沸后，用脱脂棉或纱布过滤，以除去沉淀物。

（4）培养基中不应含有抑菌物质，盛装培养基不宜用铁、铜等容器，最好使用洗净的中性硬质玻璃容器。

（5）制备好的培养基既要达到完全灭菌目的，又要注意不因加热而降低其营养价值，一般在 121 ℃灭菌 15 min 即可。含有糖类、血清、明胶等的培养基应采用低温灭菌或间歇灭菌法。含有一些不可加热的试剂如卵黄、TTC、抗生素等，应待基础琼脂高压灭菌后凉至 50 ℃左右再加入。

（6）培养基制备好后，应做无菌生长试验和所检菌株生长试验。如果是生化培养基，使用标准菌株接种培养后，生化结果应呈正常反应。培养基不应储存过久，必要时可置于

4 ℃冰箱存放。

（7）做好记录，每批制备的培养基所用化学试剂、灭菌情况及菌株生长试验结果，制作人员应做好记录，以备查询。

四、培养基制备的程序

1. 配料

制备培养基的各种成分应按配方中的量精确称取。在称取时，为防止错乱可将所需药品一次取齐，置于右侧，每种称取完毕，即移放于左侧。同时，每称完一种成分应在配方上做出记号，称取完毕后，再进行一次检查。

2. 溶化

将称好的物质放入大烧杯或大烧瓶中蒸煮溶化。待大部分固体成分溶化后，再用较小火力使所有成分完全溶化，因蒸发而丢失的水分最后应补足。应注意在溶化过程中，不可将营养物质放入铜锅或铁锅蒸煮，以防微量铜或铁混入培养基中而抑制细菌的生长。同时，可用玻璃棒进行搅拌，以加快溶化速度。

3. 测定与调节 pH 值

pH 值的测定与调节，应在各成分完全溶解并凉至室温后进行，温度过高或过低，溶液的 pH 值都会有所变动。pH 值一定要准确，否则会影响细菌的生长。用 pH 试纸或 pH 计测定培养基的 pH 值，pH 值应为 7.2~7.6。若 pH 值低于 7.2，用 0.1 mol/L 的氢氧化钠溶液调至所需 pH 值；若 pH 值高于 7.6，用 0.1 mol/L 的盐酸溶液调至所需 pH 值。

4. 过滤

为保证制备的培养基澄清透明，可采用过滤或其他澄清法。一般液体培养基采用滤纸过滤法，琼脂培养基采用清洁的纱布趁热过滤。制备肉、肝、血和马铃薯等浸液时，用绒布将碎渣滤去，再用滤纸过滤。

5. 分装

制备好的营养基质按使用的目的和要求，分装于试管、平皿、烧瓶等适当容器。分装量不得超过容器装盛量的 2/3，能以形成 2/3 底层和 1/3 斜面的量为标准。分装容器应预先清洗干净并经干烤消毒，以利于培养基的彻底灭菌。分装时，最好能使用半自动或自动的定量分装器，保证培养基分装均匀。为测定其最终 pH 值，需留一部分分装于另一容器，并与已装好的培养基同时灭菌。

6. 灭菌

培养基的灭菌可采用 121 ℃高压蒸汽灭菌法，灭菌 15 min 即可。某些含有不耐热的血清、糖类的培养基要采用温度较低、压力较小的灭菌方法，温度不应超过 100 ℃，时间 10~15 min；或者可在培养基灭菌后温度降至 50 ℃左右，无菌条件下再加入不耐热的血液、血清、糖类等物质。

琼脂斜面培养基在灭菌后取出，并摆置成适当斜面，待其自然凝固即可。

7. 无菌检验

备用灭菌完全后的培养基，应仔细检查一遍，并测定其最终 pH 值。在检查过程中如发现包扎纸破裂、培养基内水分浸入、营养基质色泽异常、管口棉塞脱落等现象，均应挑出弃去。将灭菌检查合格的培养基放入 37 ℃恒温箱培养过夜，如发现有细菌生长应弃去。再用有关的标准菌株接种 1~2 管培养基，置于 37 ℃恒温培养箱培养 24~48 h，如无菌生长或生长不好，应追查原因并重复接种一次，如结果仍同前，则该批培养基应弃去，不能使用。

8. 培养基的保存

培养基保存时间不宜超过一周，倾注的平板培养基不宜超过 3 d。保存时应存放于冷暗处，最好放于普通冰箱。

任务筹划

培养基的制备技术：制备记录→选择所要制备的培养基及其配方→培养基成分的称取→培养基各成分的混合和溶化→培养基 pH 值的初步调整→培养基的过滤、澄清和分装→培养基的灭菌→培养基的质量测试。

任务实施

步骤一：材料准备

蛋白胨、琼脂粉、牛肉膏、蒸馏水、氯化钠、乳糖、磷酸氢二钾、2% 伊红溶液、0.65% 美蓝溶液、0.04% 溴甲酚紫水溶液、胆盐、天平、灭菌烧杯、灭菌平皿、灭菌试管、灭菌吸管、乳钵等。

步骤二：培养基制备

（一）营养琼脂的制备

1. 配方

蛋白胨 10 g、琼脂 15~20 g、牛肉膏 3 g、蒸馏水 1 000 mL、氯化钠 5 g。

2. 制法

将除琼脂以外的各种成分溶解于蒸馏水，加入 15% 氢氧化钠溶液约 2 mL，校正 pH 值至 7.2~7.6。加入琼脂，加热煮沸，使琼脂融化。分装烧瓶，121 ℃高压灭菌 15 min。此培养基可供一般细菌培养使用，可倾注平板或制成斜面。如用于细菌计数，琼脂含量为 1.5%；如做成平板或斜面，则琼脂含量应为 2%。

（二）伊红美蓝（EMB）琼脂的制备

1. 配方

蛋白胨 10 g、2% 伊红溶液 20 mL、乳糖 10 g、0.65% 美蓝溶液 10 mL、磷酸氢二钾 2 g、蒸馏水 1 000 mL、琼脂 17 g。

2. 制法

将蛋白胨、磷酸氢二钾和琼脂溶解于蒸馏水，校正 pH 值至 7.2~7.4。分装烧瓶，121 ℃高压灭菌 15 min。临用时加入乳糖并加热琼脂，冷至 50~55 ℃，加入伊红和美蓝溶液，摇匀，倾注平板。

（三）乳糖胆盐发酵管的制备

1. 配方

蛋白胨 20 g、0.04% 溴甲酚紫水溶液 25 mL、猪胆盐 5 g、乳糖 10 g、蒸馏水 1 000 mL。

2. 制法

将蛋白胨、胆盐及乳糖溶于蒸馏水，校正 pH 值至 7.4，加入指示剂，每管分 10 mL，并放入一个小试管，115 ℃高压灭菌 15 min。双料乳糖胆盐发酵管除蒸馏水外，其他成分加倍。

（四）糖发酵管的制备

1. 配方

蛋白胨 20 g、0.04% 溴甲酚紫水溶液 25 mL、乳糖 10 g、蒸馏水 1 000 mL。

2. 制法

将蛋白胨及相应的糖（乳糖、葡萄糖、蔗糖等）溶于蒸馏水，校正 pH 值至 7.4，加入指示剂，按检验要求分装 30 mL、10 mL 或 3 mL，并放入一个小倒管，115 ℃高压灭菌 15 min。双料乳糖发酵管除蒸馏水外，其他成分加倍。

（五）HE 琼脂的制备

1. 配方

蛋白胨 12.0 g、牛肉膏 3.0 g、乳糖 12.0 g、蔗糖 12.0 g、水杨素 2.0 g、胆盐 20.0 g、氯化钠 5.0 g、琼脂 18.0~20.0 g、蒸馏水 1 000 mL、0.4%溴麝香草酚蓝溶液 16.0 mL、Andrade 指示剂 20.0 mL、甲液 20.0 mL、乙液 20.0 mL。

①甲液的配制。硫代硫酸钠 34.0 g、枸橼酸铁铵 4.0 g、蒸馏水 100 mL。

②乙液的配制。去氧胆酸钠 10.0 g、蒸馏水 100 mL。

③ Andrade 指示剂的配制。酸性复红 0.5 g、1 mol/L 氢氧化钠溶液 16.0 mL、蒸馏水 100 mL。

2. 制法

将前面 7 种成分溶解于 400 mL 蒸馏水作为基础液，将琼脂加入 600 mL 蒸馏水。然后分别搅拌均匀，煮沸溶解。加入甲液和乙液于基础液内，调节 pH 值为 7.5 ± 0.2。再加入指示剂，并与琼脂液合并，待冷至 50~55 ℃倾注于平皿。

（六）牛肉膏蛋白胨培养基

1. 配方

牛肉膏 3.0 g、蛋白胨 10.0 g、氯化钠 5.0 g、琼脂 15~25 g、蒸馏水 1 000 mL。

2. 制法

将蛋白胨、牛肉膏、氯化钠及琼脂溶于蒸馏水内，调节 pH 值至 7.4，并放入一个小倒管 115 ℃高压灭菌 15 min，每平皿分装 10~15 mL。

任务检测

扫描二维码答题。

项目十任务五任务检测

任务评价

工作任务完成过程评价

班级:________ 组别:________ 姓名:________

项目	评分标准	自我评价	小组评价	教师评价
训练态度	服从安排，积极主动，认真负责	10分		
材料准备	方法正确，操作规范	10分		
营养琼脂的制备	方法正确，操作规范	10分		
伊红美蓝（EMB）琼脂的制备	方法正确，操作规范	10分		
乳糖胆盐发酵管的制备	方法正确，操作规范	10分		
糖发酵管的制备	方法正确，操作规范	10分		
HE 琼脂的制备	方法正确，操作规范	10分		
牛肉膏蛋白胨培养基	方法正确，操作规范	10分		
撰写报告	内容翔实，结构完整	20分		
合计		100分		

任务六　细菌的接种与培养

任务导入

同学们提前查阅细菌接种与培养的相关内容，上课进行提问讨论。

任务准备

一、细菌的接种

细菌的接种和培养法是微生物检验中不可缺少的操作过程。例如，有些时候样品中细菌较少，不易检出，此时需要通过增菌培养的方法，培养出更多的细菌来进行检验，即将样品接种在液体培养基内，使细菌在其中生长繁殖，再进一步分离和鉴定；再者，很多时候有些标本中除含有数量较少的致病菌外，常含有更多的非致病菌，此时就需要通过分离培养法来分离病原菌，进行下一步试验。

细菌的接种是通过接种环蘸取细菌或样品标本来进行的。右手以持笔式握住接种环，左手持培养基配合操作。接种程序：接种环灭菌→冷却→蘸取细菌或标本→进行接种（启盖或塞、接种划线、加盖或塞）→灭菌接种环。不同培养基的接种方法如下。

（一）平板划线接种法

平板划线接种法又称分离培养法，其目的是将混有多种细菌的培养物或样品标本于平板培养基上划线接种，使其分散生长，最终形成单个菌落或分离出单一菌株，从而有利于各种细菌的识别鉴定。

细菌接种于平板培养基上，在一定条件下经一定时间培养形成的肉眼可见的单个细菌集团，称为菌落。因细菌的种类和所用培养基不同，形成的菌落形状、色泽、大小、透明度、边缘隆起度、湿润度、溶血现象等都有差异，这些差异可以作为识别细菌的重要依据。有些时候细菌在固体培养基表面密集生长，未能形成单个菌落，而形成了肉眼可见的细菌堆积物，称为菌苔。

平板划线接种法是细菌分离培养的常用技术，划线方法较多，以分段划线法与曲线划线法较为常用。

1. 分段划线法

方法是以接种环蘸取少许标本，先涂布于平板培养基表面一角作为第一段划线，划线时接种环与培养基表面约呈 45° 角，划线完毕后，取出接种环置于火焰上灭菌。冷却后，打开皿盖进行第二段划线，方法是与第一段所划的线相交接数次后不再相交划出第二个区域，完毕后再如上法灭菌，接种划线，依次划至最后一个区域。需要注意的是最后一个区域的划线不得与第一段划线相接，划线完毕。最后灭菌接种环，盖好平皿盖，倒置于 37 ℃温箱中培养。分段划线法中每一段划线内的细菌数逐渐减少，这种划线法划线越长，形成单个菌落的可能性越大。本法多用于含菌量较多的标本。

2. 曲线划线法

方法是用接种环将标本或培养物涂于平板培养基表面的一角，然后接种环自标本涂擦处开始，连续向左右两侧划开并逐渐向下移动，划成若干条分散的曲线。此法多用于接种材料中含菌数量不太多的标本或培养物。

（二）斜面接种法

斜面接种法是指从平板培养物上挑取一个菌落，移接至斜面培养基上的方法。此种方法主要用于接种纯菌，使其增殖后用于鉴定或保存菌种。步骤如下。

左手持培养基，右手持接种环，将接种环通过火焰灭菌冷却后，左手打开培养皿盖，右手挑取菌落；之后左手立即换取斜面培养基管，并以持接种环的右手小指和无名指夹住试管棉塞，转动后拔出并夹持于手指间；立即将管口通过火焰灭菌后将接种环伸入斜面管，从斜面底部到顶端作“Z”形划线。

（三）穿刺接种法

过程类似斜面接种，只是不同之处在于穿刺接种法是由斜面培养基表面中央直刺至底部，然后沿穿刺线拔出接种针即可。此法多用于半固体、明胶、双糖等培养基的接种。

（四）液体接种法

接种过程与斜面接种方法基本相似，不同之处在于液体接种法将挑取的菌落或菌液直接接种于液体培养基内即可。此法多用于营养肉汤、单糖发酵试验等。

（五）倾注培养法

方法是取原始液体标本或经适当稀释的标本 1 mL，置于直径 9 cm 的无菌平皿，倾入已融化的培养基 13~15 mL 即可。但应注意倾入的培养基应冷至 50 ℃左右，倾入后立即混匀待凝固后，倒置于 37 ℃培养 18~24 h。本法适用于液体标本的细菌计数，也适用于厌氧菌的培养。

二、接种环使用注意事项

接种环使用前后，均需在酒精灯火焰上彻底烧灼一次，金属棒部分也需转动通过火焰灼烧。接种环经火焰灭菌，需待冷后再蘸取标本或放置于工作台上，以防烫死微生物或烧损桌面。在固体培养基上接种时，可接触培养基表面试之，若不融化琼脂，即说明接种环已冷却。

接种环使用后，其上可能带有残余菌液，尤其是液体培养物接种后残余菌液更多，若此时直接烧灼接种环，则环上残余菌液可因突受高热，暴烈四溅，有传染危险。

三、细菌的培养方法

（一）一般培养法

一般培养法又称为需氧培养法，即将已接种好细菌的培养基，如平板划线的培养基、斜面、液体接种的培养基等，置于 37 ℃恒温箱中培养 18~24 h，一般细菌即可于培养基上生长。

（二）二氧化碳培养法

二氧化碳培养法是指将某些细菌置于二氧化碳环境中进行培养的方法，这样的细菌有脑膜炎球菌、布鲁氏菌等。常用的二氧化碳培养基有烛缸法和化学法。

1. 烛缸法

将已接种好细菌的培养基，置于磨口标本缸或干燥器内，并在缸内或干燥器内放入一小段点燃的蜡烛，勿靠近缸壁，以免烤热缸壁而炸裂。缸盖及缸口涂上凡士林，盖密缸盖。燃烛自行熄灭时，容器内含二氧化碳 5%~10%。最后连同容器一并置于 37 ℃恒温箱中培养。

2. 化学法

化学法又称碳酸氢钠－盐酸法，即按每升容积加入 0.4 g 碳酸氢钠、0.35 mL 浓盐酸的比例，将两药分开置于容器，然后连同容器置于含有细菌培养基的标本缸或干燥器内，密闭标本缸或干燥器，将标本缸或干燥器稍倾斜，使盐酸与碳酸氢钠接触而生成二氧化碳。

（三）厌氧培养法

实验室常用的厌氧培养法有下列几种。

1. 肉渣（腐肉）培养法

肉渣（腐肉）培养法又称动物组织耗氧法。因肉渣中含有不饱和脂肪酸，经肉中酶作用后，能吸收环境中的氧气；肉渣中还含有谷胱甘肽，用于降低环境中的氧化势能；加之培养基的液面用凡士林封闭而造成缺氧的状态。

2. 焦性没食子酸法

焦性没食子酸在碱性溶液中能形成可吸收空气中氧气的焦性没食子橙，从而造成缺氧环境。

3. 硫乙醇酸钠法

用还原剂硫乙醇酸钠除去培养基中的氧气或氧化型物质，形成厌氧环境或降低氧化还原势能，利于厌氧菌的生长。

4. 厌氧罐法

将培养物放入特制的厌氧罐，先通入氢气，然后通电，经铂或银的催化作用，使氢与氧燃烧而消耗氧气，造成缺氧环境。

四、细菌的生长现象

不同种类的细菌在培养基中的生长现象也会不同，各种生长现象有助于鉴别细菌。

（一）细菌在液体培养基中的生长现象

1. 浑浊

细菌在液体培养基中呈现均匀弥漫生长，形成不同程度的肉眼可见的浑浊。大部分细菌的生长都会呈现浑浊现象。

2. 沉淀

细菌由于重力而下沉，管底出现肉眼可见的沉淀物，但沉淀物上面的液体仍清澈透明。如链球菌的链与链互相缠绕而下沉。

3. 菌膜

某些细菌易在液体表面生长，因而可在液体表面形成肉眼可见的薄膜称为菌膜，如霍乱弧菌在液体培养基内可形成菌膜。

（二）细菌在半固体培养基中的生长现象

无鞭毛的细菌，因为没有运动性，所以只会沿着穿刺线生长；有鞭毛的细菌，除沿穿刺线生长外，还可沿穿刺线向外扩散生长，呈倒立的松树状。因此，穿刺法可以用于鉴别细菌是否具有鞭毛，即是否具有运动性。

应当指出的是，在进行细菌的培养检查时，应根据参考标本来源和送检目的，选用适当的培养基和培养条件才能获得可靠的结果。

五、菌种的保管要求

菌种的保存常采用半固体穿刺或琼脂斜面接种法，必要时加入适量灭菌液体石蜡或半固体琼脂，然后用固体石蜡封管并置 4 ℃冰箱保存。如用冷冻真空干燥保存，可达到长期保存的效果。所保存的菌株应有菌种名称、分离日期、分离来源、传代日期、保存方法、主要性状、保管者等项目的登记。菌种应设专人妥善保管，最好加锁并放于安全的环境，取出时应进行登记，转让时应有转让手续。

保存的菌株要 3~6 个月传代一次，传代时要注意无菌操作，不能使菌株死亡，更不能污染菌株。菌种经传代数次后，应检查其是否发生变异，即系统地进行一次生化反应试验及血清学特性、毒力测定等主要生物学性状观察。

任务筹划

葡萄球菌的培养技术。

任务实施

步骤一：材料准备

生化培养箱、平板培养基、斜面培养基、接种环、菌种、病料、肉渣（腐肉）培养基、接种环、酒精灯、烙刀、镊子、剪子等。

步骤二：细菌的分离培养

平板划线分离法具体操作步骤如下。

1. 接种环灭菌

右手持接种环经过火焰灼烧灭菌。

2. 无菌条件下取病料

（1）液体病料可用接种环直接挑取一环；固体病料用无菌剪刀或烙刀在病料表面做一切口，然后用灭菌接种环从切口插入组织，缓缓转动接种环，取少量组织或液体。

（2）打开培养皿盖左手持平皿，用拇指、食指及中指将皿盖打开一侧。

（3）划线。将已取到被检材料的接种环伸入平皿，并涂于培养基一侧，然后以腕力在培养基表面轻轻地分区划线。

（4）结束。划线完毕，烧灼接种环，盖好培养皿并做好标记，倒置于 37 ℃恒温箱，培养 18~24 h 观察结果。

步骤三：细菌移植

（1）左手持菌种管及琼脂斜面管，斜面管放在内侧，菌种管放在外侧，两管口齐平，管身略倾斜，培养基斜面向上，管口靠近酒精灯。拔出试管塞。以持接种环的右手小指和无名指夹住试管棉塞，转动后拔出并夹持于手指间。

（2）接种。立即将管口通过火焰灭菌，接种环伸入菌种管，取上细菌后马上移入斜面管，并从底部到顶端呈“Z”形划线。

（3）划线完毕后，塞好塞子，接种环灭菌，接好的试管置于 37 ℃恒温箱内培养。

步骤四：撰写报告

根据所做试验写出实习报告及体会，并描述所接种细菌的菌落特征，同时分析试验过程中存在的问题及原因。

任务检测

扫描二维码答题。

项目十任务六任务检测

任务评价

工作任务完成过程评价

班级：________　组别：________　姓名：________

项目	评分标准	分数	自我评价	小组评价	教师评价
训练态度	服从安排，积极主动，认真负责	10 分			
材料准备	方法正确，操作规范	20 分			
细菌的分离培养	方法正确，操作规范	30 分			
细菌的移植	方法正确，操作规范	20 分			
撰写报告	内容翔实，结构完整	20 分			
合计		100 分			

任务七　细菌的染色、镜检

任务导入

同学们提前查阅细菌的染色、镜检相关内容，上课进行提问讨论。

任务准备

一、细菌的染色

（一）细菌染色的染色液

1. 酸性染色液

酸性染色液又称阴离子染色液。酸性染色液染色离子带阴性，如伊红、刚果红等。酸性染色液能与带阳性离子的物质结合，使之着色。若降低菌液的 pH 值而使细菌带阳性离子时，就可用酸性染色液染色。

2. 碱性染色液

碱性染色液又称阳离子染色液，碱性染色液染色离子带阳性，如亚甲蓝、碱性复红等。碱性染色液能与带阴性离子的物质结合。细菌一般带阴性离子，所以常用碱性染色液进行染色。

3. 复合染色液

复合染色液又称中性染色液，即碱性染色液与酸性染色液的结合物，如瑞氏（Wright）染色液中的伊红美蓝，吉姆萨（Giemsa）染色液中的伊红天青等。

4. 单纯染色液

单纯染色液的染色能力视其能否溶于被染物质而定，这种染色液大多属于偶氮化合物，能溶于脂溶性溶剂，但不溶于水，如苏丹类染色液。

（二）影响染色的因素

影响染色的因素主要有染色液中电解质含量、pH 值、温度、细胞膜的通透性、膜孔的大小和细胞结构的完整性。此外，培养基的组成、菌龄、药物的作用等都能影响细菌的染色情况。

二、细菌染色基本方法和步骤

（一）细菌染色基本方法

1. 单染色法

单染色法是指只用一种染色液染色，各种细菌均染成同一种颜色，例如用亚甲蓝或稀释石炭酸复红等染色的方法。用此法染色后只能显示细菌的形态大小，但对细菌的鉴别价值不大。

2. 复染色法

复染色法又称鉴别染色法，是指用两种或两种以上染色液染色的方法，用此法染色细菌之后，既能显示细菌的形态大小，又对细菌种类有一定的鉴别作用。常用的复染色法有革兰氏染色法和抗酸染色法。

3. 细菌特殊结构的染色法

此法能使细菌的特殊结构着色成与菌体不同的颜色，有利于检查细菌的特殊结构，以鉴别细菌。在细菌检查中，异染颗粒染色法较常应用，其他特殊结构染色法因操作费时，在日常检验工作中较少使用。

4. 荧光染色法

除上述染色法外，还有用金胺、吖啶橙等荧光染色液进行染色的方法。此类染色液可溶于水，在紫外线照射下能激发出荧光，也分为酸性染色液及碱性染色液两种。荧光染色液染色后可以在荧光显微镜下，看到黑背景中细菌发出的明亮荧光。荧光染色法检查细菌有加快检查速度和提高阳性率的优点。

（二）细菌染色的基本步骤

1. 涂片

取洁净的玻片一张，接种环灭菌后取1~2环无菌生理盐水，放于载玻片的中央，再将接种环灭菌后从固体培养基上挑取菌落或菌苔少许，与水混匀，做成直径1 cm左右的涂圈。若为液体标本，直接用接种环蘸取液体涂抹即可。若为多个标本而行同一染色时，可事先用记号笔在玻片上划分数格，并于玻片的背面标明编号。

2. 干燥

可采用室温自然干燥。若需加速干燥，可在火焰上方的热空气中加热干燥，但时间不宜太长，避免烤枯标本，影响检视。

3. 固定

固定法主要有火焰固定法和化学固定法两种。一般均采用火焰固定法，即将涂片迅速通过火焰2~3次，以玻片反面触及皮肤，热而不烫为度。化学固定法常采用甲醇固定，即将适量的甲醇滴加于已干燥好的涂片上，3~5 min后水洗。

固定可以使细菌的细胞质蛋白凝固，菌体较牢地黏附于玻片；此外，可以改变菌体对染料的通透性。

4. 染色

（1）初染。将涂片置于染色架上，滴加染色液以覆盖标本，一定时间后冲洗。

（2）媒染。在已初染的标本片上滴加染色液，一定时间后冲洗。主要用于增强菌体与染液间的作用力。常用的媒染液有金属盐、碘液等。

（3）脱色。在已媒染的标本片上滴加染色液，一定时间后冲洗。其目的在于测知染色液与被染物之间结合的牢固程度，一般用的脱色剂是乙醇、酸等。

（4）复染。目的是使已脱色的菌体重新染色，并与前染色液颜色呈鲜明的对比。

5. 染色标本的保存与封片

观察细菌染色标本需用油镜，观察后应用擦镜纸将标本上的镜油轻轻吸去，可短期保存于标本盒。若要长期保留，应在标本中央滴一滴加拿大树胶，并覆盖一洁净盖玻片，自然干燥，可多年保存于玻片盒。

任务筹划

细菌培养物的革兰氏染色。

任务实施

步骤一：材料准备

酒精灯、接种环、载玻片、吸水纸、生理盐水、亚甲蓝染色液、革兰氏染色液、瑞氏染色液、染色缸、染色架、洗瓶、显微镜、香柏油等。

步骤二：涂片

1. 固体培养物

取洁净的玻片一张，接种环灭菌后取1~2环无菌生理盐水，放于载玻片的中央，再将接种环灭菌后从固体培养基上挑取菌落或菌苔少许，与水混匀，做成直径1 cm左右的涂面。

2. 液体培养物

用灭菌接种环蘸取细菌培养液1~2环，直接在玻片上做成涂面。

3. 液体病料

取一玻片，用其一端蘸取所检液体材料（如血液、腹水等）少许，在另一张洁净的玻片上，以45°角均匀推成一薄层的涂面。

4. 组织病料

以无菌剪刀、镊子剪取组织一小块，以其新鲜切面在玻片上做几个薄层压印。

无论何种方法，切忌涂抹太厚，否则不利于细菌染色和观察。

步骤三：干燥

室温自然干燥或在火焰上方的热空气中加温干燥。

步骤四：固定

一般均用火焰固定法，将涂片迅速通过火焰2~3次，以玻片反面触及皮肤，热而不烫为度。

步骤五：细菌染色

1. 革兰氏染色法

（1）在固定好的涂片上，滴加草酸铵结晶紫染色液，染色2 min左右，水洗。

（2）加革兰氏碘液媒染，作用2 min，水洗。

（3）加95%乙醇脱色15~30 s后，水洗。

（4）加稀释石炭酸复红或沙黄水溶液复染2 min左右，水洗，用吸水纸吸干后镜检。

（5）结果：革兰氏阳性菌呈蓝紫色，革兰氏阴性菌呈红色。

2. 亚甲蓝染色法

（1）在固定好的涂片上，滴加适量亚甲蓝染色液，染色2~3 min，水洗，晾干或吸水纸轻压吸干后镜检。

（2）结果：菌体呈蓝色。

3. 瑞氏染色法

（1）在固定好的涂抹片上，滴加瑞氏染色液，2 min左右，再滴加与染色液等量的磷酸盐缓冲液或中性蒸馏水于玻片上，轻轻摇晃与染色液混合均匀，5 min左右水洗，晾干或吸水纸轻压吸干后镜检。

（2）结果：菌体呈蓝色，组织细胞的胞质呈红色，细胞核呈蓝色。

4. 吉姆萨染色法

（1）血片或组织触片用甲醇固定干燥后，在其上滴加足量吉姆萨染色液，染色 30 min，水洗，吸干或烘干，镜检。

（2）结果：细菌呈蓝青色，细胞质呈红色，细胞核呈蓝色。

步骤六：实习报告

根据试验写出实习报告，并画出显微镜中观察到的细菌特征，包括形态、颜色等。

任务检测

扫描二维码答题。

项目十任务七任务检测

任务评价

工作任务完成过程评价

班级:＿＿＿＿＿＿＿＿＿＿　组别:＿＿＿＿＿＿＿＿＿＿　姓名:＿＿＿＿＿＿＿＿＿＿

项目	评分标准	分数	自我评价	小组评价	教师评价
训练态度	服从安排，积极主动，认真负责	10 分			
材料准备	准备充分	10 分			
涂片	方法正确，操作规范	15 分			
干燥	方法正确，操作规范	15 分			
固定	方法正确，操作规范	15 分			
细菌染色	方法正确，操作规范	15 分			
撰写报告	内容翔实，结构完整	20 分			
合计		100 分			

任务八　动物性食品微生物检验程序及样品的处理技术

任务导入

同学们提前查阅动物性食品微生物检验程序相关内容，上课进行提问讨论。

任务准备

◎ 知识准备

一、检验程序

（一）样品的采集

在食品检验中，如何采样是至关重要的，正确的采样方法和采样程序是保证检验结果正确的首要条件。

1. 样品种类

样品种类根据其大小或多少可分为三种，即大样、中样和小样。大样是指一整批；中样是从样品各部分取得的混合样品；小样即检样，做分析用。中样一般为 200 g，检样一般为 25 g。

2. 采样方法

（1）样品的采集必须在无菌条件下进行，并要具有代表性。

（2）采样可借助于灭菌的器械，如探子、铲子、匙、试管、广口瓶、剪子和开罐器等。

（3）如果样品很大，则需用无菌采样器取样。

（4）若样品为袋、瓶和罐装者，应取未开封的袋、瓶和罐。如果样品为固体粉末，应边取边混合；如果是液体，应通过振摇将其混合均匀。

（5）检样如果是冷冻食品，应保持在冷冻状态，即需要放入冰柜、冰盒或低温冰箱内保存，非冷冻食品需保存在 0~5 ℃环境。

3. 采样标签

每件样品采样前或采样后应立即贴上标签，要标记清楚各种样品的品名、来源、数量、采样地点、采样人及采样时间（年、月、日）等。同时，记录采样现场的温度、湿度及卫生状况。

4. 采样数量

根据不同品种，采样数量有所不同（表 10–8–1）。

表10–8–1 不同检样的采样数量

检样种类	采样数量	备注
肉及肉制品	生肉取屠宰后两腿内侧肌或背最长肌 100 g； 脏器根据检验目的而定； 家禽用棉拭子取样 50 cm^2； 熟酱卤制品、肉及灌肠取样应不少于 200 g； 烧烤制品应取样 50 cm^2；	要在样品的不同部位采样

（续表）

检样种类	采样数量	备注
肉及肉制品	熟食每份样品 1 只； 肉松每份样品 200 g； 香肚每份样品 1 个	要在样品的不同部位采样
乳及乳制品	生乳 1 瓶； 奶酪 1 个； 消毒乳 1 瓶； 奶粉 1 袋或 1 瓶，大包装 200 g； 奶油 1 包，大包装 200 g； 酸奶 1 瓶或 1 罐； 炼乳 1 瓶或 1 听； 淡炼乳 1 罐	每批样品按千分之一采样，不足千件者抽 1 件
蛋品	全蛋粉每件 200 g； 巴氏消毒全蛋粉每件 200 g； 蛋黄粉每件 200 g； 蛋白片每件 200 g	1 日或 1 班生产为 1 批，检验沙门氏菌按 5% 抽样，但每批不得少于 3 个检样； 测菌落总数、大肠菌群时，每批按装听过程前中后流动取样 3 次，每次取样 50 g，每批合为一个样品
	冰全蛋每件 200 g； 冰蛋黄每件 200 g； 冰蛋白每件 200 g	在装听时流动采样，检验沙门氏菌，每 250 kg 取样 1 件
	巴氏消毒冰全蛋每件 200 g	检验沙门氏菌，每 500 kg 取样 1 件； 测菌落总数、大肠菌群时，每批按装听过程前中后流动取样 3 次，每次取样 50 g
水产品	鱼 1 条； 虾 200 g； 蟹 2 只； 贝壳类按检验目的而定； 鱼松 1 袋	不足 200 g 者加量

5. 送检

样品采集后应立即送往检验室进行检验，送检过程一般不超过 3 h，若不能及时送检，应保存在适合的温度条件下。送检时，必须认真填写申请单，以供检验人员参考。

（二）检验与报告

1. 检验

食品微生物检验室接到送检申请单后，应立即进行登记，填写试验序号，并按检验规程积极准备条件进行检验。检验时要按照国家标准检验方法进行操作，检验过程中要认真、负责，并要有严格的无菌操作观念。若有其他例外的情况不能及时进行检验的，如检验样品不符合要求或条件不允许进行检验等，应将样品放在冰箱或冰盒中妥善保管。

食品微生物检验室，必须备有专用的冰箱用于存放样品。若检验后为阳性的样品，发出报告后 3 d（特殊情况可适当延长）方可处理。进口食品的阳性样品，需保存 6 个月方能处理。阴性样品可及时处理。

2. 报告

检验完毕后，检验人员应及时填写报告单，签名后送主管人员核实签字，加盖单位印章，以示生效，最后交食品卫生监督人员处理。检验要有详细、清楚、真实、客观的试验过程记录，以作为结果分析、判定的依据。

任务筹划

市场售卖生肉、鸡蛋、瓶装牛奶的微生物检验。

任务实施

步骤一：材料设备

采样箱、灭菌塑料袋、灭菌刀、剪子、镊子、灭菌具塞广口瓶、搅拌棒、温度计、灭菌棉签、带绳编号牌、电钻和钻头、金属制双层旋转式套管采样器、玻璃漏斗、编号牌（或蜡笔、纸）等。

步骤二：样品的采集和送检

1. 肉与肉制品

生肉及脏器检样。屠宰后的畜肉可剖开腹腔后，用无菌刀或无菌剪采取两腿内侧肌肉各 50 g，或劈半后采取两侧背最长肌各 50 g；如是冷藏或售卖的生肉，可用无菌刀取腿肉或其他部位肌肉 100 g。

（1）家禽。用灭菌棉拭子采取胸腹部各 10 cm^2，背部 20 cm^2，头肛各 5 cm^2，共 50 cm^2。

（2）烧烤肉制品。用灭菌棉拭子采取肉制品正面（表面）20 cm^2，里面（背面）10 cm^2，四边各 5 cm^2，共 50 cm^2。

（3）其他熟肉制品，包括酱卤肉、肴肉、灌肠、香肚及肉松等，用无菌刀或剪采 200 g。

棉拭子采样方法。用板孔 5 cm^2 的金属制规格板压在检样上，将灭菌棉拭子稍蘸湿，在板孔内揩抹 10 次，然后另换一个揩抹点。每支棉拭子揩抹 2 个点，一个检样用 5 支棉拭子，每支揩后立即剪断（或烧断），投入盛有 50 mL 灭菌水的三角瓶或大试管中立即送检。

2. 蛋与蛋制品

（1）鲜蛋。用流水冲洗外壳，再用 75% 乙醇棉涂擦消毒后放入灭菌袋，加封做好标记后送检。若要检测蛋壳表面的细菌，可直接将蛋放入灭菌袋，加封做好标记后送检。

（2）全蛋粉、巴氏消毒全蛋粉、蛋黄粉、蛋白片。将所需检验的包装开口处用

75% 乙醇棉球消毒，开盖后用灭菌金属采样器斜角插入箱底收取检样，然后提出采样器，用灭菌小匙自上、中、下三部收取检样，装入灭菌广口瓶，每个检样质量不少于 100 g，标明后送检。

（3）冰全蛋、巴氏消毒冰全蛋、冰蛋黄、冰蛋白。先将开口处用 75% 乙醇棉球消毒，开盖后用灭菌电钻由顶到底斜角钻入取样，然后抽出电钻，从中取出 200 g 检样装入灭菌广口瓶中，标明后送检。

3. 乳与乳制品

散装或大型包装的乳品。用灭菌刀、勺取样。每件样品数量不少于 200 g，采样放入灭菌容器内及时送检、鲜乳不超过 3 h。

小型包装的乳品采取整件原包装。

对成批产品进行采样时，其数量每批以千分之一计算，不足千件者抽取 1 件。

水产食品

鱼类和体型较大的贝甲，采完整的个体；小型鱼类和小虾、小蟹混合采取 500 g。

步骤三：检样的处理

1. 肉与肉制品

（1）生肉及脏器检样的处理。先将样品进行表面消毒，再用无菌剪子剪取深层肌肉 25 g，放入灭菌乳钵内剪碎后，加入灭菌水 225 mL，混匀后即为 1 ： 10 稀释液。

（2）熟肉、灌肠类、香肚及肉松。可不用表面消毒而直接称取 25 g 放入灭菌乳钵，以后步骤同上。用棉拭子采取的检样，经充分振摇后，作为原液，再按要求进行 10 倍递增稀释。

2. 蛋与蛋制品

（1）鲜蛋外壳。将棉拭子用灭菌生理盐水浸湿后，充分擦拭蛋壳，然后直接放入培养基增菌培养。也可将整只鲜蛋放入已按检样要求加有定量灭菌生理盐水或液体培养基的小烧杯或平皿，并用灭菌棉拭子将蛋壳表面充分擦洗，以擦洗液作为检样检验。

（2）鲜蛋蛋液。根据检验要求，打开蛋壳取出蛋白、蛋黄或全蛋液，放入带有玻璃珠的灭菌瓶内，充分摇匀待检。

（3）全蛋粉、巴氏消毒全蛋粉、蛋白片、蛋黄粉。将检样放入已按比例加有灭菌生理盐水的带有玻璃珠的灭菌瓶，充分摇匀待检。

（4）冰全蛋、巴氏消毒冰全蛋、冰蛋白、冰蛋黄。将检样溶化后取出，放入带有玻璃珠的灭菌瓶充分摇匀待检。

（5）各种蛋制品沙门氏菌增菌培养。以无菌条件下称取检样，接种于亚硒酸盐煌绿或煌绿肉汤等增菌培养基，盖紧瓶盖，充分摇匀，然后放入 37 ℃恒温箱中，培养 24 h。凡用亚硒酸盐煌绿增菌培养时，各种蛋与蛋制品的检样接种数量都为 30 g，培养基数量都为 150 mL。

3. 乳与乳制品

（1）酸奶、鲜奶。用已灭菌的器械吸取 25 mL 检样，放入装有 225 mL 灭菌生理盐水的锥形烧瓶内，振摇均匀。

（2）炼乳。用点燃的乙醇棉球消毒瓶或罐的上表面，无菌条件下打开罐（瓶）面，称取检样 25 g，放入装有 225 mL 灭菌生理盐水的锥形烧瓶，振摇均匀。

（3）奶油。用无菌操作打开包装，取适量检样置于灭菌锥形烧瓶，加温溶解后，用灭菌吸管吸取 25 mL 奶油放入另一含 225 mL 灭菌生理盐水或灭菌奶油稀释液的烧瓶（瓶装稀释液应预置于 45 ℃水浴中保温，与做 10 倍递增稀释时所用的稀释液相同），振摇均匀。

（4）奶油稀释液。林格氏液（配法：氯化钠 9 g，氯化钾 0.12 g，氯化钙 0.24 g，碳酸氢钠 0.2 g，蒸馏水 750 mL，琼脂 1 g，加热溶解，分装每瓶 225 mL，121 ℃灭菌 15 min）。

（5）奶粉。罐装奶粉取样同于炼乳取样，袋装奶粉应用蘸有 75% 乙醇的棉球涂擦消毒袋口，以无菌操作称取检样 25 g，放入装有适量玻璃珠的灭菌锥形烧瓶，以 225 mL 温热的灭菌生理盐水徐徐加入，振摇使充分溶解和混匀。

（6）奶酪。先用灭菌刀削去表面封蜡，表面消毒后用灭菌刀切开，再无菌操作切取表层和深层检样各少许，置于灭菌乳钵内切碎，加入少量生理盐水研成糊状。

4. 水产品

（1）鱼类。采样的部位为背肌。先去鳞，再用 75% 乙醇棉球擦净鱼背后沿脊椎切开 5 cm，再切开两端使两块背肌分别向两侧翻开。然后取样 25 g，放入灭菌乳钵，用灭菌剪子剪碎加入 225 mL 灭菌生理盐水，混匀成稀释液。

（2）虾类。采样的部位为腹节内的肌肉。将虾体在流水下冲净，摘去头胸节，然后挤出腹节内的肌肉，称取 25 g 放入灭菌乳钵，以后操作同鱼类检样处理。

（3）蟹类。采样的部位为胸部肌肉。将蟹体在流水下冲净，剥去壳盖和腹脐及鳃条。用 75% 乙醇棉球擦拭前后外壁，然后用灭菌剪子剪开成左右两片，再用双手将一片蟹体的胸部肌肉挤出（用手指从足跟一端向剪开的一端挤压），称取 25 g 置入灭菌乳钵，以后操作同鱼类检样处理。

（4）贝壳类。采样的部位为贝壳内容物。采样者将双手洗净并用 75% 乙醇棉球涂擦消毒后，用灭菌小钝刀从贝壳的张口处缝隙中徐徐切入撬开壳盖，再用灭菌镊子取出整个内容物，称取 25 g 置入灭菌乳钵，以后操作同鱼类检样处理。

步骤四：微生物检验

检验方法见菌落总数测定和大肠菌群测定及有关致病菌检验规定。

步骤五：实训报告撰写

根据动物性食品检样采样送检及前处理技术，写出实训报告。

任务检测

扫描二维码答题。

项目十任务八任务检测

任务评价

工作任务完成过程评价

班级:________________　组别:________________　姓名:________________

项目	评分标准	分数	自我评价	小组评价	教师评价
训练态度	服从安排，积极主动，认真负责	20 分			
材料准备	方法正确，操作规范	20 分			
样品的采集与送检	方法正确，操作规范	40 分			
撰写报告	内容翔实，结构完整	20 分			
合计		100 分			

项目十一　理化检验实验室的基本操作技术

知识目标

（1）熟悉理化检验实验室规则和实验室管理要求，掌握仪器、化学药品及危险品的安全管理要求。

（2）学会理化检验基本操作技术，并能规范地完成操作。

技能目标

通过参观实验室及相关规则的学习，培养实验室检验员的基本职业素养。

素质目标

具备爱岗敬业，不怕脏，不怕累，认真负责的工作态度。

思政目标

培养学生在实验过程中良好的安全意识，掌握正确的实验操作步骤，做好个人防护。

任务一　理化检验实验室的基本操作要求

任务导入

同学们提前预习实验室安全相关内容，上课进行提问讨论。

任务准备

◎ 知识准备

一、实验室规则

试验仪器放置整齐，台面及地面保持干燥、清洁，不得向地上甩水，试验告一段落时，应及时进行整理。废弃物应放在专设的废物箱内，不得随地乱扔或倒入下水道。要养成一切用品和工具用毕放回原处的习惯。

工作服应经常洗换，不得在非工作时间穿用，以防有害物质扩散。实验室严禁吸烟、饮食。实验记录应记在专门的本子上，记录要求真实、及时、齐全、清楚、整洁、规范。应用钢笔或签字笔记录。如有记错应将原字画掉，在旁边写清楚，不得涂改、刀刮、补贴。试验记录及结果报告单应根据相关规定保留一定时间，以备查询。

分析工作者应严格要求自己，逐步养成良好的实验室工作习惯，这将有助于今后的长期工作。

二、实验室管理

（一）仪器管理

1. 精密仪器的管理

（1）精密仪器应按性质、灵敏度要求、精密程度等固定房间和位置。精密仪器室应与样品处理室隔开，以防腐蚀性气体腐蚀仪器。天平及其他精密仪器应放在防震、防晒、防潮、防腐蚀的房间内，并罩上仪器罩。

（2）精密仪器应设专人保管，建立技术档案，装入全部技术资料，每使用一次要签名登记一次，没有使用过某种仪器的人，最初使用应该有专人指导。

（3）精密仪器应由专人负责，未经批准不得任意拆卸。

2. 玻璃仪器的管理

玻璃仪器应建立领用、破损登记制度，所用容量仪器应进行校准。

（二）化学药品及危险品管理

1. 化学药品的储存

大量的化学药品应放在药品贮藏室中，药品贮藏室应避免阳光照射、室温过高致使试剂变质。室内应干燥通风，严禁明火。

2. 一般试剂的存放

①固体试剂。盐类及氧化物按周期表分类存放。盐类按钠盐、钾盐、铵盐、镁盐、钙盐分类存放；碱类按氢氧化钠、氢氧化钾、氨水分类存放；指示剂类按酸碱指示剂、氧化还原指示剂、金属指示剂、荧光指示剂、染色液分类存放；有机试剂按测定对象或基团分类存放。

②液体试剂。酸类按硫酸、盐酸、硝酸、醋酸分类存放；有机溶剂类按醇类、醚类、醛类、酮类分类存放。固体试剂和液体试剂应分开存放。固体试剂应按分类编号顺序存放和造册，以便查找。

3. 溶液试剂的管理

配制的溶液试剂都应根据试剂的性质及用量盛装于有塞的试剂瓶中，见光易分解的试剂装入棕色瓶，需滴加的试剂及指示剂装入滴瓶，整齐排列于试剂架上。试剂排列的方法可以按各分析项目所需试剂配套排列，指示剂可排列在小阶梯式的试剂架上。

试剂瓶的标签大小应与瓶子大小相称，书写要工整，标签应贴在试剂瓶的中上部，上面刷一薄层蜡以防腐蚀脱落。日常工作中，应经常擦拭试剂瓶以保持清洁。过期失效的试剂应及时更换。

4. 危险物品的分类

（1）爆炸品。爆炸性物质有三硝基甲苯（TNT）、苦味酸、硝酸铵、叠氮化物、乙炔银及其他超过三个硝基的有机化合物等。

（2）压缩气体及液化气体。剧毒气体如液氯、液氨等，易燃气体如乙炔、氢气等，助燃气体如氧等，不燃气体如氮、氦等。

（3）氧化剂。一级无机氧化剂性质不稳定，容易引起燃烧爆炸，如碱金属和碱土金属的氯酸盐、过氧化物、硝酸盐、高锰酸盐、高氯酸及其盐等，一级有机氧化剂既具有强烈的氧化性，又具有易燃性，如过氧化二苯甲酰；二级无机氧化剂性质较二级氧化剂稳定，如亚硝酸盐、重铬酸盐等，二级有机氧化剂如过氧乙酸。

（4）自燃物品。如白磷等。

（5）易燃固体。如赤磷、硫磺、萘、硝化纤维素等。

（6）易燃液体。这类液体极易挥发成气体，遇明火即燃烧。

（7）遇水燃烧物品。如金属钾、钠、电石等。

（8）毒害品。毒品分为剧毒品和有毒品。凡生物试验半数致死量（LD_{50}）在 50 mg/kg 以下者均称为剧毒品，如氰化物、三氧化二砷（砒霜）、氯化汞、硫酸二甲酯等。有毒品包括氟化钠、一氧化铅、四氯化碳、三氯甲烷等。

（9）腐蚀物品。这类物品具有强腐蚀性，可腐蚀木材、铁等物质，与人体接触会引起化学烧伤。腐蚀物品有硫酸、盐酸、硝酸、氢氟酸、冰乙酸、甲酸、氢氧化钠、氢氧化钾、氨水、甲醛等。

5. 危险品的安全储存要求

（1）危险品贮藏室应干燥、朝北、通风良好。门窗应坚固、门朝外开。贮藏室应设在四周不靠建筑物的地方。易燃液体贮藏室的温度一般不许超过 28 ℃，爆炸品贮藏室的温度不许超过 30 ℃。

（2）危险品应分类隔离储存，量较大时应将房间隔开存放，量小时也应设立铁板柜或水泥柜以分开储存。腐蚀性物品应选用耐腐蚀材料做架子。爆炸性物品可将瓶子存于铺有干燥黄沙的柜中。相互接触能引起燃烧、爆炸及灭火方法不同的危险品应分开存放，绝不能混合存放。

（3）照明设备应采用隔离、封闭、防爆型。

（4）经常检查危险品储藏情况，以消除事故隐患。实验室及库房中应准备好消防器材，管理人员必须具备防火灭火知识。

6. 高压钢瓶的安全使用

（1）装有各种压缩气体的钢瓶，应根据气体的种类涂上不同的颜色及标志，各种钢瓶应定期进行检验，并盖有检验钢印，不合格的钢瓶不能灌气。

（2）氧气瓶、可燃气体瓶最好不要放入楼房和实验室，钢瓶应避免日晒，不准放在热源附近。钢瓶要直立放置，用架子、套环固定。

（3）搬运钢瓶时应套好防护帽和防震胶圈，不得摔倒和撞击，如果撞断阀门会引起爆炸。

（4）使用钢瓶时必须装好规定的减压阀，拧紧丝扣，不得漏气。开启钢瓶阀门时，应先检查减压阀螺杆是否松开，操作者必须站在气体出口的侧面。严禁敲打阀门，关气时应先关闭钢瓶阀门，放净减压阀中气体，再松开减压阀螺杆。

（5）钢瓶内气体不得用尽，应留有一定量的剩余残压，以免充气和再使用时发生危险。

（三）实验室安全管理

（1）所用药品、标样、溶液都应有标签。绝对不要在容器内装入与标签不相符的物品。

（2）禁止使用化验室器皿盛装食物，也不要用茶杯、食具盛装药品，更不要用烧杯当茶具使用。

（3）开启易挥发液体试剂之前，先将试剂瓶放在自来水流中冷却几分钟。开启时瓶口不要对人，最好在通风橱中进行。

（4）稀释硫酸时，必须在硬质耐热烧杯或锥形瓶中进行，只能将浓硫酸慢慢注入水中，边倒边搅拌，温度过高时，应等冷却或降温后再继续进行，严禁将水倒入浓硫酸。

（5）易燃溶剂加热时，必须在水浴或沙浴中进行，避免明火。

（6）盛装腐蚀性、可燃性、有毒或易爆物品的器皿，应由操作者洗净。

（7）移动、开启大瓶液体药品时，不能将瓶直接放在水泥地板上，最好用橡皮布或草垫垫好，若为石膏包封的，可用水泡软后打开，严禁锤砸、敲打，以防破裂。

（8）取下正在沸腾的溶液时，应用瓶夹先轻轻摇动以后取下，以免溅出伤人。

（9）将玻璃棒、玻璃管、温度计等插入或拔出胶塞、胶管时，均应垫有棉布，且不可强行插入或拔出以免折断刺伤人。

（10）开启高压气瓶时，应缓慢，不得将出口对人。

（11）配制药品或试验中能放出氰化氢、二氧化氮、硫化氢、二氧化硫、溴气、氨气及其他有毒和腐蚀性气体时应在通风橱中进行。

（12）禁止用火焰在天然气管道上寻找漏气的地方，应该用肥皂水检查漏气。

（13）用电应遵守安全用电规程。

（14）化验室中应备有急救药品、消防器材和劳保用品。

（15）要建立安全员制度和安全登记卡，健全岗位责任制，每天下班前应检查水、电、煤气、窗、门等，确保安全。

◎ 工具准备

化学药品、危险品管理及实验室安全标识等。

◎ 材料准备

各种化学药品、危险品管理及实验室安全标识等。

◎ 人员准备

人员分组，每组 5 人。明确职责分工。

任务角色	任务内容
组长：	任务：
组员 1：	任务：
组员 2：	任务：
组员 3：	任务：
组员 4：	任务：

任务筹划

（一）内容筹划

教师联系实验室，学生进行实验室各种仪器，化学药品、危险品和安全管理标识的学习。

（二）方法筹划

实验室各种仪器的管理，化学药品、危险品管理及实验室安全标识的认识。

（三）流程筹划

以化学药品及危险品管理为主。

任务实施

步骤一：分组

进行人员分组。

步骤二：任务布置

进行学习任务布置，了解学习过程的注意事项。

步骤三：进行学习

对实验室各种仪器的管理，化学药品、危险品管理及实验室安全标识的学习。

步骤四：小结

对本节课学习内容进行总结。

任务检测

扫描二维码答题。

项目十一任务一任务检测

任务评价

工作任务完成过程评价

班级：________　学号：________　姓名：________　总分：________

项目	评价方法	分数	自我评价	小组评价	教师评价
任务目标达成度	服从安排，积极主动，认真负责	10 分			
任务完成度	方法正确，内容明确	20 分			
知识掌握精准度	方法正确，内容明确	20 分			
技术操作规范度	方法正确，内容明确	30 分			
岗位需求适应度	方法正确，内容明确	20 分			
合计		100 分			

任务二　理化检验分析基本操作技术

任务导入

同学们提前预习理化检验分析基本操作技术相关内容，上课进行提问讨论。

任务准备

◎ 知识准备

一、加热、灼烧、干燥

（一）加热

加热的方法很多，总体可分为两大类，即直接加热和间接加热。

（1）直接加热一般指在火焰上或电热仪器上加热。如需用火焰直接加热，需选用瓷质、石英质、金属质或特种玻璃质的器皿。

（2）间接加热比直接加热温度更为均匀。间接加热法除加热器上放有陶土板外，各种浴器都属于间接加热法，如水浴、油浴、沙浴等。

（二）灼烧

把固体物质加热到高温以达到脱水，除去挥发性杂质，烧去有机物等目的的操作称为灼烧。灼烧一般是在高温电炉中进行。在进行灼烧时，应先在电炉上加热至碳化，然后放入高温炉进行灼烧。

灼烧用的容器一定要用耐高温的材质，如瓷质坩埚、石英坩埚、金属坩埚等。要根据物质的性质及其在高温下的稳定性来决定灼烧温度。灼烧是否达到要求，一般以物质达到恒重为准。恒重是指连续两次干燥后的质量差异在 0.3 mg 以下的质量。

（三）干燥

在实验室中常用的干燥方法如下。

1. 加热干燥法

加热干燥法通常在常压下进行，如电炉、电热板、红外线照射、各种浴热、热空气干燥及真空加热干燥。

加热干燥法的优点在于能在较短时间内达到干燥目的，一般无机物质比较适宜用此种方法。加热干燥的温度高低、干燥时间的长短，取决于被干燥物质的性质、数量、厚度、含水量的大小、排风与否等。

加热干燥过程中，应注意产生焦糊，熔融现象。易燃易爆的物质不宜采用加热干燥。

2. 化学结合干燥法

化学结合干燥法多用于干燥气体和液体中含有的游离水分，作为干燥剂的物质要易与水结合而又不破坏被干燥的物质。常用的干燥剂有钙及氯化钙、无水硫酸钠等。化学结合法干燥需针对被干燥物质的特殊性能选择使用，如氯化钙不能用于干燥醇类和胺类。

3. 吸附干燥法

吸附干燥法多用于干燥气体。常用吸附剂有很多，如氯化钙、五氧化二磷（P_2O_5）等。不同的干燥剂选择吸附的能力不同，如浓硫酸对水蒸气的选择吸附能力非常强，而对被干燥的气体则不吸附。

根据干燥目的不同，采用的条件及方法也各异。如玻璃仪器的干燥，可在 110~120 ℃条件下烘干；分析仪器一般用硅胶袋放在仪器橱内，按时更换即可。

二、溶解、搅拌、粉碎

（一）溶剂的应用及选择

物质进行化学反应时，有许多是在溶液中进行的，因为反应物在溶液中有最大的接触机会，反应容易进行。要溶解物质时，选择适当的溶剂可使溶解速度加快或使溶解进行得更完全。溶剂的选择一般应符合相似相溶规律。例如，极性物质易溶于极性溶剂，非极性物质易溶于非极性溶剂，离子型物质难溶于非极性或极性很小的溶剂。

（二）搅拌

玻璃搅拌棒是实验室常用的搅拌工具。电磁式搅拌仪，既能加热又能调速搅拌，常用于保温滴定或电位滴定，使用起来比较方便。

（三）粉碎

食品分析中常使用小型电动粉碎机磨碎样品。带有各种型号筛子的粉碎机，可以根据磨碎颗粒的大小更换不同型号的筛子。少量样品常用研钵研碎。

三、过滤

过滤一般是指分离悬浮在液体中的固体颗粒的操作，也有用于洗涤物质的操作。

1. 过滤介质

常用的过滤介质有滤纸、过滤纤维、多孔瓷板及多孔玻璃板等。滤纸分定性滤纸和定量滤纸两种，定量滤纸又称无灰滤纸，灼烧后灰分极少，其质量可忽略不计，如果灰分较重，应扣除空白。质量分析中常用定量滤纸进行过滤。

2. 过滤方法

食品分析中应用最多的是常压过滤和减压过滤。

（1）常压过滤。多用锥形玻璃漏斗。过滤时应注意，如果需要的是沉淀时，滤纸不要高于漏斗，以免结晶物质经纸的毛细作用结到纸上端不易取下；倒溶液时，应将溶液沿玻璃棒流在滤纸的壁上，注意不要冲起沉淀，且不要超过滤纸的高度，沉淀物的高度应到滤器的 1/3 以上。

（2）减压过滤。减压过滤需要使用一整套装置，减压过滤装置由布氏漏斗或微孔玻璃漏斗（耐酸过滤漏斗）、抽气瓶、真空抽气泵、橡皮垫组成。操作时，布氏漏斗上铺用的过滤介质一般采用滤纸。

四、蒸发与蒸馏

（一）蒸发

对溶液加热，使一部分溶剂汽化而使溶液浓缩或析出固体物质的过程叫蒸发。溶液的蒸发一般分为常压蒸发和减压蒸发。

1. 常压蒸发

常压蒸发使用敞口设备。蒸发水溶液时，可以用电炉或酒精灯直接加热，蒸发近干时，应在水浴上蒸发，防止沉淀物质溅出或烧焦；蒸发有机溶剂时，特别是易燃的沸点低的有机溶剂，如苯、醚、己烷等，必须在水浴上调节控制适当的温度后进行蒸发；蒸发有机溶剂和能挥发出有刺激性的气体时要在通风橱中进行。沸点高于 100 ℃的溶液，水浴达不到蒸发所需温度，应用油浴、沙浴等加热。

2. 减压蒸发

减压蒸发可以加快蒸发速度。减压蒸发必须采用密闭容器，一般有收集溶剂的冷凝装置，如旋转蒸发仪。

（二）蒸馏

利用液体混合物中各组分挥发度的不同，分离出纯组分的方法叫蒸馏。在食品分析中经常用来分离液体混合物，得到待测组分。蒸馏常用的方法有常压蒸馏、减压蒸馏。

1. 常压蒸馏

当被蒸馏的物质受热后不发生分解或在沸点不高的情况下，可在常压下进行蒸馏。常压比较简单，加热方法要根据被蒸馏物质的特性和沸点来确定，沸点不高于 90 ℃时可用水浴；沸点超过 90 ℃时，可改用油浴、沙浴、盐浴。被蒸馏物不易爆炸或燃烧，可用电炉或酒精灯直火加热，但最好垫以陶土网。被蒸馏物如果是有机溶剂，则要用水浴，并注意防火。被蒸馏物质的沸点高于 150 ℃时，可以用空气冷凝管代替冷水冷凝器。

2. 减压蒸馏

采用常压蒸馏容易使蒸馏物质分解时，或蒸馏物质的沸点太高时，可以采用减压蒸馏。

◎ 工具准备

酒精灯、特种玻璃质的器皿、高温电炉、坩埚、电磁式搅拌仪、小型电动粉碎机、滤纸、旋转蒸发仪等。

◎ 材料准备

干燥剂、吸附剂等。

◎ 人员准备

人员分组，每组 5 人。明确职责分工。

任务角色	任务内容
组长：	任务：
组员 1：	任务：
组员 2：	任务：
组员 3：	任务：
组员 4：	任务：

任务筹划

（一）内容筹划

教师联系实验室，学生进行理化检验分析的基本操作。

（二）方法筹划

加热、灼烧、干燥、溶解、搅拌、粉碎、过滤、蒸发以及蒸馏。

（三）流程筹划

以灼烧、溶解、过滤与蒸馏为主。

任务实施

步骤一：分组

进行人员分组。

步骤二：任务布置

进行试验任务布置，了解各试验操作中的注意事项。

步骤三：试验操作

对加热、灼烧、干燥、溶解、搅拌、粉碎、过滤、蒸发及蒸馏的学习与操作。

步骤四：小结

对本节课学习内容进行总结。

任务检测

扫描二维码答题。

项目十一任务二任务检测

任务评价

工作任务完成过程评价

班级：＿＿＿＿＿＿　学号：＿＿＿＿＿＿　姓名：＿＿＿＿＿＿　总分：＿＿＿＿＿＿

项目	评价方法	分数	自我评价	小组评价	教师评价
任务目标达成度	服从安排，积极主动，认真负责	10 分			
任务完成度	方法正确，内容明确	20 分			
知识掌握精准度	方法正确，内容明确	20 分			
技术操作规范度	方法正确，内容明确	30 分			
岗位需求适应度	方法正确，内容明确	20 分			
合计		100 分			

任务三 标准溶液的配制与标定

任务导入

同学们提前预习标准溶液的配制相关内容，上课进行提问讨论。

任务准备

◎ 知识准备

一、化学试剂

1. 化学试剂的等级、标志和符号

国家对化学试剂的等级、标志、符号有统一标准规定，如表 11-3-1 所示。

表11-3-1 化学试剂的等级、标志和符号

级别	一级品	二级品	三级品	四级品	—
纯度分类	优级纯（保证试剂）	分析纯（分析试剂）	化学纯	试验试剂	生物试剂
符号	GR	AR	CP	LR	BR 或 CR

在使用化学试剂时，重点应根据文字和符号来识别化学试剂的等级。

2. 化学试剂分级标准

（1）基准试剂。基准试剂是一类用于标定容量分析标准溶液的标准参考物质，可精确称量后直接配制成标准溶液。主要成分含量一般为 99.95%~100.05%，杂质含量略低于一级品或与一级品相当。

（2）优级纯。优级纯为一级品，又称保证试剂，主要成分含量高、杂质含量低，主要用于精密的科学研究和测定工作。

（3）分析纯。分析纯为二级品，质量略低于优级纯，杂质含量略高，常用于一般的科学研究和重要的测定。

（4）化学纯。化学纯为三级品，质量较分析纯差，但高于试验试剂，用于工厂和教学试验的一般分析工作。

（5）试验试剂。试验试剂为四级品，质量较化学纯差，杂质含量更多，试验试剂的纯度高于工业品，主要用于普通的试验或研究。

化学试剂除可分为上述四级外，又可将“高纯试剂”细分为超纯、特纯、高纯、光谱纯及色谱纯或色谱标准物质等试剂。这一类化学试剂主要成分含量可达到四个 9（99.99%）到五六个 9 不等。

光谱纯是指杂质含量用光谱分析法已测不出或低于某一限度的试剂。

色谱纯或色谱标准物质是指用于色谱分析的标准物质，其杂质含量用色谱分析法测不出或低于某一限度。

在食品理化分析中，应根据国家标准要求确定检测方法，选用不同规格的化学试剂。通常情况下，纯度高、杂质含量少的试剂因提纯过程复杂，价格较高。

二、溶液的配制要求

（1）配制溶液的试剂及所用的溶剂应符合检验分析项目的要求。

（2）一般试剂及提取用的溶剂可用化学纯试剂，如遇试剂空白高或对测定有干扰时，则需要采用更纯的试剂或经纯化处理的试剂。

（3）用于标定标准滴定溶液浓度用的试剂，纯度应为基准级或优级纯。

（4）未注明特殊要求时，检验方法中所使用的水是指蒸馏水或去离子水。未指明溶液用何种溶剂配制时，均指水溶液。

（5）配制测定微量物质的标准溶液时，所用的试剂纯度应在分析纯以上。

（6）检验方法中未指明具体浓度的硫酸、硝酸、盐酸、氨水时，均指市售试剂规格的浓度。不同试剂的相对分子质量、含量、密度和浓度如表 11-3-2 所示。

表11-3-2　不同试剂的相对分子质量、含量、密度和浓度

试剂名称	相对分子质量	含量（质量）/%	相对密度	浓度 /（mol/L）
冰乙酸	60.05	99.5	1.05（约）	17.0（CH_3COOH）
甲酸	46.02	90.0	1.20	23.0（HCOOH）
乙酸	60.05	36.0	1.04	6.3（CH_3COOH）
盐酸	36.50	36.0~38.0	1.18（约）	12.0（HCl）
硝酸	63.02	65.0~68.0	1.40	16.0（HNO_3）
高氯酸	100.50	70.0	1.67	12.0（$HClO_4$）
磷酸	98.00	85.0	1.70	15.0（H_3PO_4）
硫酸	98.10	96.0~98.0	1.84（约）	18.0（H_2SO_4）
氨水	17.00	25.0~28.0	0.80~8.00	15.0（$NH_3 \cdot H_2O$）

（7）在配制溶液时，液体的滴是指蒸馏水自标准滴管流下的一滴的量，在 20 ℃时，20 滴相当于 1.0 mL。

（8）一般试剂用硬质玻璃瓶存放，碱液和金属溶液用聚乙烯瓶存放，需避光保存的试剂储存于棕色瓶。

三、溶液的定义和浓度表示方法

1. 标准滴定溶液

标准滴定溶液指确定了准确浓度的、用于滴定分析的溶液。

2. 基准溶液

基准溶液是指由基准物质制备或用多种方法标定过的溶液，用于标定其他溶液。

3. 标准溶液

标准溶液是指用于制备溶液的物质而准确知道某种元素、离子、化合物或基团浓度的溶液。

4. 标准比对溶液

标准比对溶液是指已准确知道或已规定有关特性（色度、浊度）的溶液，用来评价与该特性有关的试验溶液。它可由标准滴定溶液、基准溶液、标准溶液或具有所需特性的其他溶液配制。

◎ 工具准备

250 mL 锥形瓶、50 mL 滴定管、坩埚、称量瓶等。

◎ 材料准备

硫代硫酸钠标准品溶液、水等。

◎ 人员准备

人员分组，每组 5 人。明确职责分工。

任务角色	任务内容
组长：	任务：
组员 1：	任务：
组员 2：	任务：
组员 3：	任务：
组员 4：	任务：

任务筹划

（一）内容筹划

教师联系实验室，学生进行标准溶液的配制与标定。

（二）方法筹划

溶液的配制与标定。

（三）流程筹划

以溶液的标定为主。

任务实施

步骤一：分组

进行人员分组。

步骤二：任务布置

进行试验任务布置，了解试验操作过程中的注意事项。

步骤三：试验操作

对硫代硫酸钠标准溶液的配制与标定。

步骤四：小结

对本节课学习内容进行总结。

任务检测

扫描二维码答题。

项目十一任务三任务检测

任务评价

工作任务完成过程评价

班级：________ 学号：________ 姓名：________ 总分：________

项目	评价方法	分数	自我评价	小组评价	教师评价
任务目标达成度	服从安排，积极主动，认真负责	10 分			
任务完成度	方法正确，内容明确	20 分			
知识掌握精准度	方法正确，内容明确	20 分			
技术操作规范度	方法正确，内容明确	30 分			
岗位需求适应度	方法正确，内容明确	20 分			
合计		100 分			

项目十二 兽药残留指标检验

知识目标

熟悉动物性食品中氟喹诺酮类药物残留的特点及残留量标准，了解动物性食品中氟喹诺酮类药物残留检测国家标准要求。

技能目标

（1）掌握高效液相色谱法测肉品中氟喹诺酮类药物残留量，并能对试验误差进行有效分析。

（2）熟悉人食用含有盐酸克伦特罗残留产品后的中毒症状。熟悉盐酸克伦特罗胶体金检测卡的检测原理。

（3）掌握盐酸克伦特罗残留胶体金快速筛选检测法，并能对结果进行准确判定。

素质目标

通过本课程的学习，培养学生根据药品质量标准，独立完成常见兽药检验工作的能力。

思政目标

建立学生对农产品食品质量安全的观念意识。

任务一　样品前处理技术

任务导入

同学们提前预习兽药残留样品采集的相关内容，上课进行提问讨论

任务准备

◎ 知识准备

一、残留分析的主要特点

兽药残留分析属复杂基质中痕量组分的分析技术，与药品或制剂分析有很大不同。兽药残留分析的特点概括为如下四个方面。

（1）待测物质浓度低，浓度波动范围大。待测物质浓度低、浓度波动范围大是残留分析的显著特点，残留水平多数为 1 μg/kg 至 1 mg/kg。

（2）样品基质复杂，干扰物质多。不同种属动物的样品、同种动物的不同组织器官的成分有明显差异，样品基质成分复杂。除此之外，其他干扰因素还有药物自身的代谢产物、动物日粮成分和环境污染物等。

（3）需要精细的微量操作手段和灵敏度高、选择性强的检测技术。

（4）残留检测以仪器分析方法为主。残留样品要求分析技术具有灵敏度高、选择性或分离能力强和线性范围宽的特点。而传统意义上的化学分析方法不能满足残留分析的需要，必须采用仪器分析方法。

二、样品的采集、制备与储存

1. 样品采集

残留分析样品主要是采集各种食用组织，如肌肉、脂肪、肝、肾、皮肤、血液、蛋、奶及其加工食品；活体检测中一般采集血浆、尿液和粪便；屠宰现场主要采集某种药物的靶组织及其他高浓度的样本，如肝、肾、胆汁、注射部位的组织等。采集时应根据具体的测定需要，遵循代表性原则进行随机采样。

2. 样品制备

样品制备又称为样品预处理，指采样后至化学分析前试样的准备工作，包括样品匀化、缩分、过筛、离心、过滤、防腐和抑制降解等过程。样品制备是采样工作的继续。

3. 样品储存

为避免样品组分被降解，通常采用样品深度冷冻的方法进行储存。冷冻能延缓样品变

化的速度，对一些易于代谢的药物，如磺胺类、甾体激素类药物，它们的肝或肾组织样品不宜长时间存放，理想的冷冻温度为 -80~-40 ℃。

三、样品提取

（一）组织捣碎法

“样品 + 溶剂”高速捣碎 2~3 min，组织匀浆和样品萃取，过滤或离心，将残渣重复提取 1~3 次，合并滤液或上清液。

（二）振荡提取法

“样品匀浆物 + 溶剂”中速振荡 30~60 min，过滤或离心，将残渣重复提取 1~3 次，合并滤液或上清液。

（三）超声波辅助提取法

超声波辅助提取法是通过空化作用使分子运行速度加快，同时将超声波的能量传递给样品，使组分脱附和溶解加快。操作中将样品和溶剂放于密闭的试管中，置于具有一定能量的超声波水浴，数秒后拿出，如此反复数次后即可达到提取目的。每次超声时间宜短，以防止溶剂过热沸腾，影响提取回收率。超声波辅助提取操作简单，一次可以同时提取多个样品，提取时间短、速度快、提取效率高。

（四）索氏提取法

使用索氏提取器进行提取。索氏提取法操作简便，不需要转移样品，不受样品基质影响，是一种彻底提取法。但是索氏提取法提取时间长，需耗用较多溶剂（每个样 300~500 mL），需对提取液进行浓缩。索氏提取法适用于水分较少的样品如饲料等的提取，动物组织样品须与海沙或无水硫酸钠一起研磨，制成干粉后再进行提取。

（五）消化法

消化法主要用于常规方法无法提取的样品基质，如毛发、角质、骨头等及组织结合力强的组分的处理。

1. 酸消化法

消化液为“60% $HClO_4$–CH_3COOH（1+1）”的混合液，反应条件控制在 80~90 ℃。

2. 碱消化法

常用的消解试剂有甲醇钾、乙醇钾、甲醇钠、乙醇钠溶液，还可以直接向溶剂中加入氢氧化钠。反应条件一般控制在 60 ℃。

3. 酶消化法

常用枯草菌溶素作为蛋白水解酶。反应条件：pH 值为 7.0~11.0，50~60 ℃。

（六）超临界流体提取法

以超临界状态下的流体为萃取溶剂，利用该状态下的流体所具有的高渗透能力分离混合物的过程。最常用的超临界流体是 CO_2，可用于萃取非极性和中等极性的物质，如加入适量极性调节剂还可萃取极性物质。

（七）微波辅助萃取

微波辅助萃取是利用微波加热，加速溶剂对固体样品中目标物的萃取过程。微波辅助萃取具有快速、高效、节能、环境友好等特点。微波辅助萃取的时间短，有机试剂消耗量少，可同时测定多个样品。

（八）其他技术

1. 冷冻干燥

先将样品冷冻，水分在样品表面形成“冰壳”，将其置入冻干机进行减压干燥。冰升华时可将其他挥发性杂质一道除去，样品被干燥，向残渣中加入有机溶剂进行萃取。也可将冻干的样品研成细末，与适量吸附剂或助滤剂混合装柱淋洗。该法适用于含水样品中热稳定性差、水溶性强的组分的预处理，也可用于样品衍生化或储存前的预处理。

2. 制备“干混合物”

将液态或固态样品与足量的无水硫酸钠或无水硫酸镁混合研磨制成“干混合物”，然后用溶剂萃取或装柱淋洗，该法适用于水溶性强的组分提取。

3. 起泡分离

利用泡沫除去溶解物质，常用于浓缩和分离水中的洗涤剂或其他表面活性剂。

四、样品净化

将待测组分与杂质分离的过程称为净化。提取过程可除去 99% 以上的样品基质，而不到 1% 的共萃取物是主要的干扰杂质，这些杂质可干扰光谱检测、增加基线噪声、降低柱效、阻塞色谱管路、污染色谱柱和检测器、干扰色谱分离过程，直接影响定量和定性分析质量。因此，为保证测定的正常进行，必须在净化过程中除去这些杂质。在实际操作中可根据待测物的理化性质结合多种分离方法设计净化过程，如待测物的极性、溶解性、酸性、相对分子质量等。

净化过程常用的方法有液液萃取、固相萃取，除此以外，还有固相微萃取、基质分散固相萃取、免疫亲和色谱技术、分子印迹技术、加速溶剂萃取等新技术。

（一）液液萃取

液液萃取（Liquid-Liquid Extraction，LLE）是一种利用待测组分与样品杂质在互不相溶的两相中溶解性差异进行净化的方法，是经典的净化方法。使用 LLE 很容易将溶质分为两个组分：极性组分与非极性组分。极性物质可再分成酸性、碱性或中性物质。

1. 常用的萃取溶剂对

萃取溶剂对一般由非极性溶剂和极性溶剂组成，常见的溶剂对，如正己烷（或石油醚）/乙腈、正己烷 / 甲醇、正己烷 / 丙酮、异辛烷 /80% 丙酮、氯仿 / 水、乙酸乙酯 / 水。

2. 影响 LLE 的因素

（1）溶剂。按“相似相溶”原理选择溶剂。萃取溶剂的极性越小，共萃取的杂质越少，选择性越高。可采用少量多次抽提、不等体积抽提等萃取方法。

（2）pH 值。pH 值对酸碱性物质的溶解或分配系数影响很大，可采用酸碱萃取法进行净化。调节 pH 值使组分水相处于中性分子状态，或达到两性分子的等电点，组分水溶性降低，易被有机溶剂萃取；调节 pH 值使组分呈解离状态，水溶性增加，根据这种性质可使酸性或碱性水溶液从有机溶剂中，反萃取碱性或酸性组分。这种萃取方法能选择性地除去中性、酸性或碱性杂质和提高萃取效率。

（3）离子对试剂。酸性或碱性较强的有机物在水中解离为亲水性很高的离子，通过控制 pH 值不能完全抑制它们的解离，因此难以用有机溶剂进行萃取净化。但是可以向呈解离状态的待测物溶液中，加入与其电性相反的离子对试剂（反离子），两者结合形成具有一定脂溶性的离子对（水相），可被有机溶剂萃取。这种方法称为离子对萃取法。

（4）盐析。向溶液中加入中性强电解质（如氯化钠、硫酸钠等）会促进溶质的析出，这种现象称为盐析。盐析可降低萃取乳化，促进有机相与水相分层；盐析可促进有机溶剂萃取，如向样品中加入适量无水硫酸钠可提高药物的提取效率。盐析操作简单，但盐析常导致更多的共萃取杂质。

（5）其他。萃取中溶液发生乳化，可使溶解的部分组分不能回收，乳化现象可以使萃取时间延长、回收率下降。因此，操作过程中应避免乳化现象的出现。

3. LLE 操作注意事项

（1）LLE 是最基本的净化方法，通常采用分液漏斗振荡法、涡旋萃取、逆流萃取、特殊容器萃取等。

（2）LLE 操作时，可采用如下措施防止溶剂中带水、样品乳化、药物吸附损失：从水相萃取药物时溶剂中常带入少量水分，可使用无水硫酸钠进行脱水。

（3）样品乳化时，可进行离心或静置等待，也可试用添加溶剂或盐析法。为防止吸附损失，可向萃取溶剂中加入一些异丙醇或二乙胺，也可将玻璃器皿进行硅烷化处理。方法是用含 1% 三甲基氯硅烷的甲苯溶液将干燥的玻璃器皿浸泡一次，然后于 100 ℃干燥 30 min 备用。

（二）固相萃取

固相萃取（Solid phase Extraction, SPE）是指使用预制的装有各种色谱填料的固相萃取小柱（SPE 柱）的分离方法。SPE 柱一般由柱体、固定相和滤板 3 部分组成。

1. SPE 填料

SPE 采用的填料接近 HPLC 的固定相，分为正相固定相、反相固定相和离子交换固定相。

根据相似相溶原理，尽可能选择极性与待测组分相近的固定相，使组分得到最佳保留。分析中等极性物质时，反相或正相固定相均可；分析非极性或低极性物质时，选用反相固定相；分析离子型或较强的有机酸或有机碱化合物时，可选择离子交换固定相。

2. 洗脱溶剂

洗脱溶剂的作用随固定相种类和组分性质的不同而有所不同。

在用于正相机理的组分洗脱时，极性越强的溶剂洗脱能力越强。在用于反相机理的组分洗脱时，极性越强的溶剂洗脱能力越弱。在反相 SPE 中极性高的组分先流出，正相 SPE 中的组分流出顺序正好相反。

离子交换固定相上组分的保留和洗脱决定于流动相中的离子强度、反离子强度和 pH 值，与溶剂强度关系较小。离子强度和反离子强度越强，分析物越易被洗脱；反之保留越强。

3. SPE 操作步骤

SPE 操作一般有四步：固定相活化、样品上柱、洗涤和洗脱。

（1）固定相活化。活化的目的是除去柱内杂质并创造一定的溶剂环境。操作步骤通常是先用一种强洗脱能力的初始溶剂润湿和净化 SPE 柱，然后用弱洗脱能力的终溶剂平衡 SPE 柱。

柱床活化操作注意事项如下。

100 mg 固定相用 1~2 mL 溶剂平衡；在活化过程中和上样之前，不要让空气进入柱内，也不要让液体流干，以防柱床出现裂隙，影响回收率、重复性和净化效果；终溶剂的强度应比样品溶剂强度低或接近样品溶剂，以免样品被带出造成回收率下降。

（2）样品上柱。样品上柱操作注意事项如下。

尽可能用弱溶剂溶解样品，使组分在柱上有强保留，在柱床起始部位形成窄的谱带；对于必须用强溶剂提取的样品，上柱前用弱溶剂稀释至适宜强度，避免样品的溶剂强度过高或体积过大，造成柱床穿漏，使回收率降低；将样品流速控制为 3~10 mL/min，以保证良好的净化效果。

（3）洗涤。洗涤是除去不需要的组分或杂质。洗涤所选溶剂的强度一般略强于或等于样品溶剂。洗涤溶剂体积一般为每 100 mg 填料，用 0.5~0.8 mL 洗涤溶剂。

（4）洗脱。洗脱是将所需组分从柱上淋洗下来。洗脱操作注意事项如下。

洗脱溶剂的选择必须十分谨慎，溶剂强度应适宜，以保证用较小体积的溶剂将组分淋洗下来，并且避免洗出不必要的组分，通常采用混合溶剂作为洗脱溶剂。当洗脱溶剂与洗涤溶剂互不相溶时，可用空气或氮气对柱床进行干燥后再洗脱。洗脱溶剂的体积一般控制为 0.5~0.8 mL/100 mg 为宜。

（三）基质固相分散技术

基质固相分散技术是将涂渍有 C18 等多种聚合物的担体固相萃取材料与样品一起研磨，将所得的半干状的混合物作为填料装柱，然后采用类似 SPE 的方法洗脱出各种待测物。

（四）固相微萃取

用涂渍在石英玻璃纤维上的固定相作为吸附介质，对目标物质进行萃取和浓缩，再进样直接加热解析，或用流动相冲洗到液相色谱柱中，用色谱进行分析。

（五）搅拌棒吸附萃取

将外层固定有吸附剂的萃取棒直接放入样品进行萃取。

（六）膜萃取

在选择性透过膜两侧加压，使样品一侧中的待分离组分选择性地通过膜，从而达到分离纯化的目的。

（七）液相微萃取

液相微萃取是样品与微升级甚至纳升级的萃取溶剂之间的分配平衡，是把微滴溶剂置于流动的溶液中来实现溶质的微萃取方法。

（八）加压液体萃取

加压液体萃取是通过升高温度和压力来增加物质溶解度和提高溶质的扩散效率的样品前处理技术。

（九）分子印迹技术

分子印迹技术是将待分离的目标分子与功能担体通过共价或非共价作用进行预组装，与交联剂共聚制备得到聚合物，作为SPE的填充剂或固相微萃取的涂层填料，用于分离复杂样品中的分析物。

（十）免疫亲和色谱

免疫亲和色谱是一种利用抗原抗体特异性、可逆性结合特性的SPE技术，根据抗原抗体的特异性亲和作用，从复杂的待测样品中提取目标物质。

五、样品的浓缩与富集

在残留分析中，经过提取和净化后，必须对组分进行浓缩和富集，使待测定的样品达到仪器能够检测的浓度或进行溶剂转换。

浓缩指通过减少样品溶液中的溶剂或水分而使组分的浓度升高；富集常指利用液固萃取的方法浓缩某种组分。溶剂挥发是常规的浓缩方法，常用的有减压蒸馏和气流吹蒸两种方式。

1. 旋转蒸发仪浓缩

旋转蒸发仪是残留分析中最常用的浓缩装置，包括旋转烧瓶、冷凝器、溶剂接受瓶、真空设备、加热源和电动机。在烧瓶的缓缓转动时，液体在瓶壁展开成膜并在减压和加热条件下被迅速蒸发。旋转的烧瓶还可防止液体发生暴沸。该方法的浓缩速度快，溶剂可以回收。

2. 气流吹蒸法

气流吹蒸法是常用的浓缩方法。利用空气或氮气流将溶剂带出样品，一般在加热条件下进行，该方法多用于少量液体的浓缩，但蒸汽压较高的组分易损失。

浓缩过程中组分最易损失，不要将样品直接蒸干，必须干燥时应在最后缓缓吹入氮气或空气。加入少量不干扰测定的高沸点物质，减少吸附损失。

◎ 工具准备

研磨仪、振动筛分仪、石墨消解仪、全自动液液萃取仪、超纯水机、十万分之一天平、万分之一天平、千分之一天平、离心机、超声波清洗器、马弗炉、电热鼓风干燥箱、生化培养箱、高压灭菌锅、紫外可见分光光度计、菌落计数器、溶解氧测定仪、离子计、电导率仪、生物显微镜、涡旋混匀仪、恒温水浴锅、磁力加热搅拌器等。

◎ 材料准备

有机溶剂、水、分液漏斗、容量瓶、硫酸钠、硫酸镁、硫酸铵等。

◎ 人员准备

人员分组，每组 5 人。明确职责分工。

任务角色	任务内容
组长：	任务：
组员 1：	任务：
组员 2：	任务：
组员 3：	任务：
组员 4：	任务：

任务筹划

（一）内容筹划

教师联系实验室，学生进行兽药残留样品前处理的学习。

（二）方法筹划

兽药残留样品前处理的学习。

（三）流程筹划

以盐析和萃取分液为主。

任务实施

步骤一：分组

进行人员分组。

步骤二：任务布置

进行试验任务布置，了解试验操作过程中的注意事项。

步骤三：试验操作

对兽药残留样品前处理的方法进行学习与操作。

步骤四：小结

对本节课学习内容进行总结。

任务检测

扫描二维码答题。

项目十二任务一任务检测

任务评价

工作任务完成过程评价

班级：________ 学号：________ 姓名：________ 总分：________

项目	评价方法	分数	自我评价	小组评价	教师评价
任务目标达成度	服从安排，积极主动，认真负责	10 分			
任务完成度	方法正确，内容明确	20 分			
知识掌握精准度	方法正确，内容明确	20 分			
技术操作规范度	方法正确，内容明确	30 分			
岗位需求适应度	方法正确，内容明确	20 分			
合计		100 分			

任务二　兽药残留测定方法

任务导入

同学们提前预习兽药残留测定方法的相关内容，上课进行提问讨论。

任务准备

◎ 知识准备

动物性食品中兽药残留的检测技术有生物法、液相色谱法、液相色谱－质谱联用法、气相色谱－质谱联用法、薄层色谱法、免疫分析法、高效毛细管电泳法、生物传感器法。

一、免疫分析方法分类

免疫分析方法按照是否使用标记物，分为标记免疫分析法和非标记免疫分析法，非标记免疫分析法又称经典免疫分析法。按照标记物种类，标记免疫分析法又分为放射性标记免疫分析法和非放射性标记免疫分析法。

经典免疫分析法灵敏度较低，在残留分析中极少应用。放射性标记免疫分析法因辐射污染等问题已淘汰。目前应用最多的是非放射性标记免疫分析法。

二、常规免疫分析法简介

（一）酶免疫分析法

酶免疫分析法是以酶作为标记物，标记抗原（药物）或抗体，与相应的抗体（或抗原）反应，形成酶－抗原－抗体复合物，通过标记酶对专一性底物的催化反应产生可测定的信号进行分析。酶免疫测定法具有很高的灵敏度，酶免疫测定法的典型代表是酶联免疫吸附分析（Enzyme–Linked Immunosorbent Assay, ELISA）。

（二）荧光免疫分析法

荧光免疫分析法是以荧光物质作为标记物，标记抗体（或抗原），与相应的抗原（或抗体）反应，形成荧光物质－抗原－抗体复合物，根据荧光的存在与否来检测其是否存在。在实际工作中，用荧光物质标记抗体检查抗原的方法较为常用，也称为荧光抗体技术。

（三）发光免疫分析法

免疫反应中的酶作用于发光底物，使底物发生化学反应，发射出光子，利用发光信号测量仪器测定待测物质的含量。

（四）免疫胶体金检定法

免疫胶体金检定法是以胶体金标记抗体，检测待测物质是否存在，是一种快速检测的方法。

三、酶联免疫吸附分析法

（一）基本概念

抗原是指进入人或动物机体后，可刺激机体免疫系统产生免疫应答，生成抗体或形成致敏淋巴细胞，并能和抗体或致敏淋巴细胞发生特异性反应的物质。

抗体是由抗原刺激动物的免疫系统后，由免疫系统分泌产生的能和相应抗原发生特异性结合的免疫球蛋白。

（二）ELISA 方法的原理

酶联免疫吸附分析法抗原抗体反应具有特异性和等比例性。基于抗原抗体的特异性和等比例性，以 96 孔酶标板为载体，采用适当的技术使抗原或抗体吸附在酶标板的内壁上成为包被抗原或抗体，将没有被吸附的抗原或抗体通过洗涤除去，直接加入酶标记抗体或抗原，形成的酶标记抗原－抗体复合物吸附在酶标板的微孔内，然后将没有被吸附的酶标记物通过洗涤除去，在微孔内加入底物，吸附在酶标板微孔内的抗原－抗体复合物上的酶催化底物使其水解、氧化或还原成为有色的底物，通过分光光度计进行测定，在一定的条件下，复合物上酶的量和产物呈现的色泽成正比，从而计算出参与反应的抗原和抗体的量。

（三）ELISA 方法的分类

ELISA 分为直接法、间接法和夹心法。

直接 ELISA 法，是将酶标抗原或抗体直接与包被在酶标板上的抗体或抗原结合形成酶标抗原－抗体复合物，加入酶反应底物，测定产物的吸光值，计算出包被在酶标上的抗体或抗原的量。

间接 ELISA 法，是将酶标记在二抗上，当一抗和包被在酶标板的抗原结合形成复合物后，再以酶标二抗和复合物结合，通过测定酶反应产物的颜色可以反映一抗和抗原的结合情况，进而计算出抗原或抗体的量。

夹心 ELISA 法，是先将未标记的抗体包被在酶标板上，用于捕获抗原，再用酶标记的抗体与抗原反应形成抗体 - 抗原 - 酶标抗体复合物，又称直接夹心法；也可以用酶标二抗和抗体 - 抗原 - 抗体复合物结合，形成抗体 - 抗原 - 抗体 - 酶标二抗复合物，又称间接夹心法。

上述三种方法又可以分为竞争法和非竞争法。直接法中的酶标抗原竞争法较常用。

（四）ELLSA 方法常用的试剂

1. 酶标记物

酶标记物即用酶标记的抗原或抗体，是 ELISA 中最关键的试剂。在 ELISA 中，常用辣根过氧化物酶和碱性磷酸酶作为标记用酶。

2. 酶的底物

（1）辣根过氧化物酶的底物。常用邻苯二胺、四甲基联苯胺作为辣根过氧化物酶的底物。邻苯二胺经辣根过氧化物酶作用后产物呈橙红色，用酸终止酶反应后，在 492 nm 处有最高吸收峰。四甲基联苯胺经辣根过氧化物酶作用后产物显蓝色，用酸终止酶反应后，产物由蓝色变为黄色，在 450 nm 处有最高吸收峰。

（2）碱性磷酸酶的底物。常用对硝基苯磷酸酯作为碱性磷酸酶的底物。对硝基苯磷酸酯在碱性磷酸酶的作用下生成黄色的对硝基酚，黄色的对硝基酚在 405 nm 波长处有吸收峰。

3. 酶反应终止液

常用硫酸或盐酸作为酶反应终止液。

4. 参考标准品

参考标准品用于制作定量测定的标准曲线。结果用吸光度（A）表示。

◎ 工具准备

天平、离心机、水浴氮吹仪、纯水 / 超纯水一体机、超高效液相色谱 - 串联质谱仪等。

◎ 材料准备

乙腈、甲酸、Quechers 净化剂、四环素类、氟喹诺酮类、酰胺醇类、磺胺类、林可酰胺类、大环内酯类标准品、实验室用水（一级水）等。

◎ 人员准备

人员分组，每组 5 人。明确职责分工。

任务角色	任务内容
组长：	任务：
组员 1：	任务：
组员 2：	任务：
组员 3：	任务：
组员 4：	任务：

任务筹划

（一）内容筹划

教师联系实验室，学生进行超高效液相色谱 - 串联质谱法及酶联免疫吸附分析法的学习。

（二）方法筹划

超高效液相色谱 - 串联质谱法及酶联免疫吸附分析法的学习。

（三）流程筹划

以酶联免疫吸附分析法为主。

任务实施

步骤一：分组

进行人员分组。

步骤二：任务布置

进行试验任务布置，了解试验操作过程中的注意事项。

步骤三：试验操作

对超高效液相色谱 - 串联质谱法及酶联免疫吸附分析法进行学习与操作。

步骤四：小结

对本节课学习内容进行总结。

任务检测

扫描二维码答题。

项目十二任务二任务检测

任务评价

工作任务完成过程评价

班级：__________ 学号：__________ 姓名：__________ 总分：__________

项目	评价方法	分数	自我评价	小组评价	教师评价
任务目标达成度	服从安排，积极主动，认真负责	10 分			
任务完成度	方法正确，内容明确	20 分			
知识掌握精准度	方法正确，内容明确	20 分			
技术操作规范度	方法正确，内容明确	30 分			
岗位需求适应度	方法正确，内容明确	20 分			
合计		100 分			

任务三　兽药速测卡检测动物组织兽药残留

任务导入

同学们提前查阅人食用含有盐酸克伦特罗残留产品后的中毒症状等相关内容，上课进行提问讨论。

任务准备

◎ 知识准备

盐酸克伦特罗俗称瘦肉精，为一种人工合成的 β－肾上腺素能兴奋剂，具有扩张支气管的作用。人食用含有盐酸克伦特罗残留的产品后的中毒症状为心动过速、低血钾、低磷酸盐血症、肌肉震颤、头晕、口干、失眠甚至瘫痪等。国家已经明令禁止克伦特罗在动物饲养中使用。而检测卡常用于盐酸克伦特罗残留的快速筛选检测，检验原理如下。

检测卡采用竞争抑制免疫层析技术的原理来测定动物尿液、饲料和肉等组织中的盐酸克伦特罗。检测卡含有被预先固定于膜上检测带（T）的盐酸克伦特罗偶联物和被胶体金标记的抗盐酸克伦特罗单克隆抗体，以及固定于膜上控制带（C）的二抗。利用竞争法胶体金免疫层析技术，检测液中的盐酸克伦特罗与金标垫上的金标抗体结合形成复合物，若盐酸克伦特罗在检测液中浓度低于灵敏度值，未结合的金标抗体流到 T 区时，与被固定在膜上的盐酸克伦特罗－牛血清白蛋白（Bovine Serum Albumin, BSA）偶联物结合，逐渐凝集成一条可见的 T 线；若盐酸克伦特罗浓度高于灵敏度值，金标抗体全部形成复合物，不会再与 T 线处盐酸克伦特罗 –BSA 偶联物结合形成可见的 T 线。未固定的复合物流过 T 区被 C 区的二抗捕获，金颗粒沉积，形成紫红色可见的 C 线。C 线的出现表明免疫层析发生，即试纸有效。

◎ 材料准备

检测卡、离心管、烧杯、超声波水浴箱、尿液、肉样、饲料、纯水。

◎ 人员准备

人员分组，每组 5 人。明确职责分工。

任务角色	任务内容
组长：	任务：
组员 1：	任务：
组员 2：	任务：
组员 3：	任务：
组员 4：	任务：

任务筹划

（一）内容筹划

教师联系实验室，学生进行实验室各种仪器、化学药品及危险品的安全管理。

（二）方法筹划

实验室各种仪器的管理、化学药品及危险品管理、实验室安全管理。

（三）流程筹划

以化学药品及危险品管理为主。

任务实施

步骤一：样品制备

1. 尿液

样本必须用洁净、干燥不含有任何防腐剂的塑料尿杯或玻璃容器收集。可直接检测，如有浑浊请先离心取上清液。若不能及时检测送检，尿样样本在 2~8 ℃冷藏可以保存 48 h。长期保存需冷冻于 –20 ℃，忌反复冻融。尿样检测限为 5 μg/g。

2. 肉

装入大约 4 g 碎的猪肉样本（肉泥）于离心管，盖紧管盖，在 80 ℃左右的水浴锅中水浴 10 min；吸取加热后的溶液到 1.5 mL 的离心管。如有明显黄色浑浊需离心，用上清液作为待测样品溶液。肉样等组织检测限为 7 μg/g。

3. 饲料

取 1 g 样品粉末于离心管，加入 5 mL 水，混匀，置于超声波水浴中超声 30 min（每 10 min 取出混匀 1 次），超声提取后冷却至室温，于 3 000 r/min 离心 5 min，取上清液进行测试。饲料检测限为 5 μg/g。

步骤二：操作步骤

（1）在进行测试前先完整阅读使用说明书，使用前将检测卡和待检样本溶液恢复至室温。

（2）撕开铝塑袋，取出试纸。

（3）依据型号进行操作（尿液不得直接浸湿观察区）。

①将试纸白色一端浸入尿液（液面不得超过横线），保持 5 s。

②用滴管吸取待检样品尿液，逐滴缓慢加入 3 滴样品于加样孔。

（4）将试纸平放 1 min，等待红色条带出现。

（5）3~8 min 内读取结果，10 min 后判读无效。10 min 内可以检测出结果

步骤三：结果判定

阳性：位置 C 显示出红色条带，位置 T 无条带时，判为阳性。

阴性：位置 C 显示出红色条带，位置 T 同时出现红色条带时，判为阴性。

无效：位置 C 不显示出红色条带，则无论位置 T 显示出红色条带与否，该试纸卡均判为无效。

注意：测试区（T）内的紫红色条带可显现出颜色深浅的现象。但是，在规定的观察时间内，不论该色带颜色深浅，即使只有非常弱的色带也应判定为阴性结果。

步骤四：注意事项

（1）按照操作步骤进行测试，勿触摸检测卡中央的白色膜面。

（2）检测时避免阳光直射和电风扇直吹。

（3）检测卡在保质期内一次性使用，勿重复使用。

（4）用磷酸盐缓冲液配制标准品，自来水、蒸馏水或去离子水不能作为阴性对照。

（5）尿样滴管不可混用，以免交叉污染。如果尿样出现沉淀或浑浊物，离心后再检测。

（6）出现阳性结果，用本卡复查一次。

任务检测

扫描二维码答题。

项目十二任务三任务检测

任务评价

工作任务完成过程评价

班级:________ 学号:________ 姓名:________ 总分:________

项目	评价方法	分数	自我评价	小组评价	教师评价
任务目标达成度	服从安排，积极主动，认真负责	10 分			
任务完成度	方法正确，内容明确	20 分			
知识掌握精准度	方法正确，内容明确	20 分			
技术操作规范度	方法正确，内容明确	30 分			
岗位需求适应度	方法正确，内容明确	20 分			
合计		100 分			

参考文献

蔡宝祥，2001. 家畜传染病学［M］. 4 版 . 北京：中国农业出版社 .

曹斌，姜凤丽，2008. 动物性食品卫生检验［M］. 北京：中国农业大学出版社 .

车清明，2022. 畜牧兽医法规与行政执法［M］. 北京：中国农业大学出版社 .

顾瑞霞，2000. 乳与乳制品的生理功能特性［M］. 北京：中国轻工业出版社 .

姜凤丽，曹斌，2014. 动物性食品卫生检验技术［M］. 北京：中国农业大学出版社 .

孔繁瑶，2010. 家畜寄生虫病学［M］.2 版 . 北京：中国农业大学出版社 .

李春，2008. 乳品分析与检验［M］. 北京：化学工业出版社 .

李舫，2006. 动物微生物［M］. 北京：中国农业出版社 .

李俊锁，邱月明，王超，2002. 兽药残留分析［M］. 上海：上海科学技术出版社 .

李汝春，曲祖乙，2014. 兽医卫生检验［M］. 北京：中国农业出版社 .

陆承平，2001. 兽医微生物学［M］. 3 版 . 北京：中国农业出版社 .

农业部人事劳动司，农业职业技能培训教材编审委员会，2004. 乳品检验员［M］. 北京：中国农业出版社 .

农业部兽医局，中国动物疫病预防控制中心，2007. 动物检疫员手册［M］. 北京：中国农业出版社 .

史贤明，2005. 食品安全与卫生学［M］. 北京：中国农业出版社 .

王叔淳，1996. 食品卫生检验技术手册［M］. 2 版 . 北京：化学工业出版社 .

王选慧，隋兆峰，2023. 兽医卫生检验［M］. 北京：中国农业大学出版社 .

王雪敏，2010. 动物性食品卫生检验［M］. 2 版 . 北京：中国农业出版社 .

卫生部卫生监督中心卫生标准处，2005. 食品卫生标准及相关法规汇编（上、下）［M］. 北京：中国标准出版社 .

吴佳莉，路红波，2014. 肉制品生产［M］. 北京：化学工业出版社 .

薛慧雯，2003. 肉品卫生监督与检验手册［M］. 北京：金盾出版社 .

杨士章，2014. 蛋制品加工技术［M］. 北京：中国农业出版社 .

杨文泰，1997. 乳及乳制品检验技术［M］. 北京：中国计量出版社 .

张彦明，2003. 无公害动物源性食品检验技术［M］. 北京：中国农业出版社 .

张彦明，2006. 动物性食品卫生学试验指导［M］. 北京：中国农业出版社 .
张彦明，佘锐萍，2015. 动物性食品卫生学［M］. 5 版 . 北京：中国农业出版社 .
张忠，2022. 动物防疫与检疫［M］. 北京：中国农业大学出版社 .
赵良仓，2015. 动物微生物及检验［M］.3 版 . 北京：中国农业出版社 .
中国动物疫病预防控制中心，2018. 生猪屠宰检验检疫图解手册［M］. 北京：中国农业出版社 .
中国动物疫病预防控制中心，2021. 全国生猪屠宰兽医卫生检验人员培训手册［M］. 北京：中国农业出版社 .
中国兽医药品监察所，2009. 兽药残留检测标准操作规程［M］. 北京：中国农业科学技术出版社 .
中国质检出版社第一编辑室，2011. 畜禽屠宰加工标准汇编（上）［M］. 北京：中国质检出版社，中国标准出版社 .
中华人民共和国国家卫生和计划生育委员会，国家食品药品监督管理总局，2012. 食品安全国家标准　食品微生物学检验　志贺氏菌检验：GB 4789.5—2012［S］. 北京：中国标准出版社 .
中华人民共和国国家卫生和计划生育委员会，国家食品药品监督管理总局，2017. 食品安全国家标准　食品微生物检验　总则：GB 4789.1—2016［S］. 北京：中国标准出版社 .
中华人民共和国国家卫生和计划生育委员会，国家食品药品监督管理总局，2017. 食品安全国家标准　食品微生物学检验　大肠菌群计数：GB 4789.3—2016［S］. 北京：中国标准出版社 .
中华人民共和国国家卫生和计划生育委员会，国家食品药品监督管理总局，2017. 食品安全国家标准　食品微生物学检验　金黄色葡萄球菌检验：GB 4789.10—2016，［S］. 北京：中国标准出版社 .
中华人民共和国国家卫生和计划生育委员会，国家食品药品监督管理总局，2022. 食品安全国家标准　食品微生物学检验　菌落总数测定：GB 4789.2—2022［S］. 北京：中国标准出版社 .
中华人民共和国国家卫生和计划生育委员会，国家食品药品监督管理总局 . 食品安全国家标准　食品微生物学检验　沙门氏菌检验：GB 4789.4—2016［S］. 北京：中国标准出版社，2017.
中华人民共和国国家质量监督检验检疫总局，中国国家标准化管理委员会，2008. 含乳饮料：GB/T 21732—2008［S］. 北京：中国标准出版社 .
中华人民共和国农业部，2008. 动物性食品中氟喹诺酮类药物残留检测　高效液相色谱法：农业部 1025 号公告—14—2008［S］. 北京：中华人民共和国农业部 .
中华人民共和国卫生部，中国国家标准化管理委员会，2004. 食品卫生检验方法　理化部分　总则：GB/T 5009.1—2003［S］. 北京：中国标准出版社 .